地板下的原子
隐藏在家中的科学

（英）克里斯·伍德福德（Chris Woodford） 著　　苏枫雅　译

U0230911

Atoms Under the Floorboards

The
Surprising
Science
Hidden in
Your Home

化学工业出版社

·北京·

为什么摩天大楼会在风中摇晃？为什么你无法吹干净书架上的灰尘？为什么肚子在猛摔进游泳池时比跌在柔软的垫子上更疼？为什么你能通过网络传输照片？无线电的原理究竟是什么？既然我们看不到原子，我们怎么知道原子真的存在？《地板下的原子——隐藏在家中的科学》一书可以帮助你回答这些问题。

本书以一种生动有趣的方式，探索了日常生活中的科学。没有复杂的公式，也没有烦琐的计算，作者用简单的语言阐明了复杂的科学原理。从科学的角度来说，本书内容涵盖了力、光、热、电、磁、物质属性等领域的基本科学概念。

本书是一本青少年科普读物，尤其适合中学生阅读使用，也可供中学教师准备教学案例参考使用。

Atoms Under the Floorboards: The Surprising Science Hidden in Your Home，First edition/by Chris Woodford
ISBN 9781472918222
Copyright© 2015 by Chris Woodford . All rights reserved.
This translation of Atoms Under the Floorboards: The Surprising Science Hidden in Your Home By Chris Woodford is published by Chemical Industry Press by arrangement with Bloomsbury Publishing PLC.
本书中文简体字版由 Bloomsbury Publishing PLC 授权化学工业出版社独家出版发行。
本版本仅限在中国内地（大陆）销售，不得销往其他国家和地区。未经许可，不得以任何方式复制或抄袭本书的任何部分，违者必究。

北京市版权局著作权合同登记号：01-2016-3821

图书在版编目（CIP）数据

地板下的原子：隐藏在家中的科学/（英）克里斯·伍德福德（Chris Woodford）著；苏枫雅译.—北京：化学工业出版社，2020.6
书名原文：Atoms Under the Floorboards: The Surprising Science Hidden in Your Home
ISBN 978-7-122-36598-9

Ⅰ.①地… Ⅱ.①克…②苏… Ⅲ.①自然科学-青少年读物
Ⅳ.①N49

中国版本图书馆CIP数据核字（2020）第052984号

责任编辑：韩霄翠　梁玉兰　仇志刚
责任校对：边　涛　　　　　　　　　　装帧设计：王晓宇

出版发行：化学工业出版社（北京市东城区青年湖南街13号　邮政编码100011）
印　　装：大厂聚鑫印刷有限责任公司
710mm×1000mm　1/16　印张15　字数268千字　2020年8月北京第1版第1次印刷

购书咨询：010-64518888　　　　　　售后服务：010-64518899
网　　址：http://www.cip.com.cn
凡购买本书，如有缺损质量问题，本社销售中心负责调换。

定　　价：58.00元　　　　　　　　　版权所有　违者必究

爱因斯坦是出生于德国的天才，就像拯救地球的科幻漫画英雄一样，他想出了许多点子，例如核弹和太阳能。你认为自己与这位科学界的超级巨星相比，有多少共同点呢？面对这样的问题，你的第一个念头可能是"很少"。然而，事实或许会让你感到惊讶。首先，你身上拥有99.9%和爱因斯坦一样的DNA（99%黑猩猩的，50%香蕉的，但我们现在暂且不论这些你不愿面对的真相）。你以前讨厌上学吗？爱因斯坦也是。虽然成绩优异，但他曾在高中退学，一年之后才在专科学校继续接受教育。你有没有在重要的考试中不及格？那你跟爱因斯坦一样。尽管爱因斯坦的数学和物理表现优异，他却搞砸了苏黎世联邦理工学院的入学考试，导致求学之路再次中断。你是不是曾经苦苦争取一份自己想要的工作？爱因斯坦应该会对你寄予同情。毕业之后，爱因斯坦对所有可能申请的科研岗位寄出无数申请信，却全部落空，他甚至考虑过保险公司的枯燥工作来养家糊口，最后才终于进入乏味单调的专利局。从许多方面来看，这位20世纪最卓越非凡的科学家，其实是最常见的失败者[1]。

我们喜爱和尊敬爱因斯坦，不是因为他极其聪明杰出，而是因为他是一位有人性缺点的天才，这点可以鼓舞我们的信心。爱因斯坦聪明到无所不知，同时又大智若愚。通过在黑板上刺耳又大胆的潦草书写，爱因斯坦以一项令人困惑难解的相对论新学说，重新构建了物质、能量、光和重力这些最根本的科学概念。在这项理论中，时空像有弹性的物质一样可以伸缩。但与此同时，爱因斯坦也领悟到，科学本质上只是另一种看待事物的方式。从日常生活的光鲜或沉闷中剥离出来的科学思想，对许多人而言意义微小，甚至毫无意义。爱因斯坦曾有一句智慧名言："万有引力可无法对坠入爱河的人负责。"

科学就是爱因斯坦的人生，但或许不是你的。你可以从来不思考科学，也能顺利地走过七旬人生，可是完全不使用科学，你连1纳秒都活不了。从Wi-Fi网络到热反射玻璃窗，从脑部扫描到试管婴儿，科学激发了科技的发展，创造了有价值的现代生活。但即使我们在学校学习多年，科学对大多数人而言仍旧充满困难。近来的调查显示：80%～90%的人对科学"有兴趣"或"非常有兴趣"，并且乐于认同科学的重要性；但30%～60%的人觉得科学太专业或太难懂，而且14岁的学生当中有2/3觉得科学很无趣。我们总是将臭氧层与气候变迁混在一起，认为核能比过马路更危险，而且尽管有70%的人认为报纸和电视用耸人听闻的手法报道科学，但仍有86%的人正是通过这些不可靠的媒体来获取信息的[2]。

本书希望通过一种生动有趣的方式，探索日常生活中的科学。通过漫游你家房屋和周边的环境，指出各种各样日常事物背后迷人又令人惊奇的科学，从哗哗响的排水管、嘎吱作响的木地板，到透明的玻璃和光亮的皮鞋。

阅读过程中请留意本书最后的"注释与参考数据"部分。由于本书是为非科学家所写的科普著作，所以我已对一些详细的解说、诡辩和限制条件进行了简化，并尽可能避免数学公式。你在正文中会发现一些上角数字，可在本书最后的"注释与参考数据"部分参考相关说明。

为什么从梯子上摔下来跟被鳄鱼咬一样危险？把摩天大楼盖得像晃动的果冻一样比较好，还是盖得像一沓沓的巧克力饼干比较好？你必须分裂多少原子才能点亮一颗灯泡？是否有正确的科学方法来搅拌茶？上述问题的答案既不复杂也不难解释，毕竟不是在造火箭（即使是，也有答案）。本书中几乎没有数学公式会使你头晕或无聊，你也不需要成为爱因斯坦才能清晰完整地弄懂这些道理。

我不是爱因斯坦，但是我读过一些他的原稿，并且也在他优雅的方程式前面抓耳挠腮。对我来说，爱因斯坦说过的影响最深远且最正确的道理，是一句人人能懂的简单的话："科学的全部不过就是日常思考的提炼。"这正是本书写作背后的"每日所思"：如果你愿意换个角度思考，对我们这群人来说，这就是科学。

第 1 章

稳固的基础

在本章中，我们将探索：

一栋房子有多重，以及为什么它不会陷进地里？

为什么你的脚踝几乎跟建筑物的地基一样辛苦？

高楼如何保持耸立，又因何倒塌？

为什么耸入云霄的摩天大楼需要像果冻般晃动？

有许多事情只有人类能办到，包括天马行空写小说、乱画人像、在钢琴上叮咚弹奏一曲贝多芬奏鸣曲。但是，搭建东西例外。建筑师是最富想象力的创意工作者之一，这点毋庸置疑，但他们的主要工作是构思出重力无法拆毁的遮蔽所，这是其他许多动物也会做的事。从灰熊盖的圆顶雪屋，到阻挡急流的河水的海狸水坝，建造遮蔽所是几乎每一种陆地生物都具有的特性。

人类不同于其他生物之处在于，人类打造的是各式各样大胆的事物。我们有高约 402 米的摩天大楼；也有大到足以生产太空火箭的仓库。我们有静静矗立了约 5000 年的雄伟石砌金字塔；我们每一个人也都曾在某个时刻，用纸牌搭过不消几秒钟就垮掉的房子。我们有大到能够同时容纳 50000 人敲着键盘，或围着饮水机说笑的办公大楼；也有小到足以让你分享最大的秘密的电话亭。尽管如此，无论建筑师多么富有创意，多么渴求原创性，那些经过精心策划安排、小心翼翼地从地面叠高的方盒子，基本上跟动物拿细枝和泥巴辛苦凑成的家没什么两样。原因在于，所有建筑物都是遮蔽所，而无论是人造的还是动物造的，所有遮蔽所都有一个共同点：它们利用严谨的科学来对抗重力、风、地震和腐朽等力量。

像房子一样安全？

你可能不会信任你见过的每一个人，但你却相信自己走进的每一栋建筑物：在开门的刹那，你闪过脑海的第一个念头很少是"这地方是不是要塌了"。人只是偶尔才能被激发信心，建筑物却总是百发百中。活到 90 岁以上的人不多，但世界上最古老的建筑物存在的时间是这个时间的 100 倍长。我们说东西"像房子一样安全"，是因为坚信地球上更安全的东西少之又少。梦见自己坠落是常见的噩梦情境，但除非你住在光滑的悬崖上或太平洋地震带，否则你终究会在睡着的地方醒来——这一切要归功于卓越的建筑物。

由于有一些非常著名的科学依据作为支撑，我们对建筑物的信任可谓坚如磐石，但房屋、办公大楼和其他建筑物全然静止的状态，其实非常具有迷惑性。在建筑物稳如泰山的背后，它们每一刻都在与重力、风和轻微地震等力量进行无形的拉锯战。静态建筑物处于动态平衡中。大体而言，这是一种僵持的局面：建筑物哪里也去不了（不论快慢），因为企图破坏建筑物的力与那些试图让建筑物固定不动的力，完全达到平衡。然而，这场拉锯战的风险，远比我们曾努力思考的还要大——在巨大的建筑物坍塌倒地时（虽然很少发生），严重性才会真正浮现。每天早上在办公大楼内乘电梯急速上升时，我们当中有多少人曾停下来想想，我们头上几百万吨的钢、玻璃和混凝土这些庞然大物，全部压到我们身上会有什么后果？建筑物很少倒塌，这个事实显示出我们对科学坚定的信任并没有错付。

建筑物承受多大的负荷？

想了解建筑物多么令人敬佩，我们需要知道它们要应对哪些力。让我们先计算我们自己的身体要承受的力，然后再与一般的房屋做比较。

脚上的重力

在这里需要说明一下，力是一个科学名词，表示沿某一特定方向的推或拉的作用。猛踢足球、将一袋马铃薯拖到车上、咬断一根士力架巧克力棒，还有在墙上钉钉子，都是日常可见的一些典型的力。真正主宰我们生活的力，也是我们无人可逃脱的力，是重力。重力是质量巨大（6000000000000000000000000 千克，或者说 6×10^{24} 千克）的地球与其周围的所有物体之间的拉力。重力是赋予体重存在的力，而体重是我们每天都想忽视的沉重话题，是减肥的驱动力。假如你是一名普通成年男子，体重可能是 75 千克左右，或许你觉得这理所当然，但你想象自己一整天都抱着这样的重量是什么感觉。在楼梯上跑上、跑下、跑步、跳跃、跳舞，不管做什么，你的脚踝都承受着相当于 75 袋砂糖的重担。

这听起来可能很恐怖，但你坐下来做些计算就明白了——也可以说是把脚上的精神负担放下来。当然，脚踝的粗细将会让结果大不相同：相较于一对铅笔，两根粗壮的树干更能有效分摊重量。我刚刚量了自己的脚踝，得出的周长约 22 厘米，这表示我的每一只脚的面积（假设横切后俯看到的圆形截面积）大约是 40 平方厘米。为了方便理解，让我们忽略人体的构造——细胞组织、骨头、礼物包装纸般的皮肤——假设两条腿是实心的杆子，就像树干一样。假如我的体重是 75 千克，两个脚踝承受的压强总计是作用在脚踝上的力除以受力面积，算出的结果约与正常大气压强（我们周围空气的压强）相同。以更直观的说法来描述，就是 9375 千克 / 平方米，大约是普通汽车轮胎气压的一半；或者更具体一些的说法，七袋砂糖压在一张邮票上（下次你看见有人拖着浮肿的脚踝蹒跚而行时，就会明白是怎么回事了）。但实际上我的每一个脚踝所承受的压强完全视我站在什么东西上面而定。双脚会把我们的体重分摊到 2 ～ 3 倍的脚踝面积上，减少脚下的地面所承受的压强。在混凝土或柏油路面上，魁梧的人可以轻松站立；若是在柔软的雪或海滩湿漉漉的沙上，站立时会下压 1 厘米左右，留下好玩的脚印，回头看时充满乐趣；如果是在厚厚的泥巴上，踩进去时则会很快深陷进去。

 ## 建筑物有何不同呢？

房屋当然没有脚踝：一栋建筑物和它里面的物品的整体重量，并不是靠底部的两根细柱子来平衡的。大多数的房屋（事实上也是大多数建筑物）是以垂直于地面的直线柱状形式建造的，所以截面积从下到上大致一样。帝国大厦之类的摩天大楼通常会由下向上逐渐缩小，以增加稳定性：底层稍微宽一点，往顶部逐渐缩窄，形成简单的金字塔型。那么，帝国大厦的数据又有什么不同呢？你可能认为一栋 102 层（高约 380 米）的建筑物会对地面施加极其巨大的力——确实如此。

然而，正如前面所举的身体的例子一样，重点不是力的大小，而是压强：单位面积上分布的力。帝国大厦底层占地面积约 8000 平方米，整栋建筑物重达 330000 吨。这等同于 450 万人或者说印度加尔各答总人口的重量[3]。值得注意的是，巨大的重量对地面造成的压强仅是大气压强的 4 倍[4]，这要归功于底层的广大的占地面积。但是，我们必须修正一下这个说法，因为建筑物并非实心块状物，不是由它们的总占地面积支撑着。以最简单的结构来看，建筑物内大多空无一物，建在沿边界而立的墙上。我们先不要去争辩一栋建筑物是如何支撑起来的复杂问题，姑且简单地把建筑物 10 % 的占地面积当作墙，其余空间都是空的，所以原本地面承受的压强就会乘以 10，变成 40 倍的大气压强[5]。这个数字听起来颇为沉重，但也无须太过惊讶，毕竟我们谈的是世界上最大、最高又最重的建筑物之一啊。

相较之下，一栋房屋所施加的力又是多少呢？当然，我们得知道一栋房子有多重，这可不容易猜。我翻找过去《大众机械》（Popular Mechanics）杂志的资料，找到一篇 1956 年的文章，上面记载了一栋房子的重量估计为 122 吨[6]。几年前，《西雅图时报》（The Seattle Times）专栏作家海伊（Darrell Hay）估计过一栋普通的房子重约 160 吨[7]。如果我们把放进屋子里的所有乱七八糟的东西加进去，宽松地估算，房子的重量会增加至大约 200 吨。这重量可不小呢：一头成年象可能重约 5 ～ 7 吨，所以我们谈的是相当于 30 ～ 40 头大象的重量。接下来，如果你的房子地板面积是 10 平方米，然后如同前述的做法进行调整，我们把重量放在承受大部分支撑作用的墙上，结果发现地面承受的压强是大气压强的 2 倍，或者说地面单位面积承受的重量约为 21091千克／平方米，大约是你的双脚单位面积必须支撑的重量的 2 倍。所以，你那纤细的脚踝真是了不起呢，约承受了你的房屋墙壁所承担压强的一半。

为什么建筑物不会陷进地里？

小孩子总会不停地黏着大人问这种问题。奇怪的是，多数人欣然接受"因为它们有地基"这类答案，即使这种回答很难骗过一个七岁的小孩，他们可能会继续问："但是，为什么地基不会陷下去呢？"建筑物待在原地一动也不动，这项事实说明了关于力的某种非常重要的概念：有两种截然不同的力存在，亦即静力（可以解释建筑物和桥梁为何不会移动）和动力（帮助我们了解滑板和火箭为何确实会移动）。正确弄清楚两者之间差异的人，是喜怒无常、机智过人的英国数学家牛顿爵士，大家对他耳熟能详，还有一些人坚持认为他是有史以来最伟大的科学家。

定律万岁！

在牛顿对现代物理学的诸多贡献当中，最重要且最杰出的都是关于力，而其精髓可归纳为三项简要的陈述，称为运动定律。第一项（牛顿第一运动定律）表明，除非受到外力作用，否则一个物体会保持原来的状态。当你掉了汽车钥匙或眼镜时，记住这点很有用：东西不会自己乱跑。牛顿第二运动定律告诉我们，当物体受外力合力作用而移动时，会发生什么情况：踢一下足球（在足球上作用力），球会飞向空中。最后一项定律，就许多方面来看，也是最有趣的一项定律。这项定律说明当一个物体受外力作用时，必将产生另一个大小相等、作用方向相反的力（称为反作用力）。牛顿第三运动定律通常以非常简洁的文字呈现：作用力与反作用力大小相等且方向相反[8]。

这项定律跟建筑物有什么关联呢？譬如，一栋矗立于市中心的摩天大楼完全静止不动，用牛顿第一运动定律和牛顿第二运动定律来看，这是因为它没有受到外力作用。牛顿第一运动定律认为，在不受外力作用的情况下，静止的东西会维持在原地；牛顿第二运动定律则表明，东西受到外力作用才会运动。总结一下就是，这些定律表示一栋普通的建筑物之所以固定不动，显然是因为没有外力作用。但我们都知道重力这个地球的神奇力量一直作用于建筑物上。简而言之，如果牛顿是对的，建筑物应该会慢慢被拉往地心，且无止境地持续下陷，或者至少到它们被沸腾的地核岩浆熔解或烧毁为止。

那为什么实际情况并非如此？当重力把建筑物向下拉向地面时，地面以完全相等的力向上推建筑物。两个力相互抵消，于是建筑物保持静止。为什么地基不会陷入地里？原因是地面在向上推它们。即使是最高、最重的摩天大楼都极少深陷进地里。许多建筑物有深埋地底的桩基支撑。这些桩基要不就是固定在岩床上，要不就是因为埋得够深，本身的粗糙表面与周围的土或岩石之间产生摩擦力，使它们固定在位置上。只有力失去平衡时，才会看到物体移动。如果一栋建筑物开始陷入松软的地里，科学的解释是，地面无法产生足够向上的力与建筑物受到的重力达到平衡，过多向下的作用力（建筑物受到的重力与地面聚集的不管任何力之间的差值）造成建筑物的下陷。

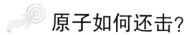

力从哪里来？

如果地基能保护建筑物不致倒塌，而各种力保持地基不会陷落，那么这些力到底是从哪里来的？我们世界上所有的东西，都是由大约100种不同的原子所构成的——生命的"乐高"积木，更为熟知的是化学元素，如铁、银、碳、氧。原子组合在一起，形成较大的结构，称为分子。两个氢原子加上一个氧原子，就形成了一个水分子（H_2O）。我们每天碰到的力，大多源自原子内部和原子之间、分子内部或分子之间。后续章节有更多关于原子和分子的讨论，现在让我们先大概思考一下，原子和分子如何在建筑物中产生力。

原子如何还击？

假设你把房子盖在一块很大的铁板上。铁由金属原子组成，它们紧密挤在一起且排列井然有序，就像在盒子里倒进数百颗一模一样的弹珠所见的情景。每个原子就像一颗弹珠。原子多半是空心的，但如同有趣的糖果，当你"咬"进中心部分，一层层内馅就会涌现。原子的外面围绕着"柔软的"云，称为电子，带负电（就像电池标示负极的底部）。在中心处有坚硬的核心，称为原子核，原子核中质子和中子挤在一起，原子核带正电（就像电池标示正极的顶端）。这些带负电和正电的粒子，可以避免原子之间过度靠近。你无法把一根铁棒压得太紧，因为一个铁原子外围的负电电子云，不会与旁边另一个铁原子周围的负电电子云太靠近。同性电荷相斥，道理跟两个磁铁的北极互相排斥一样。把两个原子推得越靠近，越难进一步缩短两者之间的距离。

你脚下的原子

如果你把房子盖在一块铁板上面，你会把里面的原子压得很紧密，直到它们近得再也挤不动为止。这时你的房子向下压的力（它所受的重力），恰好与原子之间向上回推的排斥力取得平衡。我们当然不会在铁板上盖房子，但同样的原理可应用在岩石、泥土和任何其他地基上。泥土是易碎的东西，内部有大量气孔，所以可以把泥土压得很密实；你也能压紧沙子，因为颗粒状的沙砾可以滑行通过彼此。最后地面的紧实程度会达到极限，无法再往下挤压。这个时候你已经把原子或分子挤压到超过它们实际上想接近的程度了。其他类型的力，如与电、磁、核能有关的力，同样源自原子内部。

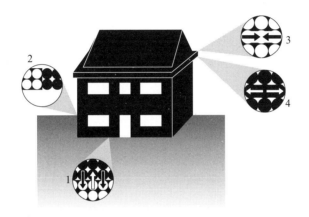

原子使建筑物免于倒塌的 4 种方法

1. 地基中的原子推向泥土或岩床中的原子，产生作用力；2. 地基周边的原子抵抗在地里滑行的原子时，产生作用力，所以建筑物也有一部分是通过摩擦力而固定在土地里；3. 水平梁的顶部因它所支撑的重量而稍微受压力作用，但梁内部的原子会抗拒，避免被相互推挤得太紧密；4. 同样地，梁的底部受拉力作用，但原子会键结在一起，避免被拉开太远。

只要你用力挤压一种材料，它都会受到压缩，即便压缩程度微小到只有几个原子直径大小。有趣的是，这意味着城市中耸立的办公大楼在夜间空无一人的时候会稍微地高一点，因为白天人山人海，他们的重量全部施加在大楼的结构上，这些重量会将高楼往下压。它会被压矮多少呢？以一栋高约 400 米、构造简单的摩天大楼为例，如果大楼里有 50000 个人，按平均体重计算，结果是矮了约 1.5 毫米[9]。

拉垮房屋

　　稳固的地基能让你的房子高高耸立，却不能保证它始终屹立不动。试想你能建造的最简单的房子，用石头砌成的或用海滩的沙子压实建成的，就很容易了解力如何将这些东西结合在一起。一栋房子本质上是多种材料的混合体，通过重力凝聚在一起，使这些材料产生向内、向下的力。换句话说，能使一所房屋屹立的主要是压缩力，驱使墙壁往上推向土里，同时土里的原子也往上反推。

　　建造一座房子时不可能只有墙壁，在墙壁之间，你还需要使用大量的横向构件，包括地板、屋顶托梁等。这些水平梁处于受拉（底部弯曲拉伸）和受压（顶部挤压得更紧）状态，将它们本身的重量和所有载重传递到墙上，进一步增加使房屋紧紧固定在一起的压力。大部分的住宅都能挺立数年、数十年或甚至数百年，因为多数建材的受压强度惊人，如木材、石材和混凝土。利用互锁式塑料砖组装的建筑式玩具乐高积木，充分说明了这项特性。乐高有足够的强度，足以支撑375000个砖块叠起的高塔，延伸直入天际约3.5千米。从力学的角度来说，每个坚固的小砖块可支撑350千克的质量，约是一个人体重的4～5倍[10]。你可能会赞叹这玩意儿，但等到收拾这些玩具，刚好光脚踩到一块积木时，应该又另当别论了吧。

脆弱的征兆

　　住宅倒塌的原因很多，但最终可归结为一点：某种破坏因素所产生的力，大于将这个建筑物结合在一起的力。发生火灾时，通常是由于大火焚毁屋顶木梁或地板格栅，或者（在极高温下）降低钢筋混凝土内钢筋的强度，导致房子变得不稳固。梁的重量和载重继而变得让这些结构难以支撑，于是建筑物内部坍塌。有趣的是，建筑物的外墙很少直接毁于火灾，建筑物往往是被掉落的屋顶托梁砸毁的。托梁的一端通常比另一端先掉落，就像一根巨大的杠杆一样坠落下来，托梁的长度放大了它撞击底下墙壁时所施加的力。

　　虽然通常屋顶会先倒塌，但建筑物的墙壁有时也会成为弱点部位。当风吹袭一栋普通房子时，屋顶的坡度（斜屋顶）让风安然通过；卡车的驾驶室前端装设的斜式空气动力学整流罩，也有同样的功能。摩天大楼的情况稍微不同：大楼暴露的受风面越大，聚集的强劲气流就越多。有些强风甚至会向下反弹至地面，在建筑物底层的街巷里如涡旋般盘旋，猛然扫倒路人；有些甚至会在高耸的大楼之间来回吹动。

吹毁

　　一般而言，即使面临最强的风，房屋也能安然度过；但是当遇上飓风时，来自外部的持续压力可能会导致建筑物向内爆裂。许多住在美国中西部的居民，错误地认为在飓风中打开窗户可以平衡内部与外部的压力，降低毁损的风险。这种推论依据的逻辑是有缺陷的，没有任何科学根据。假如你打开窗户，而你的房子还在，并不能证明这是打开窗户的功劳。事实上，工程师已经发现打开窗户会让高压的空气乱流冲入屋内，增加屋顶被吹翻的风险，还可能让墙壁也崩塌[11]。

在气体爆炸中，压力以相反的方式作用。大多数人会把爆炸想象成猛烈的火球，但急速蔓延的黄色火焰常常是偶发现象。爆炸是一种神奇的化学反应，可以在瞬间产生大量气体。举例来说，硝化甘油是非常危险的爆炸物，因为它可以迅速从液体转化成气体，占据的空间增加 3000 倍。恐怖分子使用的塞姆汀塑胶炸药（Semtex），可产生达 30000 千米 / 时的高温气体，大约是波音 747 飞机速度的 30 倍。气体外泄或炸弹摧毁一栋房子时，就像眨眼间巨大的气囊在室内炸开来一样。这才是真正让墙壁损毁的原因，而不是爆炸之后随之产生的火焰或热。

日常生活中的力又有何不同？

美术馆、图书馆和其他公共建筑物常常以富有的捐建者命名。公制计量单位大致采取同样的方式，一般以阐明背后科学原理的人来命名。牛顿在力学上划时代的贡献就以这种方式获得了赞誉：依现代科学的说法，力的计量单位称为牛顿（简称为牛）。

1 牛顿的力，怎么去描述呢？据说一颗苹果从树上掉下来，扑通砸到牛顿头上，让他获得了重力定律的灵感（普遍认为这个故事是杜撰的）。若一颗苹果重约 100 克，将它往下拉的重力就是大约 1 牛顿。那么，回想一下前面提过的力相互平衡的观念，如果把一颗苹果平放在手掌上，你必须用 1 牛顿的力往上推，才能让苹果完全静止不动。

将质量（千克）乘以 10，就可以大致换算为重力。因为地球需要用 10 牛顿的力，才能将每 1 千克的质量拉向地心。因此，假如你的体重是 75 千克，地球得花 750 牛顿的力将你往下拉。其他日常物体又如何呢？如果你的房子重 200 吨，相对就有 200 万牛顿的力。表 1 显示了一些其他的力作为比较。

表1　力的比较

力的来源	力的数值 / 牛顿
一颗苹果受到的重力	1
一袋糖受到的重力	10
人的下颚咬力	500~1000
小型汽车超车时的引擎力	2000
折断人的骨头所需的力	3000~5000
短吻鳄的咬力	16000
撞车时的作用力	50000
驱动一架普通喷气式飞机（四引擎）的力	300000
一所普通房子加上里面的东西受到的总重力	200 万
航天飞机发射升空时受到的合力	3240 万

注：力是让物体移动的推和拉的作用，若两者完全平衡则保持不动。

为什么摩天大楼不会被吹倒？

如果房子只需要担心陷进地里的问题，那么高层建筑物则多了一件事要担心——不要被风吹倒。

大脚丫

在现实世界中，耸入云霄的摩天大楼令人惊叹。假如要猜猜一栋摩天大楼的高度是宽度的多少倍，你的答案会是什么？10 倍？15 倍？20 倍？还是更多？让许多人大跌眼镜的是，即使是超高层建筑物，它们的高度都很少超过底层宽度约 7 倍。

摩天大楼的秘密是我们不曾注意到它有个大"脚丫"。帝国大厦宽约 10 米、高 380 米，所以它的高宽比只有 4 : 1。尽管埃菲尔铁塔很高，但它的高宽比也只有 2.4 : 1，因为塔脚之间距离很远。当你张开双脚时，自己的"底宽"可能是 30 ~ 50 厘米，所以作为一栋"高楼"，你的高度大约为宽度的 4 ~ 5 倍。但是还有一些摩天大楼，真的是在挑战极限。香港有一栋名为"晓庐"的细长住宅大楼，高宽比能达到惊人的 20 : 1。一旦到达那个境界，你需要的不只是大脚丫，还要有独具匠心的工程技术，才能让建筑物高高耸立。

风城的秘密

摩天大楼令人着迷的一点，不是它们分毫不差地保持在原本建造的地方，而是刚好相反。你从地面往上爬得越高，风速增加的幅度越大，第 15 章会探讨其中原因。一栋高高耸立的 500 米的建筑物，加上让它保持直立的宽度，很容易成为呼啸的狂风的目标。地底下静止不动，屋顶层却遭受强力（风）的横扫，整栋建筑物像巨大的杠杆一样，至少理论上一阵够强的风就能把建筑物折成两段，或像树一样连根拔起。

由此看来，我们或许应该尽量把建筑物盖得刚硬无比，但实际上，晃动的建筑物更可能幸存。如果你想想摇晃高高的果冻会发生什么事，然后想想摇动一叠垂直堆积的巧克力饼干是什么样子，就很容易从直觉上明白这个事情。摩天大楼的设计很像果冻，在强风吹袭的情况下，会相当缓慢地摇摆晃动。举例来说，双子星大楼的顶楼晃动幅度曾达到 1 米，非常可怕；而台北 101 大楼（建筑年龄较轻、知名度较低的摩天大楼）晃动幅度为 60 厘米。相较之下，帝国大厦（比较老旧，而且矮了一点）摇摆的距离只有 8 厘米左右，不那么吓人[12]。

减弱振幅

重要的不只是建筑物晃动的距离，还有它晃动得快或（最好是）慢。摩天大楼像摆钟一样，按照一个可预知的时间来回摆动。芝加哥的约翰·汉考克大厦（John Hancock Tower）以 8.3 秒的周期摆动（大约是时钟周期的 1/8）[13]。摆动周期若更快，建筑物里的人会"晕机"。摩天大楼不会倾倒，因为风和地震让它们像钟摆一样摇摆，而且正如钟摆一样，它们这种周期性的摆动会逐渐消失，直到能量耗尽，再次成为静静矗立的状态。

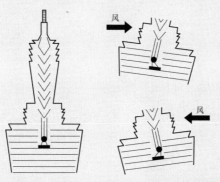

防止晃动——台北 101 大楼

一个重 660 吨的称为调谐质块阻尼器的钢球，用来帮助 509 米高的台北 101 大楼抵抗风所造成的晃动。这个阻尼器利用液压活塞杆松散地固定在靠近主结构顶端的地方，类似汽车的减震器。当风撞击到建筑物的左侧或右侧时（图中有所夸大），重量惊人的阻尼器会尽可能维持在原位。这意味着液压活塞杆会使劲拉住钢球，像汽车减震器一样，从而减缓建筑物的振动幅度，避免大楼里的成功人士晕眩[14]。

第 2 章

楼上楼下

在本章中，我们将探索：

为什么在爬完帝国大厦后，你或许不应该马上吃一块巧克力饼干？

一道闪电可以让你得到多少电？

如果你能靠仓鼠跑滚轮来发电，那么泡一杯咖啡需要多久？

为什么从梯子上摔下来，跟被鳄鱼咬一样？

下列事物的共同之处是什么？脸上一记火辣刺痛的巴掌；飞离你窗台的鸽子惊人的拍打翅膀的声音；泡腾片沉入水里时发出的嘶嘶声；半夜烟雾警报器发出的红色闪烁；一只苍蝇被困在蜘蛛网上并被缠绕成茧。它们都是各种形式的能量，隐藏在你屋子里和周围[15]。看不见，摸不着，高深莫测，能量是终极之谜。但实际上正是能量促进了我们的思考过程，帮助我们去理解它。就让我们好好发挥大脑的能量，来揭开关于能量的真相吧。

你是健康的精神饱满的"楼梯爱好"者，还是更愿意偷偷乘电梯？你越胖，越不可能选择奋力爬楼梯。尽管许多人会认为这纯粹是懒惰使然，但它其实是一个基本的而且不得不关注的科学问题。设想有两位虚构的工程师——安迪和鲍伯，他们被指派去帝国大厦顶楼修复一个坏掉的电梯滑轮，位置是在 380 米处的曼哈顿天际线。安迪块头大，体重 95 千克，而他瘦小的助理鲍伯，有着修长的运动员体格，体重 65 千克。由于电梯故障，两人别无选择，只能一阶一阶爬难以忍受的楼梯——1870 阶、1871 阶、1872 阶……

我们凭本能就知道爬楼梯很辛苦。爬得越高，让身体往上移动来对抗地球的重力越费力，而你在过程中消耗的能量也就越多。不太明显的是，较胖的人比瘦的人更吃力。体型越大，你带着到处走的质量（"东西"这个词的科学术语——我们粗略认为的重量）越多，使劲把那个质量往上拉所需的能量就越大。为什么这项事实不容易察觉到呢？因为我们从没想过要进行这项科学实验：我们不可能爬到某个地方，然后增加一些体重，10 分钟后再继续爬，比较两者的差异。

然而，差异确实存在，而且相当惊人。提着沉重的购物袋上楼，就足以让我们清楚知道其中原因。

安迪爬上顶楼多用了多少能量？应用在学校学过的科学公式，就能迅速得到解答：答案是令人惊讶的 120 千焦耳[16]（后面会详细说明这个单位），这大概是煮沸一杯泡咖啡的水所需要的电力。这就是安迪纯粹因为他额外的体重，在爬高楼时身体必须多付出的努力。当他们终于到达顶楼时，气喘吁吁，筋疲力尽，安迪从工具袋深处挖出一包巧克力饼干犒劳自己。"我辛苦换来的"，他微笑说着，然后一边塞两块能量补充片到嘴里，一边把饼干袋丢给鲍伯。他的同伴小心地看了看包装上的小字说明，客气地拒绝——两块饼干含有 108 大卡（450 千焦）的能量。理论上，如果食物中所有的能量，都用来让安迪的身体向上移动（也就是说，食物中 100% 的能量都转换成所谓的机械能），不仅足够让他们完成前面所说的爬楼梯，还会有剩余的能量。"下一次"，鲍伯若有所思地自言自语，"安迪可能会觉得这趟路更辛苦呢。"[17]

能量到底是什么？

关于能量，我们都一知半解。大家都知道，能量是为我们的生命提供动力的无形燃料。我们知道得为汽车加油以避免抛锚。我们懂得一天得大口吞下两三顿饭，来维持身体的基本运转。而且我们知道如果想要有蒸汽弥漫的热水淋浴和温暖舒适的家，就必须支付天然气账单。不过，我们当中有几个人能准确地估算昨天我们一共使用了多少电量（在家里、办公室或学校）；纽约或新德里这种规模的城市，每一年要用掉多少电量；或者未来十年，我们需要建造多少座发电厂，才能维持灯火通明？能量的基本概念浅显易懂。我们能很清楚地从定性的角度去了解能量，但在定量理解时却存在一些难度。这就是为什么我们看到天然气账单时总是觉得生气；为什么全世界不断因濒临能源危机而动荡不安；为什么我们当中病态性肥胖的人越来越多，过量摄取身体所需的能量，危害自己的生命。要深入了解能量是什么，以及能量如何主宰我们的世界，也就是我们这章要讨论的问题，一个很好的方法是衡量能量。

焦耳先生的焦耳

商人对这句话深信不疑："你无法管理你无法衡量的事物"，在科学界也是这样，但有一点不同——在科学领域，更贴切的说法是"你无法了解你无法衡量的事物"。对能量这样的科学概念的理解，要从对它们用数字进行表示开始。这意味着我们可以把进行日常活动所用的能量值，拿来跟我们通过各种方式产出的能量值做比较。爬上帝国大厦所使用的能量，比在顶楼啃一块饼干所补充的能量更多吗？理论上，没有（现实里，是的）。我们能否用一台风力发电机，来供应一整个村子的电力？可以。假如我们把一台自行车发电机挂到热水壶上，疯狂踩踏板，需要踩多久才能煮沸满满一壶水？答案是 21 小时，不过如果是一位自行车赛手踩动一台质量不错的电动发电机的话，可以把这个时间缩短到 15 分钟[18]。

科学家用来衡量能量的单位称为焦耳（简称焦），得名于 19 世纪英国物理学家焦耳（James Prescott Joule），他最早做了一些测量能量的实验（他

喜欢以拉丁文 *vis viva* 来代表能量，意思是"活力"）[19]。科学上，1 焦耳是指 1 单位能量，可是 1 焦耳到底是多少？它看起来怎样，感觉起来如何？我们已经知道煮沸满满一马克杯的水，大概需要 120 千焦耳，所以单是 1 焦耳看起来似乎不会太令人惊讶。拿起一颗橘子（大约重 100 克），然后举高 1 米，这个过程中你会使用大约 1 焦耳的能量。听起来不多，对吧？现在从相反的角度来做比较。煮沸一马克杯的水（120000 焦耳），等于把 120000 颗橘子（12 吨）举高 1 米；又或者说，把一颗橘子射到空中 120 千米处（约珠穆朗玛峰高度的 14 倍）。现在听起来不容小觑了吧。

 ## 要花多少能量？

从骑自行车到跑马拉松，理论上轻而易举就能计算出做各种日常活动需要多少焦耳的能量（参见表 2）。这是能量的"借方"（需求或消耗的部分）。同样地，要弄清楚一块巧克力饼干、一个汽车电池或一块煤藏有多少能量，以及可以如何运用，也易如反掌。相较之下，这些是能量的"贷方"（供应部分）。感谢焦耳的研究成果，让我们知道能量的账本总是平衡的：能量的"借"与"贷"完全吻合。

表 2　能量比较

能量项目	所含能量 / 焦耳	所含能量 / 千瓦·时	相当于爬上帝国大厦的次数
一般闪电	5000000000	1400	17000
核电厂运转 1 秒	2500000000	700	8333
燃烧 1 升汽油	36000000	10	120
100 瓦电灯亮 24 小时	8640000	2.4	30
1 千瓦·时	3600000	1	12
剧烈游泳 1 小时	2000000	0.6	7
风力发电机运转 1 秒	1000000	0.3	3.3
吃两颗全熟的鸡蛋	670000	0.19	2.2
烤面包机烤 3 分钟	540000	0.15	1.8
爬到帝国大厦顶楼（把 75 千克抬高 400 米）	300000	0.08	1

续表

能量项目	所含能量 / 焦耳	所含能量 / 千瓦·时	相当于爬上帝国大厦的次数
AA 碱性电池	10000	0.003	0.03
住宅的太阳能屋顶工作 1 秒	4000	0.001	0.013
爬家中楼梯（把75千克抬高3米）	2250	0.0006	0.008
10 瓦电灯亮 1 秒	10	0.000003	0.00003
把一颗橘子举高 1 米	1	0.0000003	0.000003

注：熟悉能量的方法之一，就是把我们做不同事情时所需要的能量值，与不同方式可以产出的能量值进行比较。本表比较了生产能量（斜体）与使用能量（正体）的各种方式。针对每个项目，我都计算出了能量的焦耳数（多数人都不熟悉的非直观单位）、千瓦·时数（多数人的天然气和电力公司能源账单上标示的计量单位）及相当于爬上帝国大厦的次数（按照一个 75 千克中等体型的人，走楼梯爬到帝国大厦顶楼所需的最少能量值计算[20]）。从这张表中你会发现，一道闪电所含的能量，与你爬帝国大厦约 17000 次所用的能量相同；而游泳 1 小时，如同爬帝国大厦 7 次。

什么是功率？

思考能量的大小固然有趣，却没有那么实用。虽然气喘吁吁爬楼梯到帝国大厦顶楼消耗了很多能量，但重点是你给自己设定多少时间来完成。假设你用充裕的 8 小时拾级而上，不时停下来欣赏一下风景：计算出来大约是每分钟走四阶，或许有些枯燥，却不会对身体造成太大负担。若你雄心壮志，设定了更高的目标，想在半小时内到达顶楼，那么挑战更大，大概是 1 秒踏一级阶梯，你需要噔噔噔地一路喘着上去。谈到使用或生产能量时，必须考虑我们可利用的时间。

这种情况可以用功率来说明，也就是使用或产生能量的速率（或者说，能量值除以使用能量或产生能量的时间）。与了解能量时的情况一样，我们可以通过衡量功率的大小来了解它。通常我们用称为"焦耳 / 秒"的单位，或大家更熟悉的名称"瓦"来说明。一盏 100 瓦的电灯，每秒可使用 100 焦耳的能量。如果我们虚构的 95 千克的工程师安迪，半小时就能爬到帝国大厦顶楼，而且没有因为心跳停止而倒下，那么他使用能量的速率（功率）约是 200 瓦[21]。

消耗（或产生）多少功率？

就能量的生产而言，1 瓦是极小的功率。表 3 显示了不同的生产功率。手摇曲柄的功率约 10 瓦，但如果你曾经试着用手摇曲柄为台灯或笔记本电脑之类的东西供给电力（我做过），就会知道这种方式多让人筋疲力尽[22]。产生合适的发电功率并不是件容易的事。一座相当大型的风力涡轮机功率约 2 兆瓦（2×10^6 瓦），这等于转动 20 万支手摇曲柄，或者是 10000 个我们虚构的安迪同时气喘吁吁地爬上帝国大厦。一座非常大型的燃煤电厂或核电厂可以全力生产出约 2 吉瓦（2×10^9 瓦），大约是 1000 座风力涡轮机的生产量。这就是为什么突然间出现这么多的风力涡轮机的原因：人们未必喜欢建造那些风力涡轮机，但我们需要至少 1000 座风力涡轮机，才能够生产出跟一座大型电厂相同的电量。

表 3　不同的生产功率

功率来源	功率 / 瓦	相当于保时捷 Turbo 的数量	相当于仓鼠的数量
航天飞机发射时	11000000000（11 吉瓦）	28000	220 亿
胡佛水力发电大坝	2000000000（2 吉瓦）	5100	40 亿
核电厂	1500000000（1.5 吉瓦）	3850	30 亿
蒸汽火车头	1500000（1.5 兆瓦）	4	300 万
柴油卡车发动机	450000（450 千瓦）	1.2	90 万
保时捷 Turbo 发动机	390000（390 千瓦）	1	80 万
微波炉（满功率）	1000 瓦	0.003	2000
手持式吸尘器	400 瓦	0.001	800
手摇曲柄	10 瓦	0.00003	20
自行车发电机	5 瓦	约为 0	10
跑滚轮的仓鼠	0.5 瓦	约为 0	1

注：功率是某种事物每秒钟所产生或使用的能量值。要具体想象蒸汽火车头的功率是很困难的，更别说电厂或太空火箭了。然而，如果我们把这每一项事物拿来跟保时捷 Turbo（一款马力强大的跑车）和跑滚轮的仓鼠的功率进行比较，思绪立刻就能变得清晰。当然这不代表你可以直接用保时捷 Turbo（它永远不能载着你发射到太空，因为汽车发动机需要氧气）或仓鼠（很快就会累死）来替代任何这类能源。核电厂能生产任意数量的能量（数十年不歇地以高功率产出），而仓鼠却只能生产几分钟，然后就筋疲力尽地倒下，所以仓鼠能生产的总能量是微不足道的[23]。

 ## 比较功率

功率等于能量除以时间，所以如果你想知道某个东西使用了多少能量，例如滚筒式干衣机，直接把额定功率（可能是 3000 瓦，或者说是 3000 焦耳 / 秒）乘以你使用的时间。如果使用了 1 小时，等于 60 分钟乘以 60 秒，即 3600 秒。所以你使用的总能量是 3000 焦耳 / 秒 ×3600 秒，也就是大约 1000 万焦耳（相当于 10000 千焦耳）。同理，我们可以了解一些日常活动多么费力。如果煮沸一杯冲咖啡的水要耗费 120 千焦耳，而且能用仓鼠跑滚轮来发电，那么需要花多长时间才能泡出一杯咖啡？一只仓鼠的功率是 0.5 瓦（或者说 1 秒生产 0.5 焦耳的电能），所以它需要花 240000 秒，也就是大约 3 天。手摇曲柄的功率是 10 瓦，所以它能让我们快上 20 倍，约耗时 3 小时[24]。再举另一个极端的例子，如果你拥有一座个人核电厂呢？接上适用的热水壶，只要 1 秒就能供应 1500000000 焦耳，于是大约 1/10000 秒你就能喝到咖啡了——真正的速溶咖啡。

能量的成本

使能量不太容易理解的一个因素是我们的付费方式。你的天然气账单或电费账单上可能是用"千瓦·时"（度）这个单位来计量，这听起来像是功率的单位（因为有"瓦"这个字），但它其实是能量单位。功率是能量除以时间，所以能量除以时间，然后再乘上时间，结果就还是能量。1 千瓦·时（1kW·h）是你让某个功率为 1 千瓦（1kW）的东西运行了整整 1 小时所使用的能量值。换成实际的情况是如何呢？

- 一台电动机功率为 1000 瓦的吸尘器若持续工作整整 1 小时，则使用了 1 千瓦·时的能量。
- 一个速热电热水壶功率约 3 千瓦，如果你让它持续工作 20 分钟，将刚好使用 1 千瓦·时的电量。不管水壶里的水量是多少，都没有差别：水量只影响水达到沸腾状态的速度。
- 一个功率 10 瓦的节能灯泡，一点一点地消耗能量，持续照明 100 小时（约 4 天），才会把 1 千瓦·时用完。
- 安迪，那位体比较大重的帝国大厦登高者，以 200 瓦的速率使用能量，每秒爬一个台阶，需要爬整整 5 小时，消耗的能量才会达到 1 千瓦·时。

无论你想做什么事，通常做这些事消耗的能量是一样的[25]，但功率越高，会让你越快完成。不管你选择用什么样的方式到达帝国大厦顶楼，总是需要将你的身体质量（始终不变）抬高相同的距离，因此（理论上）你需要的能量总量是相同的。如果搭乘电梯，电动机让你的身体往上移动，比你自己徒步往上爬快得多；换句话说，电动机的功率更大（供应相同的能量时需要的时间更短）。不管你用什么方法煮沸 1 升的水，都需要使用 378000 焦耳的能量。你可以用电热水壶、煤气炉、篝火或通过搅动汤匙来煮沸水，这些方法最终都能让水沸腾（是的，只要技巧正确，连汤匙也可以[26]），只不过每种方法供应能量的速率不同，也就是功率不同，因此时间有长有短。如果你用的是 3 千瓦的速热热水壶，把水煮沸的时间只需要 1 千瓦旅行用热水壶的 1/3。两者提供的能量完全一样，但使用速热热水壶的时间要快 3 倍，所以功率也是 3 倍。不管用哪一种方法，你使用的千瓦·时数都相同，所以都得付一样多的电费。

能量来自何方，又去往何处？

钱不会突然跑进你的账户，也不会无缘无故从钱包里消失。我们通过与其他人交易来赚钱和花钱——能量也遵循同样的逻辑。如果想要得到能量，你就要从某处（吃饭或给车加油）"赚取"它。如果想要做什么事，你就要"花费"一些能量，而最后剩下的能量会比之前拥有的少。尽管无中生钱是可能的，比如用印钞或伪钞来欺骗金融系统，但是你不可能用同样的伎俩来产生能量，无论多努力都不会成功。宇宙中的能量的数量是固定的，我们能做的只是在一场零和游戏中进行"交易"：从某处获得的能量，与另一处损失的能量完全相符。这是一项绝对的且极其根本的物理定律，称为能量守恒定律。

焦耳的实验协助建立了这项定律最著名、最现代的形式：能量既不能被创造，也不能被消灭，只能从一种形式转换到另一种形式。焦耳举了一个生动的例子，说明瀑布底部的水温为何会比顶端的水温高，那是因为在猛烈撞击下方河流时，俯冲下来的水流中的能量会转换成热能。快速做了一些计算后，焦耳发现尼亚加拉瀑布底部的水温，比顶端高出 0.2 摄氏度[27]。1847 年，焦耳到法国霞慕尼度蜜月期间，携带了一些高灵敏度温度计，想要测量瀑布水温，可惜他想验证这项理论的巧妙计划并未成功。水流喷溅的冲击力太强，因此就无法精确测量温度提高了多少[28]。

当你自己煮沸 1 升的水时，这项定律又是如何发挥作用的？不论采用哪种方式，你都是将 378 千焦耳的能量注进了锅中。可能是 378 千焦耳的电能，通过电源线快速传输到热水壶的加热器件上，也可能是 378 千焦耳的煤气，在炉灶上熊熊燃烧。理论上，如果你能够避免锅产生的热损失，极其快速地摆动手腕搅动锅里的水，甚至也能供应 378 千焦耳的能量。在这种情况下，能量是来自你自己的身体——或许来自之前大口吃下的巧克力饼干。假设你是用这种方法来煮水，等到水沸腾的时候，你的身体已经损失了 378 千焦耳的能量，而那锅水则以热的形式获得了等量的能量。如果接下来你喝掉那些热水，你就能再取回一些热能：一杯热饮能暖和身子，这样你的身体就不需要太辛苦地维持体温。

为什么会痛？

　　了解了能量的量，就可以解释各种各样看起来好像与能量毫无关联的事物，例如为什么撞车时汽车会被挤成一团，为什么蒸汽造成的烫伤比被开水烫伤更痛，以及为什么从梯子上摔下来很危险。这三个问题的答案都是，因为"能量必须转移到某处"——换言之，能量守恒定律。

撞车

　　假如你驾驶一辆重 1500 千克的跑车，以速度 150 千米 / 时（40 米 / 秒）在公路上奔驰。因为车在移动，所以它具有能量，我们称之为动能。动能可以用一个非常简单的数学公式来计算：物体质量的 1/2 乘以速率，再乘以速率[29]。代入数字后，你会发现这辆车有大约超过 100 万焦耳的能量。一旦撞车，你的速率为零，也就没有了动能。因此，撞击时相当于眨眼间去掉 100 万焦耳的能量，功率等于你损失的能量除以发生撞击时持续的时间（秒）。所以假如你的车在半秒内撞成一团，就会以 100 万焦耳 / 0.5 秒 =200 万瓦的速率释放能量，这大约相当于蒸汽火车头的功率（可参见前面的表 3）。这就是为什么车祸会如此惨烈危险，为什么你的车会被撞扁。撞击发生的时间越长，作用于车子和车内的人的力越小，人就越可能存活。

　　如果车祸后毫发无损，你应该感谢车子精心的设计，即特意设计成能被压成一团，让动能慢慢消散，从而减少作用在你身上的力来挽救生命。车子看起来越惨，你就越应该感恩。人能活下来是因为车子毁了：这种基本的设计，让车子牺牲自己来保护你。理论上，我们可以设计无法摧毁的车，让车子近乎毫发无伤地从车祸中逃脱。然而，如此一来就没有任何东西可以吸收碰撞中产生的能量，作用在我们身上的力将巨大无比，甚至轻微的追尾事故都可能致命[30]。

热水壶造成的烫伤

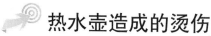

　　热水壶造成烫伤是一样的道理：热水里的能量必须转移到某处，而它直接转移到了你的手指上，灼伤了手指上的活体组织。100 摄氏度的蒸汽所含的热能，远多于同样温度的水。这是因为你需要在水中增加额外的能量，来推开水里的分子，把水转变成热的蒸汽（气体）。把手放在蒸汽中，你会得到两份热：当蒸汽转换成沸水时，你吸收了一份热；然后当沸水冷却至手的温度时，你得到了另一份热。

从梯子上摔下来

爬梯子需要耗费能量。从梯子上摔下来时，该处的能量（称为势能，意思是指储存于系统内的未来可使用的能量）必须转移到别处：因此直接转移到了你身上。如果你爬梯子到屋顶上（10 米），你的体重约 75 千克，那么你的势能就是 7500 焦耳[31]。从梯子上摔下来时，你的头撞上了混凝土，假如撞击持续了 0.1 秒，那么你的身体必须承受 75000 瓦的功率。作用在你头上的力，与你的身体释放能量的速率直接相关：能量释放得越快，身体就越痛。代入数字之后，你会发现头上的撞击力，几乎接近鳄鱼下颚的咬力[32]。这个撞击力大得足以摔断骨头，甚至让你丢掉性命。为什么会痛？为什么可能会死？因为能量必须有地方可去。

楼上楼下——在你自己家里

所有关于焦耳和瓦的讨论，还有更重要的天然气账单和电费账单，都可以总结成一个毋庸置疑的事实：我们做的每一件事都需要付出能量，不论采用哪种方式，而且都要付钱。这是能量守恒定律的缺点。它的优点是，使用能量并非总是像烧钱取暖那样无意义——有时我们可以取回我们的能量。

你爬家里的楼梯时，就是把食物转换成能量——那种难以捉摸的能量（势能），之后可用来做其他事。如果足够幸运（且古怪），你家里有个消防柱的话，你顺着消防柱滑到一楼，就能立刻取回你的势能。在下滑的过程中，势能会转换成动能（运动加速度）。理论上，你还可以打造一种人类跑轮（皮带轮传动装置），当你下滑通过时跑轮会旋转，将你的动能转换成电。由于过程中每一个步骤都会稍微损失一些效率（发热和噪声浪费了能量），你下滑时所产生的电能，不会和向上走时食物转换成的能量一样多，不过还是可以回收一些。当然，你不可能把高卡路里的食物变回来。尽管根据能量守恒定律可能办到，但我们尚未发明这种机制，能在你喘着气爬上帝国大厦顶楼再返回地面时，完好如初地还原一颗巧克力饼干。这让我们学到了宝贵的一课。不管是饥肠辘辘的胃，还是耗油的跑车，我们使用的大部分能量都会消失，花费高昂且一去不回（详见第 13 章和第 14 章）。能量很珍贵，地球储存的能量有限，所以我们应该小心谨慎地思考如何使用，避免浪费。

简要说明球形奶牛

　　球形奶牛？容我解释一下。能量守恒定律也许相当于科学家眼中管理妥善的银行账户，但账目收支平衡永远不像我比喻的那么简单。科学也能像现实生活一样令人抓狂。就像你的工资会被几十张小账单啃得一毛不剩，我们手上拥有宝贵价值的能量，也会以各种无价值的方式挥霍殆尽。换言之，我们所做的几乎任何事情都极其没有效率：我们花费的能量，远超过我们根据简单的科学理论所预期的。

　　当你狼吞虎咽吞下一块巧克力饼干之后，身体并不会马上直接吸收饼干所含的能量，而是以势能的形式存储起来，等到后面需要时神奇地再现。我们摄取的能量大多都"在转换中遗失了"，而且实际上，只有约20％的能量可以帮助我们去做科学家所说的有用"机械功"（如爬楼梯之类的事），第14章会详细讨论。从好的方面来看，这表示我们可以享受巧克力饼干，不需要满怀罪恶感；从不好的方面来看，在第5章将会讲到，同样的道理可以解释为什么开车这么贵——因为我们加入到油箱里的能量，只有约15％转变成公路上的实际速度。

　　真实生活总是比科学理论更复杂，这点适用于所有我提到的超级简化后的例子。如果你用汤匙拼命搅动水，想把水煮沸来冲咖啡，不管多努力，永远都不可能做到。热从杯子里散失的速度，跟你手动加进去的速度一样快，所以净温度不会提高。仓鼠飞奔在连接发电机的滚轮上，注定会留给我们冷咖啡：水在远远达不到水冒泡沸腾时，仓鼠就已经觉得厌倦了。使用1000瓦功率的吸尘器，并不会提供给我们1000瓦的有效吸力。吸尘器通过电线引进来的能量，很多都消耗在热和电动机的轰隆声中了。

　　如果科学家为他们必须思考的每道难题的每个细节而苦恼，他们就永远不会有进展：简化问题可以切入核心，为关键问题提出权宜的解答。但重要的是，别得意忘形。一如我们的好友爱因斯坦曾睿智地说：科学应该力求简单，但不能过于简单。有这么一则著名的笑话：假如你找来全世界顶尖的科学家，然后问他们一个非常实际的问题，譬如如何增加奶农的牛奶产量，会发生什么事呢？他们会挠着头思索几天，再花几天在黑板上涂写，然后骄傲地提出他们的答案，并加注说明那个答案仅适用于漂浮在真空中的完美球形奶牛。

漂浮在真空中的球形奶牛

第 3 章
超级英雄

在本章中，我们将探索：

如何用你的大拇指和脚趾来解释轮子的奥秘？

你能否用一把电钻烧掉你的房子？

厨房刀具与高尔夫球场的共同点是什么？

你需要多长的杠杆才能撬起地球？

你或许不觉得自己像个超级英雄，但其实你就是啊。你可以敲掉墙壁、在砖墙上打孔、徒手抬起一辆汽车。怎么办到的？当然不是用你弱小的肉体，而是稍微借助一下家里工具中暗藏的科学窍门，如铁锤、千斤顶和螺丝刀，还可以用更复杂的机械，如咖啡磨豆机、洗衣机、气钻和高压清洗机，来提供动力。

除了那些骨头断裂粉碎的痛苦难耐时刻，大多数人都不愿去想皮肤底下隐藏的这堆白骨：我们不需要如影随形地提醒我们自身生命的有限。对于我们平时视为理所当然的这种内在的白色支架，"眼不见为净"形容得非常贴切。实际上我们的骨骼并不仅仅像支撑摩天大楼的隐藏式钢骨结构那样，骨骼是支撑我们自身体重不可或缺的东西，也帮助我们增强肌肉产生的力量，让我们能够走路、跑步、提东西，以及广泛地利用周围的环境。简言之，骨骼就是藏在体内的机械。

日常生活中，我们认为机械就是起重机、推土机和发动机，或那种缝制牛仔裤和焊接车身的自动铆接组装生产线。但在科学中，机械指的是更简单的东西——机械就是机械。任何可以增强力的作用的东西就是机械，从小茶匙、吱呀吱呀响的独轮推车，到圆珠笔和螺丝刀。我们的身体就像简单的机械般工作，我们的骨骼不过是少了线的提线木偶。你的身体里几乎每一根骨头和关节都像杠杆一样作用——手指、手臂、脚、腿，以及其他所有部位。人的身体与杠杆作用息息相关，撇开大脑和血肉，人类就是简单的机械。

冲到小区的五金商店，你会发现数百种不同的工具，但这些工具不外乎杠杆、轮子和楔子这几大类。简单机械主要就是这几个类别。举例来说，独轮推车是一种杠杆，轮子本身也是，还有齿轮和滑轮也一样。厨房里的刀具和凿子与开车上下坡道时的工作原理一样，螺丝钉也是这样。所有帮助我们省时的工具，最后都可以用几个科学概念来解释其中的技巧。

凭什么相信杠杆？

阿基米德（一位留着胡子的秃头古希腊人，协助建立了现代科学）说过一句名言，如果你给他一根够长的杠杆，他就可以撬起整个地球（根据我的计算，那根杠杆必须有 8×10^{19} 千米长——地球与太阳之间浩瀚距离的 5000 亿倍）[33]。杠杆是所有机械之父，因为大部分工具都或多或少以杠杆作为基础。杠杆只是一根在力的作用下绕固定点转动的硬棒，类似铁撬棒。它的长度越长，能帮你增加的力就越多。把这道理延伸到极致，就成了阿基米德的举起地球的逻辑。对大多数人来说，每次开门或旋紧果酱罐时，就是在体验各式各样的杠杆作用。扳钳、扳手和铁撬棒是比较明显的例子，其他各类东西也需要依靠杠杆作用，包括把手、开关，甚至卷筒纸巾（参见后面方框文字中的说明）。

非常有趣的是，轮子本质上也是杠杆。想想水龙头就会马上明白——便利的阀芯把水阻隔起来，直到你扭开释放压力。很多人使用的十字把手水龙头，当然就是迷你的杠杆：十字越长，越容易开关，因为杠杆作用越大。如果你有关节炎或者手（手臂）上有伤，可以安装附带长杠杆的特殊水龙头，用手腕或手肘轻碰杠杆就可以开关。有些人用的是更像轮子的水龙头，发挥一点点想象力就能想到，轮子是由无数个杠杆排列而成的圆圈，就像雏菊的花瓣。如果水由旋塞阀控制，那就同时既是轮子也是杠杆作用了。

杠杆和轮子了不起的地方，在于你可以用两种完全相反的方式，来提高你身体可产生的力或速率。转动旋塞阀，正如用扳手转动生锈的螺帽：绕着圆圈的边缘，推动杠杆的自由端，在中心产生一股缓慢移动的额外的旋转力。但你也可以从另一端转动杠杆——就像挥动斧头那样。你的肩膀在圆的中央转动，长木柄的杠杆作用使边缘产生额外的速率，从而让沉重的斧头前端猛砍入木头当中。我们将在下一章思考自行车的原理时，将更详尽地探讨这一精巧的概念。

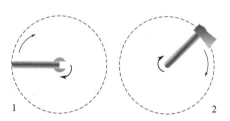

杠杆可以增加力或速率——但不会同时改变两者

1. 当你在扳手的尾端施加适当的旋转力（细长箭头）时，中心的螺帽转动速度较慢，但受会到较大的力（粗短箭头）。2. 挥动斧头的情况相反。你在中央以很大的力挥动（粗短箭头），在边缘产生较大的速率（细长箭头）。第 4 章将会介绍，齿轮的原理和图中的情况完全相同。

轮子这东西

谈到卓越的发明，轮子已经榜上有名大约 5000 年了。轮子提供动力让我们从家里到其他地方，室内也有许多轮子。洗衣机、打蛋器、电钻、咖啡磨豆机、计算机硬盘、DVD 播放器，所有这些家里的物品（还有其他许多东西）都依靠轮子的作用。由于轮子无所不在，而且是历史上最伟大的发明之一，你也许认为大多数人都了解它的工作原理。

轮子有两项科学奥秘，简单的那项奥秘是，它像杠杆一样作用：轮子做得越大，它的杠杆作用就会越大。用一点力就可以转动轮子的边缘（轮圈），但是轮子的中心（花鼓，杠杆的中心点）磨转得较慢，需要用更多的力。这就是为什么在动力方向盘普及之前，旧式卡车和公共汽车有巨大的方向盘。轮子还有另外一个奥秘，这个奥秘就复杂得多了。

为什么卷筒纸可连续不断抽下去?

英国有个长期播放的电视广告，每一年能帮 Andrex 公司卖出大约 13000000 千米"柔软、强韧、非常非常长"的卫生纸，背后的原因是他们用了一种极具吸引力的诙谐手法：如果一只顽皮的小狗一直拉卷筒卫生纸，整卷卫生纸会以令你眩晕的速度散布到你家各处。

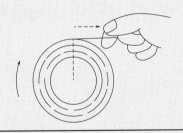

当你拉动卷筒时，卷筒纸在角动量（实线）的作用下旋转。卷筒上的纸越多，轮子的直径越长，杠杆作用（虚线）也就越大。

这个简单的滑稽场景背后的科学原理很巧妙。卷筒卫生纸就是一个轮子，而轮子像杠杆一样作用：轮子越大，杠杆作用越大。装满纸的卷筒比纸用完的卷筒更容易拉，因为"轮子"的直径比较大，边缘的杠杆作用比较大。一旦卷筒开始回转，它就会得到动量——这个科学名词可以解释为什么像卡车和油罐车这类重的东西，需要很长的时间才能停下来。装满纸的卷筒比空卷筒重，它的质量集中在中间空卷筒的边缘（以科学术语来说，就是它有较大的转动惯量）。一旦开始转动，它就会因为本身的动量而自行持续旋转。这就是为什么最后地板上到处都是卫生纸。

轮子如何减少摩擦力？

　　把四个轮子夹紧在两个轴上，你就有了一辆推车，可以方便地移动重物，比徒手抬东西或在地上拖行容易多了。每一个人都知道这个道理，但如何解释这种现象？轮子究竟为什么会让移动东西变得更轻松？一切都跟力有关。还有轮子如何绕着称为轴的细长杆转动，也和力有关。想象你平躺在地板上，被绑在马身上的绳子拖着走。这一定很痛，因为你身体的整个表面都会擦过地面。马也会觉得很累，因为它得努力对抗摩擦力（你身体的粗糙表面与地面之间的摩擦）。

　　现在，让我们把你变成一辆人形推车。假设你把两根大拇指和两根大脚趾向外伸长，让我们可以把它们当成轴，四个轮子嵌在它们上面。假定你能保持身体紧绷固定不动，而且能离开地面，感觉会如何呢？你的全身不会擦过地面，只在轮子绕着你的拇指和脚趾旋转时，感受到一点摩擦。相较于之前的情况，我们承受的摩擦力已经减少很多。我们把摩擦力从移动的物体本身（你庞大的身体），转移到轮轴（你的拇指和脚趾）上。这就是轮子隐藏的秘密：通过把摩擦力传递到轮轴，来减少摩擦力。但这仍然需要作用力才能移动推车，因为你还是得应付一点摩擦力，但是现在不需要太担心了。这就是轮子的杠杆作用提供帮助的地方。如果你从后面推着一辆推车，轮子会像杠杆一样作用，增加你的推力，让轮子更容易绕着轮轴滚动，克服剩下的一点摩擦力。

通过把摩擦力转移到轮轴上，来减少轮子的摩擦力

　　1. 拖行时不用轮子，整个身体与地面接触的部分感受到痛苦的摩擦（大块斜线面积）。2. 把轮子装到你的拇指和脚趾上后，只有拇指和脚趾会感受到摩擦力（四个小块斜线面积），而且你更容易移动。

斜面

　　如果你把碎石放进麻袋里，再徒手把袋子甩到卡车上，那可真是件让人腰

酸背痛的苦差事。如果把它堆放在独轮推车上，利用斜坡（斜面）推上去，就会轻松许多。独轮推车是机械应用的杰出范例，我们稍候再讨论，而斜面也是一种机械。如果你试着想一下重物如何移动，或许就能明白斜坡的功能就像杠杆。当你把某个东西推上斜坡时，重物便向上移动到了空中，所以你最后得到有点类似杠杆作用的效果。

　　用能量来思考，更容易理解斜坡的概念。假如你必须把 200 千克的碎石搬到卡车上，离地面的高度是 1 米，不管用什么方法，把碎石搬到卡车上所需要的能量都一样多（根据能量守恒定律）。可能的最小能量值是 2000 焦耳[34]。如果碎石装在麻袋里，你用大约 1 秒的时间屈膝直接往上抬，那么你是用 2000 瓦的功率来完成这个动作——像电热水壶或电动烤面包机一样卖力。然而，如果碎石放在独轮推车上，你花大约 4 秒把推车推上和缓的斜坡，就不需要那么辛苦，你用 4 倍的时间提供相同的 2000 焦耳能量，功率只有 500 瓦（类似手持式搅拌器）。所以，如果忽略掉烦人的摩擦力这类事情，还有生锈的不灵活又嘎吱作响的轮子所损耗的声能，你现在只需花费 1/4 的力气。同样多的碎石，用推车推上斜坡，比装在麻袋里直接搬上去所用的力更少。但这里有一个圈套：你推车的距离较远（省力的代价就是距离变长），这表示你仍然必须使用同样多的能量。省力 4 倍，但工作时间也是 4 倍。

螺丝钉也是斜坡

　　想象有一座尖尖的山丘，形状像一个倒放的甜筒冰淇淋，一条路从山丘底部盘旋着开凿到顶部，这景象可能看起来很熟悉。把这个山丘的影像缩小到你的小指大小，再用钢来打造成型，你就会得到一根螺丝钉。螺丝钉就是螺旋状的斜坡，而且作用原理完全相同。

　　假设你想用螺丝钉把托架固定在墙上，打造几个书架。方法之一是，把螺丝钉当成粗短的钉子，直接重重敲进石膏墙板里。这需要花很大的力气，而且会把你的墙壁弄得面目全非。另一个方法是采用螺丝钉的一般用法：扭转螺丝刀，把螺丝钉旋进墙壁里。每一次转动，你的手腕就扭转一些距离，而螺丝钉钻进墙里的深度，只有你扭转的距离的一小部分。就像在一条蜿蜒的路上开车上山，或把独轮推车推上斜坡，你需要花费的力减少，功率也较小，因此感觉更轻松，但费时较长。在这个例子中，你的手和手腕的也像轮子一样在起作用，帮助增加你所产生的力。有些螺丝刀附有侧挂式把手，可以产生更大的杠杆作用。

你能否用一把电钻烧掉你的房子？

用一样东西摩擦另一样东西时，会发生什么事？摩擦力会开始阻挠，接着生热。无论使用电钻多久，一定会产生很多摩擦力。消失在电钻电线中的能量，最后大部分会变成热——使墙壁、钻头和电动机自身温度升高。最早的（史前）钻子不是用来钻洞的，而是用来产生火花、引火烧柴，这并非偶然。大多数热爱做手工的人都很聪明地知道，不要去碰刚从墙壁里抽出来的钻头。这会立刻引发一个问题：如果你用电钻钻得足够久，是否会在家中引起火灾？让我们做些数学计算来找出答案。

到底会变多热？

假设你钻的是实心木头，通常大约在 200 ～ 400 摄氏度时起火[35]。首先，我们把燃点设定在最高的可能温度（400 摄氏度）。再假定这块木头的导热性能不佳，而你的电钻可产生热的位置只有钻头转动的那很小一部分——可能只有 250 克的木材。木头的比热容约为 2000 焦耳／千克·摄氏度，表示需要 2000 焦耳的能量来让 1 千克的木头温度上升 1 摄氏度。如果室温约为 20 摄氏度，那么需要让木头温度上升 380 摄氏度才能点燃，所以我们需要提供的能量约 380×2000×0.25=190（千焦）。假定一般的电钻功率为 750 瓦，即每秒可接收 750 焦耳的电能，并（假设）全部产出为机械能 750 焦耳，而且产出的机械能全部转换为热能。这表示我们需要钻大约 250 秒，仅 4 分钟左右，就可以把墙壁引燃。

值得担心吗？

听起来还挺危险的！但有多危险呢？我提出的假设值也许有点宽松。你上次花整整 4 分钟钻洞是什么时候？实际上并非电钻所有的能量都会传递到木头上，而且紧挨着钻头的墙壁也会损失热（把热持续传到墙壁其他部分），同时从电钻本身获得热。我所写的数字纯属猜测，而且经过四舍五入。话说回来，如果电钻加热的是更小块的木头，或甚至只是洞里的碎屑会怎样呢？如果在 200 摄氏度木头就能着火会怎样呢？结果就是你不需要钻那么久了。只要钻的时间够久就可能引燃木墙，这个说法听起来似乎比较合理。其实真正的风险在于，钻东西时点燃了产生的木屑或碎片，因为粉末（大量氧气隔开的微粒）比原材料本身更容易突然起火。这正是史前钻木取火的原理，而现代的电钻功率则要强大得多。

真实的工具是怎样工作的？

几乎每一种你容易想到的工具背后所隐藏的科学，都是杠杆、轮子和斜面。现实世界中的工具多半结合了两种或更多种这类聪明的概念，让效果更突出。

 ## 独轮推车

独轮推车是一个杰出的范例，将几种简单机械集合成一个好用的工具。它以前端的轮子为支点，所以它像杠杆一样作用。这表示如果你要移动重物，最佳的放置位置是推车前端，即轮子的正上方。推车的长形金属车厢及连接在车厢上的手柄，形成一个独立的长杠杆，更容易把重物抬起来。只要你拿起推车，开始推着它前进，就可以享受前端嘎吱作响的轮子和轮轴带来的好处。而如果你需要把重物放到卡车上，斜坡会是另一个得力帮手。

 ## 斧头

如果你要砍木材，你需要用一把重斧头。斧头的长柄是杠杆，作为你双臂的延伸，整个杠杆以你的肩膀为支点。接着，你的手臂延伸了你上半身以脊椎底部为支点所产生的杠杆作用；或者如果你挥动得更有力，则以稳扎在地上的双脚为支点。因此，至少有三个杠杆一起作用，它们的作用是帮助斧头的前端尽快加速，以便用最大的速度和能量劈入木头——换言之，增加劈砍的作用力。但斧头的前端以一种不同的方式作用：锋利的楔形刃，作用就像斜面。当你用斧头用力砍木材时，木头会沿着刀刃的斜度裂开，而非只是水平劈开，这表示你可以用少得多的力把它劈成两半。这跟避免垂直向上举高重物，改为用独轮推车通过斜坡运上去，是一样的道理。

 ## 铁锤

铁锤和斧头的情况差不多：柄越长，挥动时产生的杠杆作用越大，撞击力就越强。然而，铁锤要发挥的功能却迥然不同：铁锤是为了把钉子敲进墙壁里，越深越好。铁锤通过两种方式来达成这个目的。因为铁锤的锤头比钉子的顶帽面积大，铁锤传递的撞击力集中到更小的面积上后，力的作用（压强）会被放大，从而把钉子打进墙里。

这里还有另一个因素在发挥作用。铁锤比钉子重得多。将铁锤和钉子想象成准备好进行接触的足球和球员的球鞋。球鞋抵达接触点时的速度越快（位于肌肉发达的腿部尾端，像杠杆一样作用，增加脚的速度），它具有的能量越大。根据能量守恒定律，踢球之前腿部和球鞋的总能量，必须与腿部、球鞋和球碰撞之后加和的总能量相同。如果球员踢到球时，球鞋嘎的一声停下，球会得到全部的能量[36]。因为足球比腿和球鞋加起来轻得多，因此飞出去的速度更快。铁锤和钉子的情况完全相同：一般来说，钉子的质量只有铁锤的 1/100，两者之间巨大的质量差异，使得钉子可以顺利钉进墙里。

针筒

以传统的手工制作的角度来看，很多东西可能看起来不是工具，却按像工具一样的科学原理作用。例如针筒，轻轻地挤压柱塞，另一端就能突然射出液体。如果你知道液体实际上是不可能被压缩的，就很容易了解针筒中的原理。试着把 1 升的水挤压进任何更小的空间里，你会发现事实上不可能办到：这就是为什么肚子的部位猛摔进游泳池里时，比跌在柔软的垫子上更痛的原因，还有为什么从高空吊桥上跳进河里绝对会丧命。水分子抵抗压力的现象，就跟建筑物底下防止建筑物下陷的坚硬地面的道理一样：快速猛摔进水里，就跟撞上混凝土没什么两样。

这说明实际上水（或类似的液体）可以沿着管子来传输力。在一端注入一些水，完全等量的水会从另一端喷出。把管子的一端做得比另一端大，可相应地让力增加。液压起重机和挖土机这类东西的原理就是这样。发动机为水泵提供动力，把液体压入窄管中，通过液压柱塞的移进移出，推动起重机臂（或挖土机铲斗）向上向下。

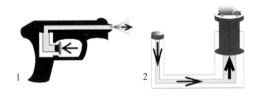

水的运动

1. 拿一个水枪（或针筒），用很大的力按压宽活塞。这会让水进入一个很狭窄的密闭空间，然后以比你扣压扳机更快的速度喷出枪口，但力道会小很多。2. 修车厂的液压千斤顶以相反的方式工作。你将流体往下注入细管中。当流体进入更宽的密闭空间后，会显著变慢，但会产生更多的力[37]。

科学与运动工具

如果不做手工，你可能分辨不出螺丝刀的前端与尾端，也不太在乎钻子多好用以及它背后的原理。然而，生活中你依然无法轻易摆脱简单机械。各式各样的厨房用具，从兼具杠杆和楔子作用的普通餐刀，到运用齿轮和轮子原理的打蛋器，都是根据机械原理打造的。汽车本质上也是应用了相同的原理，从杠杆、轮子、齿轮到液压刹车（有点类似脚踏式注射器）。即使周末休闲时，你大概也会用到工具的科学，例如慢跑或游泳、踢足球或打高尔夫时（利用手臂和腿来发挥杠杆作用）。

撇开策略和战术不谈，球类运动的科学其实就是如何有效地把能量从身体传递到球上（有时利用球棒作为媒介），以便在完美的方位控制下，让球跑得更远更好。踢足球时，你运用腿部的杠杆作用，将能量和动量传递到球上。腿与球的相对质量，决定了能量传送的效率。你的脚接触球的时间越长，冲量（表示我们在某一物体上施加力时，力的作用时间的科学术语）越大，球得到的动量也就越多。这就是运动员要尽力做到"随球动作"（持续保持四肢移动，以延长接触的时间）的原因之一。澳洲运动物理学家克罗斯（Rod Cross）计算出网球、垒球和棒球选手最有效地将能量从身体转移到球上的情况是，他们的手臂大约是球棒质量的6倍，球棒又是球质量的6倍时[38]。这说明了为什么当你用板球棒或网球拍击球后，球会如此高速飞出去：球棒的所有能量必须传到其他地方。

精通一项运动，如高尔夫，是很困难的，原因之一是挥杆这个动作很复杂，有众多不同的科学作用。你的全身随臀部转动，发挥杠杆作用，与此同时，球杆转动，也发挥杠杆作用。根据球杆与球接触的有效程度和时间长短，球杆将不同的能量传递到高尔夫球上。至于网球，球拍与球的相对质量是关键，但我们首先必须考虑的是弹道学和空气动力学（让球飞得更远的飞行角度、球上的一点小凹陷会造成什么影响、下旋球的效果如何等）等细微因素。把这些全都汇集起来，便形成一道复杂的计算难题，你的大脑通常会用"熟能生巧"来解决这个问题。无数的"科学练习"帮助你的肌肉精确地掌握施加多少力，什么时候施加在什么地方。

团队科学

运动冠军除了以科学的角度来思考之外，别无选择：最微小的改进就是一种竞争优势。当然业余者也能从科学中受益。科学通过我们所谓的科学方法来起作用，科学方法是指根据你的观察来提出一套说明世界如何运行的理论，然后用你从实验中获得的可靠证据渐渐去完善。我曾把水中的运动当作科学问题，让自己学会了游泳。根据牛顿第二运动定律，你得把水往后拨才能推动身体往前，而且双脚向下踢才不会下沉。我需要的理论全在这里了，几个简单的踢水实验证明了我理论的正确性。从网球锦标赛到在厨房里切胡萝卜，各种日常问题都遵循同样的道理。不妨花点时间了解背后的科学，然后用以制胜。

第4章

自行车之美

在本章中，我们将探索：

自行车的原理为何像吊桥一样？

为什么骑自行车就像揉面包？

为什么自行车手要刮腿毛？

敏捷的自行车手可以向跳跃的三文鱼学习什么？

　　骑自行车时很容易从中捣鬼。打造一辆双层公交 2 倍长或人 3 倍高的自行车怎么样？一辆可同时载 24 人的自行车呢？还是改装成在气流中飞驰的高速赛车，比城际列车更快的那种款式？根据《吉尼斯世界纪录大全》的记载，这些东西全都做过了。

　　还有更具争议的自行车捣鬼方式，问问七届环法自行车大赛冠军兰斯·阿姆斯特朗（Lance Armstrong）就知道了。他穿着著名的黄衫气喘如牛地奔向胜利时，是使用了增强体能的药物来提升他的骑行功率[39]。阿姆斯特朗坦然承认了这一行为，在自行车界引发了怒火——理当如此。但所有那些震惊的车手没有认识到的是，骑自行车本来就是一场"大骗局"：自行车一切的设计都是为了骑得更快更远，而且行进得比你走路更有效率。这当然是我的玩笑话，但其中也有一点是严肃的：善用科学能帮助我们战胜生命的考验，而自行车是你可以找到的最佳范例之一。

自行车是轮子

　　在科技发展到能让你用双脚踩动踏板之前很久，自行车已经开始发挥它们的奇妙作用了。还记得我们之前计算过一栋普通的房子对地面施加的压力，发现它跟我们的脚踝所承受的压力差不多吗？那么，与骑自行车的情况相比，又有何差异呢？

　　当你双脚离地后，全身重量在两个几乎空心的圆圈（更常见的说法是轮子）上保持平衡，圆圈之间伸展着一些脆弱的金属零件（辐条）。越仔细观察自行车的轮子，越应该赞叹。最早的轮子出现在古代的手推车上，是笨重的木头做成的实心圆盘状物体。很容易了解为什么那些轮子能支撑任意重量的东西：木头几乎不可能被压扁，所以载重向下压着推车，而轮子的原子往上回推，抵抗压缩，稳固地承受应变。实心轮子可载重 1 吨（或数吨），但缺点是它们本身也重 1 吨，所以费尽千辛万苦才能推动它们，尤其是路面颠簸或上坡时。这就是发明辐条式轮组的主要原因：将木头的大部分削磨，剩下几根实心杆分担载重。这个经得起时间考验的设计，至今仍用于汽车的轮子，但自行车不再采用这种设计。

"空洞"的承诺

　　自行车的轮子以一种不同的方式来作用。自行车的菱形车架放置在两个花鼓之上。车轴穿过花鼓，轮子绕着车轴转动。但再仔细观察一下那些轮子。

　　首先看看辐条。每一根辐条都出奇地轻薄，看起来和可以轻易单手折弯的铁丝衣架差不多。自行车车轮超过99％的空间都是空的，这种说法并不夸张。你骑车的时候就是坐在这空间上：几乎空无一物。当然，其中奥秘就是辐条的数量。一般竞速自行车车轮有约24根辐条（有些是32根、36根或40根），两个车轮加起来共有48根。假设你的体重是75千克，自行车本身重25千克，那么辐条要支撑的总质量就是100千克。为了方便计算，让我们假设两个轮子的辐条总数达50根，这样我们就能估算出每一根辐条上承载了2千克的质量。你是否真的能在一个铁丝衣架上平衡放上两袋砂糖，大概2千克，而铁丝衣架没有任何弯曲的风险？对我来说听起来不太可能。因此，从科学的角度来看，一定还有其他某种因素在作用。

自行车或桥？

　　你可以轻易弄弯一根自行车的辐条，但无论你多用力都无法将它拉长。这就是自行车车轮作用的关键。传统的手推车轮子受压缩，自行车车轮的辐条则不同，它是拉紧的（我们说它们承受拉力），就像小提琴琴弦、蜘蛛网细丝，或者用一种更恰当的比喻——吊桥上的缆索。试想一下，自行车的整个重量向下压在花鼓上，而吊桥大部分的重量向下压在桥面上，你就会明白自行车实际上是由辐条悬吊起来的，跟桥面由上方的缆索悬吊起来一样。无论何时，花鼓上方的辐条都比下方的辐条稍微拉长一点，但所有辐条始终处于受拉的状态。

　　比起辐条轻薄的设计，更有趣的是辐条绕着花鼓分散的方式。与简单的推车轮子上的辐条不同，大部分自行车车轮的辐条不是直接从车圈连到花鼓中央，而是每一根辐条稍微延伸到花鼓侧面上，形成所谓的“切向连接”。因为车轮的花鼓很宽，有些辐条连接到其中一面，有些则连接到另一面。于是，我们得到一种拉紧的网状辐条，自行车的整体载重平均地分散在这个网上。它不仅能抵抗自行车和骑车人的重量，还能抵抗你高速左右转向或转弯时所产生的（以前轮来说）剪力和扭力。这是一种高度张紧状态的三维结构，可以抵抗来自各个方向的力。当你想到轮子的基本零件——一根轻薄的小辐条——脆弱得能用单手弯折，就能意识到自行车车轮是不折不扣的工程奇迹。

自行车桥

　　取一座吊桥,然后去掉两侧的桥塔(浅灰色)。将桥面(深灰色)缩小成中间的一个小圆圈。把垂下的钢缆（黑色）的两端连在一起。接着让较细的吊索整齐且平均地分布。最后你会得到某个巨大的像自行车车轮的东西。吊桥和自行车车轮都是应用拉力的精巧结构。

自行车是杠杆

　　辐条和轮子只是第一步。想要知道更多"作弊"的手法吗？想一想当我们想增强身体可产生的力时,杠杆作用提供的"不公平"优势,然后数数看你可以在自行车上找到多少杠杆。

　　首先,车把手是杠杆,即使轮胎正抓住地面高速奔驰时,你也能轻松控制前轮的转向。登山车的把手又长又直,远比竞速自行车又短又弯曲的把手容易操控,而竞速自行车把手的设计主要是为了迫使手肘的姿势更符合空气动力学。这种杠杆作用有另一项好处。当你碰到颠簸的路面时,较宽的把手比较容易维持前轮笔直向前。假设你经过一个坑洞,前轮猛地扭到一边。这时把手的杠杆作用会大幅减少你手臂感受到的力,所以自行车比较容易保持直线行进。

　　踏板（更准确一点,曲柄,即随着支撑你脚的扁平踏板上下运动的直杆）也是杠杆,当你的双腿上下踩动踏板时,可以利用杠杆作用来使用双腿产生的力量。显然车把手和踏板必须在一定程度上,达成杠杆作用的协调运转。理论上,车把手越长,越容易操控自行车转向（较大的车把手,跟公交车或卡车上的大型方向盘的机制类似）。而踏板（曲柄）越长,踩动越轻松。然而,车把手最多只能与展开的双臂同宽,而踏板显然也不能太长,否则它们转动时会碰到地面。

追求速率

　　自行车的车轮也是杠杆,尽管你可能无法这么快辨识出来。如前一章所述,大多数杠杆——巧妙地隐藏在工具中,如铁锤、铁撬棒、扳手——都是用来增加力的作用的：你尽力转动杠杆外缘较长的距离，从而使中间部分较缓慢并以相对较大的力来转动较短的距离。简而言之，普通的杠杆可以提供较多的力，但速率较慢。一般来说，我们骑自行车是因为想比走路更快。在自行车的例子中，我们希望车轮的作用方式与传统的杠杆相反，而事实也正是如此。

如果你向前伸直一只手臂，然后手举过肩转 90 度，就像投板球时的姿势。你的手划过空中的弧度比肩膀所划出的弧度大得多，因此在同样的时间里，手移动的距离较长，所以它的速度比较快、但力较小（虽然不易察觉）。这就说明了为什么长得比较高、手臂比较长的网球选手，通常击出的球速比长得比较矮但比较健壮的选手快。同样的道理，在车轮中央施加比较大的力就可以使外缘的速率比较快，自行车车轮就是这样工作的。车轮越大，杠杆作用越大，你的速率也越快，不过你必须付出力来让自己保持移动。这就是追求速率的竞速自行车，车轮比登山自行车大的原因，因为登山自行车不求快速，它需要的是爬坡和抵抗颠簸的力。前轮大后轮小的高轮自行车是最早的自行车之一，巨大的轮子相应地增加了你的速率，但它不会比骑大象容易太多（谁想要爬梯子骑上脚踏车呢，要是摔下来怎么办？）。

轮子的杠杆作用

轮子是绕着圈转的杠杆，速率或力不断增加。速率增加很容易了解。如果你在轮子的中心把轮子转 90 度，外缘必须转动得更快才能跟上，比较图中两个箭头的长度就能明白了。力会增加这点比较不明显，但如果你想象这是一个旋塞阀，或许就能感受到你转动轮缘时轮子中心的力增加了多少。

自行车是齿轮

假如你跟我住在同样的地方，海拔 100 米，离海岸 10 分钟，那么骑自行车赶去镇上再回来，绝不会比走路或搭公交车更有吸引力。去程一路都是下坡，然后回程一路上坡。如果整个世界是平坦的，这样的短程，骑自行车显而易见是最好的选择，但那些让人伤脑筋的斜坡路确实是一大阻力。

高轮脚踏车这类自行车纯粹是为了速率而设计的：即使你再怎么想骑着他们上坡，也不可能做到。而类似的传统自行车，只能运用杠杆作用达成一种目标。踩动踏板的力量转动前轮的中心，车圈转得更快但得到的力却较少，爬坡时就比较费力。想让自行车更快一些很简单，只要装上大轮子就行了，但爬坡需要的是相反的作用：车轮小的自行车某种程度上却可以增加我们的踏力。快速踩自行车踏板，使车轮缓慢转动，却能产生足够的力往上爬。这听起来很完美。因此，在我住的地方，其实需要两辆脚踏车：一辆用来下坡进城，增加我的速率，减少我的踏力；另一辆用来上坡回家，降低我的速率，增加我的爬坡力。我们能否用某种方式把这两种机械组合在同一辆自行车呢？可以，而这正是齿轮的工作。

齿轮如何发挥作用？

简单来说，齿轮就是大小不同的轮子，边缘有齿，所以那些轮子可以"啮合"——相互卡住并同步转动。一组齿轮要么能加快机械的速率但减少机械产出的力，要么就是作用正好相反，也就是说，它可以增加速率，或者增加力的作用，但不会同时提高两者。

乍看之下，你可能认为齿轮的重点是齿，但实际上轮子的啮齿状外缘只是为了防止它们滑脱，除此之外别无他用。齿轮的奥秘在于啮合的两个轮子的相对大小。如果说一个轮子的作用像一根杠杆，那么在相互接触的两个轮子边缘，就像两根杠杆接触一样发挥作用。若转动第一个轮子的中心，它的边缘会以较快的速率转动，但获得的力较少。与第一个轮子接触的第二个轮子，它的边缘必须以跟第一个轮子相同的速率转动。于是，第二个轮子的中心转得比边缘更慢，但获得的力更多。如果第一个轮子比第二个轮子大，整体的速率会加快，而转动力（称为力矩）则减少。如果第二个轮子比较大，第一个轮子转得较快，第二个轮子会转得较慢，但力矩增加。

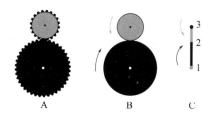

A　　　　B　　　　C

齿轮的原理是什么？

两个齿轮啮合在一起（A），就像两个跟齿轮大小一致的轮子在轮缘接触（B），而两个接触的轮子，如同无数个相接触的杠杆一样作用（C）。如果你以点 1 为轴心，以一定的速度和力回转黑色杠杆，由于杠杆长度的关系，点 2 会转得较快，但得到的力较少。当黑色杠杆接触到灰色杠杆时，产生反向的杠杆作用。随着黑色杠杆推着灰色杠杆转动，在点 3 的轴心也跟着回转，速率比点 2 的轴心慢，但获得较多的力。大体上，黑色和灰色这两根杠杆造成在点 3 的轴心转得比点 1 的轴心快，但力较小。左边的齿轮上发生的情况完全相同。

　　给定一辆自行车后，它的后轮尺寸是固定的，直接连接到踏板和曲柄上的齿轮尺寸也是固定的。那么理论上，两个车轮之间的关系就已经固定了，这表示自行车永远只能帮你达成一项目标：通过选择后轮齿轮的尺寸，让你在踩踏板时，要么增加车子的速度，要么增加它的力，只能二选一。换句话说，你可以将它打造成以超快的速率直线竞速，或者以令人难以忍受的龟速爬坡，两者只能择其一。实际上，我们又回到了这个问题的原点——需要两辆不同的脚踏车来上坡和下坡。

　　幸运的是，自行车还有另一项巧妙的手法：后轮的齿轮与踏板连着的齿轮之间由一条可以灵活变动的链条连接，而这两个轮子上还有各种不同大小的齿轮可供选择。轻轻拨一下变速杆，就可以把链条翻转到其他不同组的齿轮上，于是实际上改变了两个连接在一起的齿轮的相对大小。这种称为变速器的巧妙变速机械，可以让你在骑车途中转换齿轮传动，即使在齿轮与链条正高速转动的时候也没关系。变速让一辆自行车可以用两种完全相反的方式运行。在高速挡，用于直线下坡加速，后轮会转动得比脚踏轮子更快速（更快，且用较少的力）。在低速挡，情况正好相反，后轮转动得比较慢，但有一股巨大的力让骑手全力以赴地爬上坡。

　　实际生活中的数据是怎样的呢？假如你是奥运冠军，正在路上骑着自行车飞驰，你的齿数比（后轮的齿轮齿数除以脚踏轮或链轮的齿轮齿数）可以高达5∶1——所以可以有效地让你后轮的速率增加为原来的 5 倍。换句话说，如果你的车轮直径约 62 厘米，圆周差不多是 2 米，踏板每转一圈就能带你飞驰前进大约 10 米[40]。

看，没有作弊！

　　如同手工工具一样，自行车上的各种“作弊手法”——杠杆、车轮和齿轮——也必须遵循物理基本定律。自行车的齿轮可以为你提供额外的速率或额外的力，但无法同时提供两者。如果可以同时做到，你从自行车后轮得到的能量会大于你在踏板上加入的能量，如我们在前几章学到的，这绝对不可能：因为它违反了能量守恒定律。

如果我们比较一下在踏板上和后轮上的力、速率和能量，就很容易了解为什么我们仍在遵循那些定律。假设你正在用高速挡直线前进。你踩下踏板转动一周，后轮或许会转两圈，你的速率增加为2倍，力减少了一半。在踏板这里，你用一定的力往下压踏板，每次车轮转动，都使用了一定的能量。你做某件事（如举起一颗橘子）时需要的能量，等于你使用的力（等于那颗橘子受到的重力）乘以你使用该力所作用的距离（例如把橘子举起来的高度）。在车轮这里，得到的力减少了一半，但速率增加为2倍。速率加倍意味着在相同的时间里，你经过的距离也加倍了。所以你虽然得到的只有1/2的力，却走了2倍的距离，这跟你在原来踏板处踩踏板的力和踏板转动的距离相乘的结果一样——使用同样多的能量。太好了，物理定律再次得到验证！

为什么骑自行车这么累？

骑自行车非常棒的原因之一，就是效率高得惊人。汽车的质量也许重达你体重的20倍，而自行车与你的体重比较相对较轻（可能只有你体重的1/5～1/4）。也就是说，普通汽车的质量约是自行车的100倍。如果你是唯一的乘客，载重也完全相同[41]。骑自行车上坡，仅仅涉及将几根铝合金管子、两个橡胶圈、少量塑料和几十根辐条在空气中拉动一定距离；但开着汽车上同一个斜坡，意味着要通过对抗重力来改变1～2吨钢铁的位置。试着推动一辆熄火的汽车上陡坡（我曾经这么做过），你很快就会发现两者的差异。

相较于开车，骑自行车听起来似乎轻而易举，事实也的确如此。但是如果你观察过职业自行车手或登山车手竭尽全力地一路奔驰的模样，便会明白这也是一件很辛苦的事。原因很明显吧？"辛苦"指的是，尽管自行车重量很轻，自行车手仍然必须耗费大量的能量。那些能量都到哪里去了？你或许猜想骑自行车上坡时会损失能量，但这其实并不正确。你骑自行车上坡时，努力对抗重力，但你也在过程中获得了势能。这表示你在下坡时不费吹灰之力就能呼啸而过，将你的势能再转变成动能，而且损失的能量相对较少。不过，自行车手和骑行本身显然确实使用了无法取回的能量，所以同样的问题，那些能量都到哪里去了？事实上，骑自行车时，有三种使用和损失能量的主要途径，专业术语为摩擦力、空气阻力和滚动阻力。

摩擦力

如同我们在前一章学到的，车轮的工作原理是把地面上的摩擦力转移到轮轴中。在骑车的过程中，你付出能量踩动踏板，使踏板绕着轴心转，从而带动齿轮绕着轴心旋转，并且使自行车车轮绕着车轮的轴心转动；你付出的能量中有一部分消失成为这些地方的摩擦力。当你刹车时，是将大块的硬橡胶压向车轮内部，让车轮减速。这个过程中，动能转换成热能，使橡胶刹车闸片和车轮本身温度升高，而这些热损失了更多能量。所有这种通过摩擦损失的能量都是白白浪费的：刹车和车轮上的热能毫无用处。

空气阻力

骑自行车的最大乐趣之一是感受风吹拂脸庞的舒畅，但这是另一种损失能量的途径。当你走路时，空气感觉就像不存在似的，微不足道，除了让你呼吸之外，好像没有其他任何作用。但它并不是真空：它充满了阻碍你的分子。在水中行走极为困难，因为你必须强迫身体穿过厚厚的致密的液体。骑自行车穿过空气的情况正是如此，只是程度不同而已：你不会像在水中那么辛苦，浪费的能量也没那么多，但你还是会浪费掉一些。你骑得越快，空气阻力（或者说空气对你的拖曳力）越大，浪费的能量就越多。高速行进的竞速自行车上，约有80％踩动踏板的能量，用来让你"咻"地穿过空气消失掉。若是登山车，因为你行进地缓慢得多，而且在崎岖不平的路上上下颠簸，只有约20％的能量在穿过空气时消失[42]。

滚动阻力

那么，其他80％（登山车）或20％（竞速自行车）的能量到底去哪里了？给个提示：你揉过面包吗？揉面包时，你必须拿起面团，不停地对折，压扁后再压扁，持续好几分钟。这工作出奇地辛苦，因为你必须将拌和的面团内部的大量分子重新配置，把一些推挤在一起，把另外一些拉开，使原本的面团变成另外一种样子。它们表面看起来或许一样，但内在已经大不相同：你已经在上面花了很多工夫，而且你已经使用了很多能量。骑自行车就和这种情况类似，每次车轮转动时，轮胎和轮胎里的空气就像揉面似地被拉伸（顶部）和挤压（底部）。让轮胎转动需要能量，这就是我们说它们有滚动阻力的原因。揉的动作使用了能量，让面团富有弹性，但骑自行车不会以任何方式改变轮胎，只会在反复拉伸和松弛的过程中，把能量转换成热（以及一点声音）。一般来说，又厚又宽的登山车轮胎的滚动阻力大于又薄又窄的竞速自行车轮胎。你的其余能量就是到了这里。骑登山车，你会损失 80％的能量在滚动阻力上；骑竞速自行车则有 20％的能量消失于此。

能源危机？

我们有什么办法可以减少自行车的能量浪费吗？由于能量损失有三种不同的途径，由此可见，应该至少有三种不同的方式可以节约能量。

抵抗摩擦力

乍看之下，摩擦力似乎是三个问题中最容易处理的一项：为齿轮和链条上点润滑油就行了。然而，这些摩擦损失——基本的轮子磨轮子、齿轮擦齿轮——是最不需要担心的。更大的摩擦损失发生在刹车时，刹车时会挥霍掉你累积起来的所有动能，无可挽回地将它转换为热能。经验丰富的自行车手会试着把刹车次数降到最少，以避免这个问题。你通常可以预料到何时需要停下来（马路尽头的那些红绿灯），然后预先停止踩踏板。尽管这样做肯定能减少刹车次数，却不能让你在你停下来时完全不损失能量。你真的无计可施。油电混合动力汽车和电车使用再生制动，留住你原本在刹车时浪费掉的能量，把它送回电池再利用。我们在下一章将会看到，这个方法对高速移动的大型重型车辆有特别好的效果（你可留住和再利用的能量非常多），但在以低能量慢速移动的轻型车辆上（其实就是自行车）效果一般。

一路顺畅

你可能看过兴致高昂的业余自行车手出现在周末的街道上，他们塞在莱卡紧身衣里，戴着水滴形头盔气喘喘地驶过。这是为了尽力减少他们与空气阻力对抗中将损失的 80％的能量。你是否注意过车手如何把自己猛挤进一个安稳的主车群（比赛中最前方的紧密集体）吗？悄悄地挤进另一名车手的气流内，比起一路都是自己骑行，大约能节省 1/4 ～ 1/3 的能量[43]。而这只是开始而已。专业竞速自行车有各种符合空气动力学的组件，比如你可以把双肘贴靠身体来操控的第二组把手，以及当你转向和过弯时减少空气阻力的叶片形辐条。身体像乌龟一样弯背，可使你疾驰得像只野兔，而所有那种紧身车衣也会帮助你缩短几秒钟的时间。不过，这些对于一般的周末型自行车手可没什么差别，只有在非凡的奥运冠军身上才看得出效果。

说到刮腿毛，你相信拿剃刀刮腿毛可以帮助你骑得更快吗？尽管搜寻了大量的科学刊物，我却找不到研究能证明刮腿毛有任何效果（不管是什么效果）——当然这也不是什么稀奇的事。你怎么进行这样的研究呢？你不可能骑完一场比赛，刮掉腿毛，然后再重新比一次。而且你也不可能只刮一条腿的腿毛，来与另一条没刮腿毛的腿做比较。顶多只能想象着设计一个模拟实验，在风洞里放置一个裁缝用的假人模型，在它腿上粘贴上剪下的毛发，测量其空气阻力，再与没有粘贴毛发的假人模型做比较。也许刮腿毛有一种心理上的安慰作用，而且不可否认把腿毛刮干净的确有帮助。比如，如果你想在赛后安排一场按摩，或者在摔下自行车受伤接受治疗时，没有腿毛更方便。然而，除了参加计时赛的奥运自行车手之外，对其他人来说，减少空气阻力的作用确实微乎其微[44]。

像鱼一样思考

三文鱼可以在水面上跳跃，是因为它们呈光滑的长管状，可以与水流平行而进。自行车手若尝试同样的诀窍，也可以前进得更快。减少空气阻力的最好办法是，把不稳定的直立自行车，换成慵懒、悠闲的躺式自行车。你得向后躺着来骑这款接近地面的奇怪自行车，它就像一种装在轮子上的吊床。躺式自行车是所有自行车当中最快的。因为你以管状的姿势骑车时，就像三文鱼跃出水面滑行穿过空气时一般，而不是像全力奔驰的搬家卡车一样，直挺挺地撞击通过的空气。

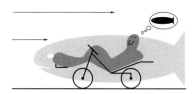

躺式自行车的原理是什么？

躺式自行车手的操控方式有点像鱼。管状的身体呈卧姿，显著减少了空气阻力。相较于常规的竞速自行车，躺式自行车高速时克服空气阻力所用的能量少了约15％[45]。

如果你认真看待骑自行车这件事，就很容易对它着迷。那些刮了腿毛、穿着莱卡紧身衣，在街上快速闪过的身影，就是有力的证明。然而，记住大方向很重要。自行车是手法精巧的工具，用几乎难以置信的效率，将我们从一个地方送到另一个地方。在科学技巧的运用上，它们超过电动车、摩托车、柴油车、蒸汽发动机好几条街，甚至超越了普通人体。骑自行车远比走路更有效率，因为你不需要像走路一样一直调整步态，所以前进相同的距离浪费的肌肉能量较少。的确，你在自行车上损失的能量少之又少，足以让你遥遥领先。对我来说，挑剔刺耳的刹车声、粗糙的轮胎甚至腿毛，听起来很无礼。

第5章

疯狂的汽车

在本章中,我们将探索:

为什么我们环保的世界仍然爱用肮脏的老式石油?

一茶匙的燃料可以使汽车开多远?

为什么一辆汽车所用的空气是一辆自行车的 250 倍?

相当于一只短吻鳄的力量如何防止你开车转弯时打滑?

地球上有 10 亿辆汽车 [46]。来算算看！把它们一辆辆叠起来，那堆东西的高度将是珠穆朗玛峰高度的 17 万倍，是地球到月球距离的 4 倍。把它们一辆接一辆停在一起，长度将横跨美国超过 1200 次。10 亿是很难想象的数字。如果用客观的事物来说明，全球人口是 70 亿多一点，我们这些人每天狂饮掉 20 亿杯咖啡，有大约 60 亿台手机在流通 [47]，还有大约 10 亿至 20 亿只羊 [48]。

在我看来，有趣的不是世界上有这么多汽车，而是为什么这么多。汽车到底有什么魅力，可以在仅仅百余年间，成为历史上最成功的发明之一？可想而知，答案都跟科学有关。

汽车棒在哪里？

汽车是装了轮子的化学实验室。虽然听起来可能不怎么有趣，这个说法却说明了汽车的无所不在。去掉皮椅、闪亮的镀铬车身、变速器和所有其他部分，剩下的是几个称为汽缸的罐子，汽油就在里面爆发动力。汽车的核心是发动机，发动机是利用空气中的氧来燃烧汽油，以释放"锁"在燃料中的能量。我们一般认为燃烧就是火，但实质上燃烧是氧气与燃料之间的一种化学反应，只是刚好产生了热和火这些副产物。汽车的科学简单得平淡无奇，所以我们很少深入思考：为什么把油加进油箱，转动钥匙，然后就能上路了。然而，仔细观察，就会发现汽车有多令人惊奇。

假设一辆典型的普通家庭用车，每 7 升的燃料可行驶 100 千米。这表示如果你有一茶匙汽油（约 0.004 升），它所含的能量足够让你的车行驶约 60 米，大约是车身长度的 15 倍。想想要推动车有多困难，即便曾经有那么一次你是推车发动的发动机，我相信你一定会认同这件事着实非比寻常。简单的事实是，汽油充满了能量，虽然比不上铀（核燃料，铀是富含能量最多的物质）。这就是汽车广受欢迎的最重要原因，还有一些其他原因，比如汽车为我们带来了自由、独立和社会地位。

深呼吸

开车的人都知道，如果没有瞄一下油表，绝不要开太远。因为能量守恒定律告诉我们，如果没有汽油中所含的能量来提供动力让汽车前进，那么汽车就哪儿也去不了。不那么明显的是，汽车也需要呼吸空气，就跟人一样。汽缸中的燃料所形成的燃烧，是汽油里的碳氢化合物（碳原子和氢原子所组成的分子）与空气中的氧之间的化学反应，如果周围没有空气，你就无法快速到达任何地方。准确来说，一辆汽车需要的空气是多少？一辆跑车每分钟使用大约 6000 升（6 立方米）的空气来让发动机运转，约是自行车手使用的空气体积的 250 倍[49]。所以如果你持续开车约 8 小时，它"呼吸"的空气足以装满一座奥运规格的游泳池。

你或许认为空气是一个无须考虑的因素，因为不管你到地球上的任何地方，总是有充足的空气。理论上，唯一不需要空气供应的发动机是装在太空火箭上的那些。因为火箭发射冲出地球浩瀚的大气层后，进入黑暗深处，那里没有氧气，它们必须自备巨型罐装的"空气补给"（氧化剂）并自备燃料。

那么地球上有没有哪个地方，能让汽车在用完汽油之前，就已经没有空气可用了？这种情况不太可能发生，但高海拔、空气"稀薄"（低氧）确实会影响汽车运转的顺畅度。这是个简单明了的科学问题：如果 A（燃料）与 B（氧气）之间的化学反应会产生 C（能量），而 B 变少，那么你得到的 C 也会变少，除非你找到办法弥补。事实上，有不少制造商提供了改装车款，以应对高山驾驶的需求[50]。

一般来说，我们的身体也不太喜欢高海拔的环境。如果你正在高山马拉松中步伐沉重地穿过云雾，那么快速进入你的鼻子来驱动你双腿的氧气就比较少：呼吸对这个最重要的气体的需求程度，如同汽车的汽缸需要氧气一样。长跑选手在高海拔地区肯定不利，因为他们赛跑时需要吸入大量的氧气。但有趣的是，同样的情况不会影响短跑选手。因为短跑比赛距离较短，呼吸的时间没那么长，又因为空气比较稀薄，于是减少了空气阻力，所以他们在海拔较高的地区其实跑得更快。这就是为什么 1968 年墨西哥奥运会上（墨西哥海拔约 2250 米）创下好几项田径世界纪录[51]。

汽车糟在哪里？

开车是仅次于人体炮弹的移动方式。它能以极快的速率让你在地面上疾驰而过，仅用一油箱燃料便可穿行过惊人的距离。假设你的油箱容量是 70 升，而 7 升燃料可以让发动机行驶 100 千米，那么在加油站加满一次油，就可以提供动力让你驶过相当惊人的 1000 千米。所以，路上加四次油，你就能开车从纽约到洛杉矶横越美国了。

听起来似乎很了不起，但这远不是汽车可能达到（或应该达到）的最佳表现。如果你想横越美国，比起前一章讨论的自行车，汽车可能是更好的选择，至少在不乘飞机或火车的情况下，你可以花最少的力气尽可能快速地完成旅程。

然而，假设你想攀登的是珠穆朗玛峰，可行的方式包括步行、骑自行车和开车，我们立刻就会心存疑惑："我真的需要拖着所有这些金属制品上山吗？"扛自行车已经够辛苦了，若是开车上坡，你不仅要抬高自身的质量（大概 75 千克），还要抬高汽车的质量（至少 1500 千克）。开车的一大缺点就是如此。不管你到什么地方，汽车就像锁在你脚上的球形脚镣，只是这颗球长约 4.5 米，质量是你体重的 20 倍。如果"突突突"地开车登上山顶，表示你所消耗的能量约有 95％都浪费在抬高汽车巨大的质量上，只有 5％的能量有助于你达成真正关注的事：将你自己的身体移动到山顶。这就是汽车比自行车消耗掉更多燃料和空气的原因。应用于登山的逻辑同样适用在任何其他形式的驾驶上：无论你去哪里，都需要转移额外的金属质量和浪费能量。全世界最快的车 Ariel 原子跑车也是最轻的车型之一，这点绝非巧合。它的质量不到 500 千克，约是一般小型汽车的 1/4 ～ 1/3[52]。

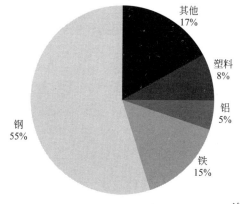

汽车为什么这么重？

钢、铁和铝占了一辆车质量的 3/4。车体钢板最多占总质量的 1/3，而铁制引擎则占另外 15％左右[53]。

简而言之，汽油动力车根本的低效能（所有额外的质量）是我们无可逃避的。而我们要思考的真正低效能的原因还在后头呢。汽车的根本问题在于，汽油中所藏的能量仅有 15％真正用来载你上路。其他能量浪费在各种地方，包括汽缸的热损失、齿轮间的摩擦、发动机发出的声音，以及其他的林林总总。若汽车的效率是 100％，而且汽油中的所有能量都完全转换成动能，让你在路上急速行进，那么你移动的距离至少是之前的 5～10 倍——每一茶匙燃料足以行驶超过半公里甚至更远。

你车上载的人越多，与没有用处的汽车质量相比，有效荷载就越大，于是车的效率就越高。因此，卡车、公交车和火车等交通工具虽然体积庞大，而且使用笨重的柴油发动机，但是却是高效率的运输形式。话虽如此，无论汽车或任何其他内燃式动力交通工具效率多高，它还是会燃烧汽油并产生污染，从黑烟或尾气，到影响全球变暖的二氧化碳。那么，我们是否可以打造一种更好、更干净、更有效率的汽车呢？科学又可以给我们什么样的指示？

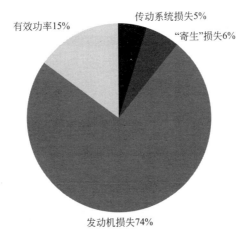

汽车把能量浪费到哪里去了？

汽车效率非常低。在城市里开车，你购买的燃料中只有约 15％ 的能量（浅灰色部分）会产生有用的车轮功率。剩下的所有能量都浪费在发动机损失（如水箱的热损失）、"寄生"损失（起因是交流发电机之类的东西悄悄移走能量来发电），以及传送功率到车轮的传动系统损失。数据取自美国能源部车辆与空气质量管理处（US Department of Energy Office of Transportation and Air Quality）[54]。

比汽油更好？

古怪的发明家想出了各种各样的方法来驱动汽车。例如，在汽油出现之前有蒸汽汽车，但蒸汽发动机是至今最没有效率的动力类型，而且煤又重又脏，还会喷出黑烟。至于柴油发动机，就像工业等级的汽油发动机，几乎跟蒸汽发动机的历史一样悠久，而且作用原理基本相同。虽然我们往往认为电动车是现代产物，但实际上在 19 世纪末亨利·福特（Henry Ford）称霸之前很久，它们就存在了。以摩登奢华跑车之父闻名的费迪南·保时捷（Ferdinand Porsche），起初是因为在 1900 年首创的混合动力电动车而出名[55]。

虽然在纸上画出时髦的新款汽车很容易，但构思出可靠的设计，让你移动得像使用汽油一样快又走得像用汽油一样远，就困难多了。你可能认为一百多年来的进步，会让电动车比汽油车更优越，但有一个基本的问题：电池可储存的能量，不像液体燃料如汽油、煤油（飞机燃料）或酒精（用于推动火箭）那么多。甚至一块木头或一袋砂糖，都比同等质量的充电电池能储存更多能量。此外，只需花一二分钟，就能替汽油动力车重新加满油；而要为电池组充满电，让电路安静地循环，一次就必须把车停放不用好几个小时[56]。

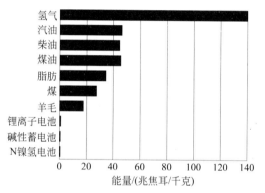

为什么我们不（还不）都开电动车？

无论是从质量还是从价格的角度，相较于汽油和柴油等碳氢燃料，电池承载的能量都只有一小部分。氢气（图中最上面一行）是到目前为止作为携带燃料最好的物质，但这种气体易燃、易渗漏，所以很难安全有效率地储存和输送[57]。

环保人士喜欢想象有个以汽油为首的巨大阴谋，这个阴谋使得电动车一直在科技边缘呼喊和等待，而肮脏的高价吃油车则继续污染地球。真相其实平淡无奇，也没那么耸动：作为储能介质，在实用性和效率方面，汽油暂时会持续远胜过电池。今日很多人仍开着汽油动力车的原因纯粹是科学因素，而非政治作祟。

💡 我们的电动未来？

明天我们未必还开着汽油动力车。没有人能准确预测石油什么时候会用完，这里指的是当石油变得昂贵无比，市场力量促使替代燃料更有吸引力时。然而，那一天终究会到来：腐烂的植物和海洋动物经过了亿万年，才形成我们地球全部的石油，但不过 100 年多一点的时间，实际上我们就用掉了我们可随意使用的所有石油。每一天都有石油正在形成，假设明天我们停止使用石油，数百万年后回来这里，你会发现地底有大量新的石油可钻探到地表并用来燃烧。所以，即使便携式电池的承载能量不如石油，未来的发展就是如此，不管你喜不喜欢。

　　笨重的电池或许是电动车的缺点，但这些时髦、安静、活力十足的交通工具也有许多优势。理论上，它们比汽油动力车轻得多，因为你不需要巨大的发动机，也不需要那些活塞上下抽动的滚烫汽缸和磨来磨去的变速箱。当然，实际执行起来，你需要的汽油替代品几乎同样不理想：大量极重的电池。即使如此，电动车的总质量通常还是较轻，从而让它们更有效率。

 ## 能量回收

　　导致汽油动力车如此缺乏效率的原因之一，是在城市里开车得面临走走停停。如我们在第 2 章所述，做任何事都会用到能量。如果你曾推过抛锚车，就会明白光是要克服惯性（物体质量的根本惰性）让车前进，便多么让人腰酸背痛。如果你的车质量是 1.5 吨，以速度 65 千米 / 时在城市里呼啸而过，它的动能非常大。计算一下，你会发现那大约是 240 千焦耳（根据第 2 章列出的数据），这么多能量几乎足以用来爬上帝国大厦。

　　这个数字听起来可能不是很大，但中间还可能有意外。每一次你踩刹车来闪避追足球的孩子们或是不熟悉马路安全常识的猫咪时，那 240 千焦耳就会消失无踪。当刹车片碰到制动盘，使你在突然的震动中停下时，所有的动能都会消逝在轮胎的嘎吱摩擦声和一阵烟当中。在跑车和 F1 赛车上，刹车可使温度升高到 750 摄氏度，如果它们是木制的，这个温度高到足以让它们燃烧起来[58]。刹车把车停住后，重新踩下油门，发动机必须把更多汽油转成动力，再一次加速。于是这可怕的浪费循环一次又一次重复上演。

　　电动车以电动机提供动力，所以拥有很大的优势。电动机最简单的形式是，一个铜线绕成的粗短核心在空心磁铁内环绕旋转。将电导入铜线，它们将产生一个暂时磁场，与磁铁本身的磁性排斥。铜线核心绕着磁铁旋转时，我们可以用它来为从吸尘器到动车的各种东西提供动力。电动机的好处是，你可以把整个工作过程倒过来。如果你用手指扭动电动机的轴，会使铜线从反方向释放电；

换句话说，电动机变成了电动发电机。理论上，你可以拿任何电器（如吸尘器），以手动方式回转电动机来发电，就可从另一端输出电。所以如果你拔掉吸尘器插头，依照这怪诞的理论，有用的电应该会从它的电线上传输出来；当然，实际上吸尘器没法这样做，但电动车确实办得到。

电动车大大发挥了电动机的功效。当你开车上路时，电池通过铜线将动力送到电动机，使车轮转动。踩刹车时，你截断了电流，但车的动量让车轮继续转动。因为电动机也仍在旋转，它们开始发电，那些电再传回电池，让车慢下来。相比于因刹车而浪费能量，电动车通过为电池再充电，至少还节省了一部分能量。这称为再生制动，可将一般电动车的效率提升10%（相较之下，电动火车可设法提升约15%，等于每七列电车当中就有一列是无须提供能量的）[59]。

完美的汽车会是什么样子？

假设你打算设计一辆汽车，竭尽所能让它达到最高效率。结果会创造出什么呢？你会希望随着车移动的部件越少越好，以减少输入能量的浪费。理想状态下，它越轻越好，以便减少移动金属、塑料和玻璃所浪费的能量。它必须能适应各种广泛可得的燃料，这些燃料每千克可承载大量能量，可能是某种碳基或有机物质。如果不在乎速度慢（譬如只有6千米/时），而且愿意考虑脂肪或植物油之类的燃料，你会发现理想的汽车看起来很像你的身体。它只需要少量的维修保养，可节约能源，而且停放自如。它不会生锈或贬值，多半还越老越美丽。

打滑还是抓地？

每次看到汽车发出尖锐的声音转弯时，轮胎尖叫得像青少年坐过山车，我都惊讶于它们没有失控滑出路边。让汽车保持直行很简单：有了平衡的车轮，实际上汽车可以自己动。当你快速转过街角时，科学会改变一切。我们喜欢想象有个邪恶的阴谋，试图让我们驶离道路——一种称为离心力的东西用力把我们往外拉向弯道的最外侧。事实上，高速疾驶的汽车往往继续直行。牛顿第一运动定律说明，除非受到外力作用，否则物体会保持等速度运动且方向不变。当你转动方向盘时，你施加了一种称为向心力的向内的推力，用力拉着汽车绕着弯道移动。

向心力来自汽车轮胎与路面之间的摩擦力。这时你可能会认为轮胎又大又重，而且有抓地力很强的胎纹，但实际上在任何特定的时刻，每个轮胎接触路面的部分产生的抓地力，比你的一只鞋提供的抓地力大不了多少。下次你开着车疾驶回家送小孩上床睡觉时，想想这点：在你的生死之间，只有相当于四只鞋子的橡胶[60]。

那么转弯时使汽车保持在道路上的力是什么呢？有个简单的方程式可以计算出让某个东西绕圆周运动所需要的力。如果你的车重约 1.5 吨，而你以速度 100 千米 / 时转过一个角度不大的弯道，那么所需的力大概是 10000 牛顿。回头对照第 1 章的表格，这个数值大约和短吻鳄的咬力一样大。所以，相当于强劲的下颚咬力，把你紧紧抓在路面上。

武装完善的轮胎

为什么轮胎不容易磨损？因为只要小心驾驶，在正常的情况下，轮胎其实从不会在柏油路上打滑。开车上路时，车轮绕着车轴转动，这会产生一些摩擦力。轮胎抓紧路面行驶时几乎没有摩擦。汽车轮胎与坦克履带的工作原理完全一样。当坦克车飕飕地快速移动时，履带铺在车轮前面，然后再收起到车轮后方。汽车轮胎也是如此，差别在于它是整个包覆住车轮。橡胶触地只比车轮稍前一点，收起时比车轮稍后一些。除非你踩刹车而且打滑了，否则在路上行驶时很少产生摩擦。如果你小心驾驶又开得很慢，轮胎永远不会打滑，而且它们的抓地力会维持得更长久。

第6章

黏手黏脚

在本章中，我们将探索：

电如何在暗中帮助胶水？

为什么便利贴可以一贴再贴？

如何运用科学来避免在冰上打滑？

为什么地板真的是"湿滑"？

黏还是不黏，这是一个值得考虑的问题——而且，尽管听起来可能很陌生，但我们每天都以一千种不同的方式来提出这个疑问。也许你不经常使用胶水，甚至家里可能都没有半瓶，但是你做的每一件事，基本上所有大大小小的一切，都牵涉到这一样一个问题：东西是粘在一起，还是直接滑离。你每吸一口气，看不见的气体就会滑过迷宫般的气管，畅通无阻地进入肺部。你狼吞虎咽吃（喝）进肚子的食物（饮料）也会滑过相同的路径。你能够自己向上移动到楼上，原因是你（非常短暂地）粘在了脚下的地毯或木板上。我们还没开始思考更显而易见的黏性的例子呢，例如把邮票稳稳地粘在信封上的胶水。通常只有在它们没发挥作用的时候，也就是黏的东西滑动，或滑的东西黏住时，我们才会注意到黏与滑的差异。超市里"小心地滑！"的警示牌、壁纸剥离的一角、紧贴在你的玻璃杯杯底的啤酒杯垫，都是典型的例子，提醒我们自己有多依赖黏性科学——黏或滑——一次就得搞定。

为什么一样东西会粘在另一样东西上？

一块磁铁贴在冰箱上，是因为有一股看不见的力，也就是磁力，将金属与金属紧紧贴合在一起，但你不会看到任何胶水。各种各样的黏性和滑性都是同样的道理，不管有没有胶水。当东西粘在一起时，是有一个力将它们连接在一起；它们无法粘在一起或滑落的时候，那股力通常还在那里，只是太小而粘不牢。

假设你正在贴一种质量特别好却相当重的壁纸，而它一直脱落回卷，完全粘不住。怎么回事呢？表面上来看，这单纯是重力（壁纸受到的重力使其脱落）与胶水（产生让壁纸粘在墙上的力）之间的拉锯战。听起来似乎很简单，但实际情况要稍微复杂一些，因为事实上其中有三种不同的黏附力。胶水的浆体必须粘在壁纸上，然后胶水的另一面要粘到墙上。另外，比较不明显的是，胶水的浆体本身也必须相互粘在一起。当壁纸从墙上脱落时，你可能会发现壁纸背面仍然有一些浆体在上面，其他浆体则脱离留在了墙上。这种情况说明，浆体粘在了壁纸上和墙上，但浆体本身没有相互粘在一起。另一个类似的例子是做果酱三明治时。你把面包剥开，可能会发现果酱粘到两片面包上了。当你撕开三明治时，作为"胶水"的果酱就会失去作用，最重要的原因是果酱把自己粘到一起的力，小于它粘到任何一边面包上的力。

内聚力和附着力

　　更进一步观察，这三种黏附力其实只是两种：东西粘住自己的力，以及粘住其他东西的力。我们称这两种力分别为内聚力（cohesion）和附着力（adhesion）。胶水之所以称为"胶黏剂"（adhesive），是因为当我们把胶水涂在其他东西上时，认定它们的黏性归结起来是源于强韧的附着力；但事实上，每一种有效的黏胶也要具备强大的内聚力，才能确保它的中间部分不会直接分裂。黏胶更准确的名称或许是"附着－内聚－附着"，以反映胶水需要三种不同的黏附类型。

　　谈到附着力和内聚力相辅相成的例子，水可能是最常见又最引人注目的。水的内聚力极强，即使周围有其他东西可以抓牢，它还是喜欢跟自己黏聚在一起，这就是为什么大量水分子会聚集在一起以水滴（雨）的形态洒下。你可能会好奇为什么暴风雨不是以大得吓人的一个水滴降下，答案是大水滴不稳定。随着雨不断落下，降下的水滴与掠过它们的空气发生撞击，使水滴被撞碎成更小的颗粒，所以它们完全没机会超过约 5 毫米的大小[61]。水的内聚力一般超过附着力，这解释了为什么一滴水能在你的手掌上保持不动，或珍珠般的雨滴能稳稳停留在叶子上，不会滑落出去。下雨天，当雨猛烈打在你的窗户上时，你会发现小水滴往往顺着一定范围内条纹状的路径蜿蜒而下，简直就像玻璃窗上直立式的排水管，而那也是因为水有内聚力的关系。每一颗新的小水滴都更倾向于与已经在那里的水滴黏聚在一起，而不是黏附到玻璃上其他还没湿的部分。水自我黏附的能力极强、黏附到其他东西上的能力极弱，因此我们得用清洁剂（表面活性剂）才能适当地展开水分，彻底浸湿东西。在第 17 章，我们将探讨为何用水来清洁东西效果很好，到时候再回头讨论这个问题。

　　黏性关乎的主要是附着力，现在先让我们专注于这个主题。概括来说，我们可以把黏性分成三类：永久黏附（胶水的功能）、暂时黏附（我们走过地板时或苍蝇爬上墙壁时）、彻底不黏或滑移（刮胡刀滑过你沾着肥皂泡泡的下巴时，或者在雪和冰上滑行时）。虽然这三种黏附类型看起来或许完全不同，但它们都是以两个非常近的表面之间的短程力为基础，而且有很多共同点。

　　要把一个东西与另一个东西永久粘在一起，你必须在两者之间形成一种非

常强的物理或化学的黏合作用。假设你把一块新的金属厚板焊接到车上，替换掉一小部分生锈的地方。实际上，你是熔化两边的金属，让它们在原子级别上熔合在一起，然后成为一体。这并不完全是一种物理黏合：你一开始有两块金属，最后变成一块。不尽然是你所谓的粘贴，对吧？

但如果你到鞋匠铺给鞋子粘贴一个新的橡胶鞋底呢，会有什么不同吗？如果是把橡胶熔化放到鞋底上，肯定会伤到其中一面，所以鞋匠用胶水作为媒介物：在两个表面涂上高强度胶水，再把它们压在一起。我们得到的是一座"桥"，将两种不同的物质，也就是鞋底与鞋子，连接在一起。它们实际上如何粘在一起，取决于所用的胶水类型，以及它的两边黏附到什么东西上。有些胶水能慢慢进入两个表面的结构中，钩住每个表面的孔隙或损坏点，在两者之间形成一种强有力的物理连接。有些胶水是在它们接触的两个表面上促发反应，创造一个强而有力的化学桥梁。另外有些胶水是部分吸附（涂满每个表面），通过在两者之间产生微小的静电力，形成一种键结作用。还有些黏胶是通过交换分子并溶解来作用，也就是所谓的扩散。这四种不同的黏附过程请参见下图的说明。

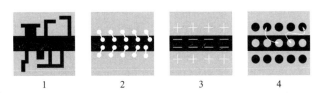

1 　　　　2 　　　　3 　　　　4

胶水（黑色）把其他物质（灰色）粘在一起的四种方法

1. 物理作用：胶水渗入它所黏附的物质的隙缝间，在两者之间形成一种机械"锁"。2. 化学作用：胶水会产生一种化学键结（白色）来连接接合处，例如在不同物质相接的地方形成一种新的化合物。3. 静电作用：黏胶中的原子拉着比另一种物质中的原子更多或更少的电子，产生数量庞大的微小黏着力，汇聚成强大的黏性。4. 扩散作用：胶水与它所黏附的物质彼此交换分子，以一种原子混杂的方式相混、融合，最终束缚在一起。

 ## 有电！

对我来说，截至目前，这些黏附过程中最有趣的是第三种。虽然胶水闻起来很恶心，而且管子上满是错综复杂的化学名称，但是有些胶水却可以通过电来粘东西。这听起来好像超乎常理，不过你停下来思考一下静电作用，以及它如何像磁力一样把东西粘在一起，你就会明白了。假如你拿气球在毛衣上摩擦一会，就可以把它粘在自己身上或墙上——但是看不到任何地方有胶水。

这是怎么办到的呢？所有物质都由原子组成，而你不要忘记原子里挤满了那些更小的小东西，我们称为质子、中子和电子。质子带微弱的正电荷，电子带微弱的负电荷。整体而言，原子不带电荷，因为它们有一样多的质子和电子，正电荷和负电荷相互抵消。但不是所有的原子都相同：有些原子比其他原子贪心。如果你让两种不相似的物质相互靠近，然后反复摩擦在一起，其中一种物质的原子会从另一种物质的原子当中"抢夺"电子。这就是你在毛衣上摩擦气球所发生的情况。掠夺者（你的毛衣，以及那种偷电子的物质）变成带负电，而倒霉的受害者（气球，电子变少）成了带正电。就像磁铁的两端，异性电荷相吸。于是气球就粘在毛衣上了。

　　某些种类的胶水也会发生类似的情形。当你拿胶水靠近另一种物质时，胶水中每个极微小的分子，可能吸引或排斥胶水所黏附的表面附近一个分子里的电子，产生微弱的电子键结。所以回到鞋匠铺的例子，你鞋子上的胶水可能变成（譬如）微带正电，而鞋子的表面可能变成微带负电，于是两者粘在一起。这些力在极短的距离内作用，所以效果会非常强大[62]。所谓"短距离"，我们指的是1米的十亿分之一。如果你像我一样，觉得这么小的东西太难具体化，想象我们把这个距离（1米的十亿分之一）按比例放大约10万倍，就是一根人类头发的宽度（约1毫米的1/10），肉眼可以看见。接着用同样的比例放大一根头发，它的宽度就会扩大成为约10米，差不多等于两辆车首尾连接停靠的长度。重点不只是距离。因为黏附力出现在胶水中的每个分子与鞋子上的每个分子之间，其效果能增强为好几万亿倍。一颗非常大的水滴，重0.1克，约含有30000000000000000000000（3×10^{21}）个分子，所以这是可粗略预估的水性胶水中一个黏附分子按比例放大的效果[63]。这就是为什么即使是用看来似乎很微弱的力，如静电力，胶水仍可发挥惊人的黏合强度。

　　准确来说，有多强呢？1平方毫米瞬间胶，可以支撑两袋砂糖的重量。听起来很厉害，但跟世界上最黏的东西一比，顿时就小巫见大巫了。那是一种称为"新月柄杆菌"的淡水细菌，黏度约是瞬间胶的3倍（可形成70牛顿/平方毫米的惊人黏附力）[64]。这种神奇的自然界超级黏性物质，未来有望成为更好、更天然的医疗用胶黏剂。当然对大多数人而言，瞬间胶已经绰绰有余了。自20世纪50年代末开始，瞬间胶就一直引人遐想，克瑞博教授（Vernon Krieble，当时开发出瞬间胶的化学家之一），在热门电视益智节目《我有一个秘密》（*I've Got a Secret*）中，用一滴胶水把一个人从地板上举了起来[65]。

提醒自己：发明更好的胶水

如果胶水可以在想黏的时候就黏，不想黏的时候就不黏，这样该多好！就是这个内心想法，使便利贴迅速崛起，20 世纪 80 年代在全世界获得惊人的超人气。1973 年 2 月，当 3M 公司的化学家西尔弗（Spencer Silver）和同事们申请专利时，没有人猜想得到他们提出的"可剥离型感压胶纸材质"，会成为现代最有用的日常创意之一[66]。在那份非常枯燥的技术文件里，西尔弗详细介绍了传统胶带的缺点，以及他新奇的化学配制品如何超越它们。直到几年后，西尔弗的一位 3M 公司的同事弗赖伊（Arthur Fry）发现自己在读一本圣诗集时忘记了上次读到的地方，于是想到了这个绝妙的点子。要是能制造一种可黏可不黏、撕下来不会伤及下面纸张的书签，那会如何？便利贴由此诞生了。

便利贴的原理是什么？如果你想把一张纸永久粘在书上，你会涂满一层胶水，然后平均地压紧。这会让胶水扩散成一片平滑、连续、非常薄的膜，撕下来的时候，不可避免会伤到纸张或书页。可是，便利贴不一样。它不是均匀地涂满胶水，而是用一种塑料胶黏剂作为黏性物质，专有名词为"丙烯酸聚合物"，由"微胶囊"（颗粒的术语）包覆，大概是传统胶水中的粒子的 100 倍，形成粗糙不平的黏附表面[67]。当你把便利贴压在书页上时，有些微胶囊会接触书页，让便利贴粘住，但不是所有的微胶囊都会接触书页。当你拿掉便利贴时，未被使用过的胶囊让你可以马上把便利贴粘到其他地方。到最后，当所有的胶囊沾满了尘垢后，便利贴就不能再粘东西了。

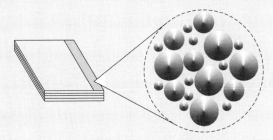

粘贴面向上

把一张便利贴翻到背面，放在电子显微镜下，或许就会看到上图的图像。有黏性的部分散布着不同形状和大小的微胶囊。当你第一次用便利贴的时候，最大的胶囊黏附到表面上，其他胶囊则尚未使用。第二次用的时候，这些大颗粒的胶囊变得比较不黏（因为沾了尘垢），但中型胶囊可以用来粘贴。用第三次的时候，换成最小的胶囊上场，依此类推，直到没有任何胶囊可以发挥黏性。

胶水的这种"电子"作用，可以帮助我们了解第二种黏附类型：当我们快速走过地板时，保持我们不会滑倒的摩擦力。如果没有摩擦力，我们根本不可能走路——每一次你把脚踩在地上，脚下就会打滑。也不可能开车——车轮会旋转，但没有牵引力，你只能在原地打转。摩擦力是一种暂时性胶水，把双脚（以及车轮）粘住，粘住的时间足以让它们移动到新的位置，从而稍微往前一点，这正是我们移动的基本原理。

 ## 摩擦力如何发挥作用？

摩擦力的作用方式，跟刚才讨论过的静电胶水类似。当两个表面接触时，其中一个表面的原子就在另一个表面原子的攻击距离内（约五个原子宽）[68]。这个距离刚好足以让两个表面短暂地结合在一起。如果摩擦力的作用跟胶水一样，为什么它不是一种永久的黏附力？如果你把车停在街上，为什么它不会永远黏在那里？你怎么能再把车开走呢？

这完全是力的大小的问题。摩擦力（低强度黏合）与附着力（高强度黏合），两者产生的黏着力大小不同。停车时，橡胶轮胎与路面之间的摩擦力，大得足以抵抗你的车平常可能遇到的任何作用力。汽车受到的重力（正比于汽车质量）没有大到足以移动车子，你的身体可以施加的任何推力也无法做到。实际上，停好的车子就是粘在地上了。然而，如果你驾驶一辆卡车或坦克，非常慢地去碰撞汽车，就可以轻易把车推离位置。同样地，汽车能安全停放的路面斜度也有限，否则就会滑下坡。在某些非常陡的斜坡上，摩擦力将无法平衡汽车受到的重力，然后车子就会下滑。

 ## 壁虎胶

汽车又大又笨重，让我们想一想玩具汽车。即使是玩具汽车（轮子以某种方式锁在适当位置），如果你把它们停放在陡坡上，它们也不会保持静止。但你可以想象有一种更小、更轻的汽车，它们装有较大、较扁的轮胎。想象如果我们制造了某种超级轮胎，每个胎面的凸起都由许多小轮胎组成，而每一个小轮胎又由更小的轮胎组成。若制造工程无误，我们得到的成品会有数十亿个超级小的轮胎紧附在胎面上。如果那辆车不是太重的话，我们就可以停放在墙上，或者甚至可以上下颠倒过来在天花板上开车。我们发明出来的这个东西，相当于汽车界的壁虎——蜥蜴版的蜘蛛人——能够爬上墙壁。壁虎用惊人的脚展现了这项绝活：每一只脚的脚趾头都长着微小的棘毛，称为"刚毛"，而每一根刚毛覆盖着无数名为"匙突"的小毛发。加起来，壁虎的每一只脚有大约十亿根这样的小毛发，能创造出巨大的表面积来形成静电引力。壁虎确实是通过静电来黏着[69]，而这也是它们可以爬墙的原因。如果你的手和脚有像壁虎一样大的黏着力，就能背着一个 20 吨的背包倒着在天花板上走[70]。

摩擦力终究会失效，因为你总能在某处找到一个更大的力。任何一种黏胶，无论看起来多持久，都会面临同样的命运。施加够大的力，就会打破黏胶与表面之间的附着力，或者破坏黏胶本身的内聚力。又或者，若黏胶的强度超级大，把它用在脆弱的物质上，物质本身可能裂成两半，黏胶则得意扬扬地完好如初回到你眼前。

滑移

如果黏合（永久黏附）和摩擦力（暂时黏附）是由于力的作用，滑移则可简单理解为没有那些力在作用。若是你想让某种粗糙的东西，滑过同样粗糙的另一种东西，你必须把它们接触表面之间的摩擦力减到最小。用什么方法最容易办到呢？

要把地板这样的东西变得很滑，你必须涂上一层润滑剂，而水是很好的选择。加上一点肥皂，效果会更好，这样可以使水不再凝结成许多水滴，然后在整个表面上均匀散开。湿地板之所以这么滑，有两个截然不同的原因。如第 3 章所述，水是不可压缩的：你无法轻易把水压进任何更小的空间里，而且因为水的密度相对较高，它也没法很快速地移开。如果你的超耐磨地板上有一小滩水，当你踏上去时，水不会往旁边喷或像海绵一样被压扁。相反地，你的脚与地板之间会有一层水，至少有一瞬间是如此。水也许不可被压缩，但它是一种液体，所以它很容易移动和流动。当你踩到水时，它会在粗糙表面之间形成缓冲，有助于减少表面之间的摩擦力。

但有趣的地方来了。地上的水并不是像一块木头一样只有一层：它是层层叠叠的分子，高度无法计算。想象地上的水是一层层相互堆叠起来的一整个组合。每一层，称为"单层"，都可以滑过它底下的其他层。你可能在海滩上看过这种情景。大海比较平静的时候，打上岸的波浪冲刷并打散沙子，与此同时，不久前刚拍打过沙滩的浪正急速回落，返回下面的大海。你可以看见一层层的海水滑过彼此，有些冲上沙滩，而其他在这些海水底下的那层，则向下滑回海里。简单地说，水能轻松从其他的水上面滑过。因此，当你的脚踩在刚清洗干净的地板上一滩湿肥皂水里时，你是在对一层层水构成的一整"叠"水施力，使那些水往旁边滑移。每一层移动一点点，使你滑向侧边跌倒在地。利用这个原理，发明了"浅滩冲浪"这一有趣运动，用一块薄木板在海滩边缘的滑溜浅水区冲浪。这就是所谓的层流的一个例子，我们将在第 15 章继续探讨。

滑移的科学

你在湿地板上滑行，是因为你脚下的水变成了粗糙鞋底与地板之间的润滑剂。润滑剂含有多个流体层（上图为放大版），随着你施加的侧向（剪）力，那些流体滑过彼此。

既然大自然赐予了我们世界上最黏的物质（吸附力惊人的淡水细菌新月柄杆菌），那为什么不想想相反的另一个极端：我们可能碰到的最滑的东西是什么？在日常生活中，应该就是聚四氟乙烯（PTFE）了吧，这种合成化学物质更广为人知的名称是"特氟龙"，防止蛋饼粘在锅子上的不粘锅涂层。自然界中有某种甚至更滑的东西：食肉猪笼草的内皮，一个超级滑的水道，能够让爱打探的苍蝇、蜘蛛和青蛙跌进死亡深渊。就像有肥皂泡泡的地板和浅滩冲浪海滩一样，这种植物能创造一个有极小摩擦力的滑溜水层作为媒介，以此来捕食 [71]。

冰冰宝贝

理论上，雪和冰应该完全不会滑。冰是固体，你的脚底也是固体，让两种固体相接触，例如汽车轮胎和一些柏油路，通常会产生足够的摩擦力阻止任何运动。那么为什么在冰上会滑？过去标准的解释是：依据科学规则，如果你挤压东西，就会提高它们的温度。这就是为什么当你用自行车打气筒用力上下打气时，打气筒会变热。因此理论上，当你踩在冰上时，挤压了最上层，使它温度升高并融化。结果就造成固体的脚与底下固体的冰块之间，有一层水，厚度足以作为润滑剂。当你在冰上滑行时，根本不是滑在冰上面，而是滑在冰表面薄薄一层融化的水上。你可以稍微延伸一下这个原理，来观察冬季运动，如溜冰和冰壶。溜冰时你将身体的压力集中在一片极锐利的冰刀上，能更有效地融化脚底正下方的冰，提供刚好足够的润滑，以便快速滑行。溜冰所需的融化水非常少，所以那些水来得及迅速重新冻结，以免整个溜冰场变成一座湖泊[72]。

　　上面是科学家过去的解说方式，即使是巨星级的诺贝尔奖得主物理学家费曼（Richard Feynman）也曾经用过[73]。但是，科学毕竟日新月异，且永远在前进，正如我们不断努力把"球形奶牛"雕塑成更理想的形状。现在我们已经知道，冰比我们过去所了解的甚至更复杂。冰会滑的真正原因，跟溜冰者施加的挤压压力毫无关联，该压力根本没有大到足以融化冰，形成一个具有润滑作用的水层。虽然尚未获得完整的解释，但目前普遍接受的理论是，冰有一种固有的液状涂层，它会随着温度上升而变大[74]。冰会滑——因为冰本来就会滑，这是水的基本特征，不管你是否在上面溜冰。

　　如果外出从事冰上活动，避免滑倒的最好办法是什么？你会希望有极大的摩擦力，粗糙的帽贝形鞋底的防滑鞋显然是可采用的第一步。稍具吸水性的鞋子，例如皮革鞋底，可吸收水分，避免脚下形成一个滑溜的润滑层。那么雪鞋呢？理论上，宽大的鞋底可将你的体重分散在一个较大的面积上，减少在你的脚底下的压力，使你不容易陷入松软的雪里。但在冰上下陷可防止滑移，这反而是件好事，这时雪鞋就派不上用场了。最佳选择可能是钉鞋（扣式防滑钉），它把你的体重集中在一个较小的接触面积上。就像登山者使用的鹤嘴镐，尖头穿透润滑层，牢牢抓住底下坚实的冰。

　　话说回来，你也可顺从科学的必然性，直接跳上雪橇就好了。

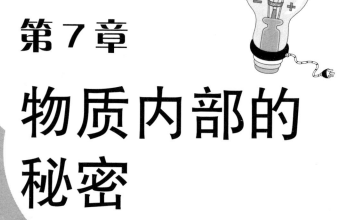

第 7 章
物质内部的秘密

在本章中，我们将探索：

如何在你的客厅分裂一个原子？

需要多少个原子才能点亮一颗灯泡？

为什么咸鱼和薯条不会让刀叉内的铁原子生锈？

"我们的内在都一样"这句至理真言激励了很多民权运动英雄，比如，罗莎·帕克斯（Rosa Parks）和马丁·路德·金等。但它除了是社会正义的信条，也是一项科学事实。而这件事远远超过大多数人对平等的看法，因为地球上每一个事物都可以同理而论。不管讨论的是人类的皮肤，还是牛皮、塑料收缩膜或树皮，它们内部都由原子组成——而如果你真的想要了解物质，就必须了解原子。

什么是一个人的符号？除非你很了解一个人，否则永远很难预测他在一个特定情况下会如何行动。他外在的行为，完全取决于他内在是什么样子：他出生的地方、成长过程、学习内容、跟哪些人交朋友、看过和做过什么事。无论我们谈的是水晶玻璃醒酒器，还是玻璃纤维冲浪板和羊皮地毯，这个逻辑同样适用于你家里所有的小装饰品：它们外在呈现的样子取决于内在的"秘密"。一种物质之所以成为这种物质，取决于它们内部振动的原子和分子，以及这些原子和分子组合在一起的方式。

如果此刻你正在家里休息，身边可能围绕着这些物质：纸、卡、木头、各种塑料制品、不同种类的金属、玻璃、陶瓷（瓷器和其他陶器）、黏胶、棉织品、羊毛织品和聚酯纤维织品，还有你盘子里的香肠卷，姑且不讨论窗外橡胶树中的天然物质。人们大多是毫无目标的凭机遇走过自己的职场生涯，但日常生活中的物质不同，它们与我们使用的目的极为吻合。管理学中著名的彼得原理（Peter Principle）认为，人们总是趋向于被提升到"他们不能胜任的地位"，可是像塑料和玻璃等物质，甚至不需要努力，就能迅速登上完美巅峰。于是你了解到，如果一张古董椅会说话，内部的橡木将低声颤动，就像村子里的教区牧师紧握着一本用旧了的圣经，娓娓道出在他的完美天职中所度过的幸福人生。

大部分的物质与它们的功能如此完美契合，以至于我们几乎不曾注意过它们。直到奥本海姆（Méret Oppenheim）的皮毛茶杯，或达利笔下晒太阳的瘫软时钟带起了艺术震撼，才挑动我们去回想，原来我们很擅长将有用的材料与我们希望它们完成的功能设计结合起来。当然，这就是人类文明的终极秘密。从石器时代的棒棍，到 iPhone 使用的"大猩猩玻璃"，几百年来突飞猛进，因为人们不断发现新方法，将更好的材料用于更有益的用途。

生命的乐高积木

通过高倍数显微镜仔细看，无论什么东西，将百科全书从 A 扫到 Z——

aardvark（土豚）到 zoetrope（西洋镜），眼睛看到的都只是一群原子而已。你可能料想得到，像氦气（让生日气球飞上天的东西）这类轻飘飘的东西，是由最轻、最简单的原子所组成的；而铀（核燃料）这类有分量的东西则充满了又大又重的原子。地球上一切东西无疑都是由大约一百种不同的这些看不见的小成分组成，它们可说是生命的乐高积木。不过，你其实只需要少量原子，就能做出任何东西。只要有了碳原子、氢原子、氮原子、氧原子，你就拥有创造大多数生物及非常多非生物的原料（就像植物和塑料也多半由这四种原子组成）。

我们都知道原子很小，但到底有多小？拉开卷尺测量一个普通原子的直径（先别担心卷尺是用什么材料做的，或是你要怎么拿），测量结果是约 0.25 纳米（1 米的十亿分之一再乘以 0.25）。很难想象这么微小的尺寸，不过还是来试试看。假设你取 1 毫米（1 米的千分之一），把它分成一百万等份，每一份是 1 纳米，接着再把它分成四等份，结果就是一个原子的宽度。还是无法想象？试试这个方法。地球上有约七十亿人，如果人就是原子，然后我们把地球上所有的人（原子）一个顶一个叠起来，最后达到的高度差不多跟一个普通成人一样高。原子就是那么小。

 ## 还是键结作用

物质之间的差异不仅与组成它的原子有关，也跟原子连接在一起的方式有关，或者如化学家常说的，键结在一起的方式。最显而易见的例子，就是地球上最熟悉、最不可或缺的物质：水。正如原子是化学元素（如银和金）最基本的单位，分子是较复杂的东西的基本构件。把不同的原子放在一起，就组成了分子。所以如果你把两个氢原子加上一个氧原子，就得到一个水分子（H_2O）。假如你用指尖捞起几亿亿个水分子，会取得一小滴水。用玻璃杯盛放那些分子放入冰箱，会形成一个非常小的冰碎片。把它们倒入你的电热水壶里按下开关，结果不是水也不是冰，而是一团朦胧的水蒸气。完全相同的原子，完全相同的分子，却是截然不同的物质。

为什么呢？冰的分子紧密地挤在一起，而且键结得相当紧，尽管某种程度上仍会微微振动。热水中分子之间的空间稍大，它们可以滑移并滑过彼此，所以水才可以流动。水蒸气中的分子被吹动分得更开，像原子小金刚一样快速飞来飞去。或者换个角度想：一个冰块会很开心地待在你的可乐杯里叮当作响；用力洒一桶水，会喷得整个地板湿答答，但却不会洒到墙壁外；而从沸腾的炖锅里冒出的一团水蒸气，将迅速弥漫整间厨房。在瓶子里注满将近 1 升的水，把它放进冰箱冷冻，水会变得有点凸出，因为水降温时会膨胀。把它融化成水，倒入锅中煮干，你所制造的水蒸气将能充满一个大衣橱。那是因为跟相同质量的水所占据的空间相比，水蒸气占据的空间大约是前者的 1600 倍。光是这些知识便足以让你明白，为什么水壶多沸腾几秒，你的厨房就充满了蒸汽。逆向操作这一神奇的戏法，这次使用一朵普通的云，也就是漂浮的巨大冰冷水蒸气，最后产生的液体足以装满一座奥运规格的游泳池[75]。

我们如何知道原子的存在？

如果我们看不到原子，我们怎么知道它们确实存在？我该如何说服你相信地板下有原子呢？如何解释才能让你觉得这比屋顶上有老鼠乱跑更可信？宗教的信徒会无条件地信仰他们的神，那么科学领域的原子物理学，与前者有何不同呢？科学不像宗教，科学全赖证据而生，它累积了大量令人信服的证据，让我们确信原子的确是我们这个世界的构造基础。相关证据已经积累了约两千五百年。甚至古希腊人都相信原子的存在：atom（原子）在希腊语中代表"不可分裂"，这个词是由德谟克里特（Democritus）所创，他是第一个把这些"看不见的不可分裂者"带入我们世界的人。考虑到当时没有明确的证据可以佐证这个理论，这项学说堪称是非凡的知识跨越了。

目前证实原子存在的证据主要有四大类：化学、电、放射性、原子分裂。首先，谈谈简单的化学。两种不同的气体（如氢气和氧气），能够融合成一种液体（水），而且总以 2 ：1 的比例（两个氢原子配一个氧原子）来组合。如果你能理解这个原则，就会明白基本化学元素之间的关系，以及组成那些元素的原子。假如你把一种柔软的灰色金属（如钠），与一种难闻的有毒气体（如氯）混合，就能为自己制造出一些好吃而且安全的食盐（氯化钠），洒在食物上。钠与氯的混合比例为 1 ：1，这可以帮助你进一步认识由两种不同的原子所组成的两种化学元素彼此之间的关系。你若观察数百种不同的化学反应，最后会清楚知道化学物质的基本成分总是以彼此的简单倍数混合在一起：1 ：1、2 ：1、3 ：2 或其他各种可能，就像英国化学家道尔顿（John Dalton）在 1803 年所发现的。以系统化的顺序排列那些成分，最后会得到一种二维的"烹饪食谱"，称为"周期表"。这张表完整列出了我们可随意支配使用的化学成分。

简单的化学反应使人想到原子必定存在，可是让我们再进一步观察。如果水和盐这类东西是由原子组成，那么原子又是由什么组成的？根据古希腊人的看法，这个问题没有意义，因为原子是"不可分的"，而且完全是由无意义的东西组成。这似乎是十足合理的推论，直到19世纪科学家安培（Ampère）、伏特（Volta）和法拉第（Faraday）等人抽丝剥茧出电的奥秘。1897年，英国人汤姆逊（J. J. Thomson）发现一小群具有电能的基本粒子，现在称为"电子"，第二项证据的现身，不仅确认了原子的存在，还确认了原子内部整个耀眼的"亚原子"世界[76]。上小学的时候，有个亲戚的孩子问汤姆逊长大后要做什么，当时他回答"原创性研究"，却被回道"少自命清高了"[77]。所幸汤姆逊没有就此打退堂鼓。要是他那时放弃梦想，去当了医生或会计师怎么办？假如接下来好几十年都没有人发现电子呢？整个20世纪的电子与计算器革命会不会延后五十年或更久才发生？当然这是无意义的猜想，但这个过程却也津津有味。

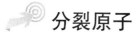

分裂原子

　　大约同一时期，法国出现了一项甚至更加有力的证据，确定原子内部有"秘密"。1896年，贝可勒尔（Henri Becquerel）发现铀能自发地放出辐射性粒子，与X射线（当时刚发现不久）类似却更强大。放射性（radioactivity）是我们现在所用的名称，可以简单理解为，巨大的原子内挤满了更小的粒子。这些巨大的原子中有些以易激发、不稳定的形式存在，称为"同位素"，它们渴求回归更稳定的状态，这种稳定状态可以通过用力丢掉所有不想要或不需要的部分来达到。

　　居里夫妇（Marie Curie and Pierre Curie）往前推进了贝可勒尔的发现。尽管居里夫人因为研究放射性物质牺牲了自己的生命，但她的牺牲却十分有价值：对癌症等疾病的放射性治疗，是直接从她的研究中得到的灵感，自此拯救了无数生命[78]。科学发现往往在回顾时显得美丽动人。1943年好莱坞以居里夫人的故事为灵感拍摄电影，由葛丽亚·嘉逊（Greer Garson）和沃尔特·皮金（Walter Pidgeon）主演。不过大部分日复一日折磨人的实验室研究，并不美丽动人。我们记得重大的科学进步，（偶尔）记得背后的英雄，却常常忽略幕后的枯燥乏味。居里夫人在四年间重复了5677次实验，才获得惊人的发现；她在冒泡的大锅里煮沸8吨的沥青铀矿，最后才产出约1克有用的镭化合物[79]。

　　后见之明令我们对居里夫人危险的科学探险感到战栗，因为大家对结局心知肚明。这结局变成了冗长叙事的一部分，至今仍阻止着我们在核能议题方面对科学家的信任。广岛的蘑菇云噩梦有非常长的半衰期，1986年切尔诺贝利核事故及 2011 年福岛核事故，都进一步加深了对核能的怀疑，尽管天然放射性所造成的死亡，远比癌症更多 [80]。纵使如此，居里夫人的开拓精神仍会不时浮现在我们的脑海中。《科技时代》杂志（*Popular Science*）1955 年 7 月发行的颇具娱乐性的一期，描述了业余铀矿探勘者被原子能委员会祭出的"肥羊"所激励，利用邮购买来的盖革计数器，在夜色掩护下进行勘查：

> 一对母子买了短波紫外线灯，详读探矿信息，而且近来常在夜间的山丘里活动……这消息传开来，接着一个月内，就出现了几百件声称寻得矿脉的纪录 [81]。

2014 年 2 月，十三岁的英国学生爱德华（Jamie Edwards）成为史上制造出核聚变反应（把较小的原子聚在一起变成更大的原子）最年轻的人。他用之前存下的圣诞节零用钱，买了一台盖革计数器 [82]。要是汤姆逊知道了，应该会引以为傲吧。

不稳定的原子，如具有放射性的铀，可通过分裂来形成更稳定的原子，但这不是原子改变的唯一方法。第四项也是最后一项证据，不仅能证实原子的存在，以及它们含有更小的粒子如电子，还能明确分析其内部结构。虽然新西兰科学家卢瑟福（Ernest Rutherford）以"分裂原子"扬名天下，但这份荣誉其实应该与所有在 20 世纪前 20 年玩弄原子的那些科学家共享。

瑟福因他最著名的一个实验而功成名就，这项实验是 1910 年在曼彻斯特由他的两名年轻同事——盖革（Hans Geiger）和马斯登（Ernest Marsden）来执行的。他们向金箔发射了大量带正电荷的氦原子（α 粒子），发现大多数都能安然通过，而有一些（差不多每 8000 个当中有 1 个）则会以任意角度偏转，还有一些直接反弹回原来的方向。卢瑟福吃了一惊，正如他的名言中提到的，"就好像你朝一张卫生纸射出了一枚 15 英寸（约 38.1 厘米）的炮弹，炮弹却弹回来打中你一样"。对于后世的我们来说，之所以出现这种现象，答案似乎显而易见。带正电荷的氦，直接撞击到金原子中心带正电荷的原子核，导致两者之间的相互排斥（物理学家形容为"散射"），就像两块磁铁的北极相互排斥一样。卢瑟福的完美实验，揭晓了未解的原子内在之谜。原子中大部分的空间是空的，原子质量的大部分聚集在原子核，而且带正电荷，原子核周围是带负电荷的电子，这些电子在一团朦胧的空荡荡的空间里绕着原子核转动。

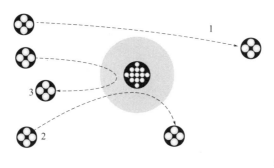

老式原子分裂法

　　卢瑟福朝金箔发射 α 粒子,然后观察接下来的发展。大多数的 α 粒子快速直接通过(1),相对不受干扰。一些粒子以非常大的角度偏转(2)。一两个粒子直接反弹回原来的方向(3)。卢瑟福从这个实验中了解到了金原子的结构,金原子中心是一个核,围绕在核周围的是大部分空的空间,空间里散布着电子,而且他相对精确地计算出了金原子核的大小。

　　如今,原子分裂已经过时了。派生自卢瑟福实验的现代版"粒子加速器",可将原子分裂成粒子,那些粒子又能再次分裂成更小的粒子。我们现在知道有数十种次原子粒子,从听腻了的质子和中子,到最新的(也最难以捉摸的)希格斯玻色子。科学家历经数十年,耗费几十亿欧元,利用位于日内瓦的大型强子对撞机的巨大圆形原子击碎器,穷追不舍,才捕捉到希格斯玻色子[84]。

新式原子分裂法

　　在欧洲核子研究组织(CERN)的大型强子对撞机中,当质子撞击在一起时,碰撞过程中会产生超过 100 种其他粒子,留下显示为特征线条的轨迹(Artwork by Lucas Taylor, Copyright © CERN 2010)[83]。

　　要撞击原子,你不需要耗时,也不必花钱。不久之前,很多人每天晚上都还在客厅做这件事呢。老式的阴极射线管电视机,通过"煮沸"金属来使原子的温度升高,放出电子(过去称为"阴极射线"),然后将电子快速移动到长玻璃管中用磁铁控制它们前进的方向,控制电子撞击到前端的荧光幕,在屏幕上描绘出影像。

燃料供应了什么? 充满能量的原料

将原子聚集在一起真的非常费力, 把它们推得越接近, 难度越大。把水蒸气挤得够紧密, 就会变成水; 再挤得更紧密一些, 就会变成冰。利用同样的原理, 把亿万个碳原子、氢原子和氧原子挤在一起, 就能为自己制造一些带给我们便利的汽油、煤或木柴。锁在这些燃料中的能量在燃烧时会释放出来, 它其实是一开始促使这些原子挤压在一起形成分子 (碳氢化合物) 的同一能量。如果我们必须徒手制造燃料, 那么这么做是没有意义的, 因为我们最后得到的能量永远只会等于我们一开始自己提供的能量。所幸燃料是由大自然制造的, 最终是由太阳、自然压力和地球内部的热合力完成的, 所以我们一开始不需要任何付出, 就可以从自然界中取得能量。

适用于分子的原理, 同样也适用于原子。理论上, 通过把原子微小的组成单位 (质子、中子、电子) 填塞在一起, 你就可以做出一个原子。虽然你需要大量的能量去达成, 但完成后可取回同等的能量。我们称此过程为核聚变 (因为原子由更小单位组成的)。同样地, 你可以撞碎原子, 释放出强大的能量。直到 20 世纪初, 才有人发现这个事情的可行性。爱因斯坦在 1905 年提供了第一个真正有用的线索, 当时他提出了方程 $E=mc^2$。光速 (c) 是非常大的数字 (300000000), 而 c^2 甚至更大 (9000000000000000), 所以即使是微小的质量 (m), 也会产生巨大的能量 (E)。这听起来有点像纸上谈兵, 还有点枯燥, 直到你记起后面发生的一件大事: 大多数人第一次认识到原子产生的能量是在 1945 年, 两颗小小 (3.3 米长) 的原子弹毁灭了广岛和长崎。这是另一种释放原子力量的方式, 称为核裂变 (因为原子被分开)。半个世纪后, 我们多数人都曾在生命中的某个时刻使用过核电厂分裂原子所发的电。真是不可思议。

需要多少原子才能点亮一颗灯泡?

假设我们拿 1 克的铀 (许多核电厂用来作为燃料的重元素), 然后分裂它的所有原子来释放能量。如果它每秒钟都能进行原子分裂, 1 克的铀可产生 100 吉瓦的功率。现在一座相当大规模的核电厂只能产出约 2 吉瓦, 而我们用一丁点的铀就能得到相当于大约 50 座核电厂的产能 [85]。那是因为在实际执行时, 核电厂使用的燃料相对较少, 而且更慢。反过来看同样的数字, 这表示如果你要点亮一颗 10 瓦的节能灯泡, 每秒钟需要分裂大约 3000 亿个铀原子。

虽然这个数字很大, 但无须惊讶。原子, 正如我们一直所了解的, 本来就是非常微小的东西。

是什么让不同物质如此不同？

除了饮料、几种食物和能方便生活的物品如洗洁精之外，我们在家里使用的大部分物质都是固体。这些物质内部原子和分子的排列，以及键结的方式——也可以说是科学界的室内设计——让这些物质的作用方式各有差异。这种存在于物质内部的简单科学，可用来解释为什么你用玻璃做窗户、用砖头砌墙，而不是反过来用。剖开你想到的任何物质，在分子和原子之间摸索一下，就会发现那种物质的有趣和独特之处，进而了解它能用来做什么，不能做什么。

让我们大致看几种常见物质的内部，看一看它们到底为什么能发挥作用。

不可思议的金属

铁可以说是你能找到的最简单的物质了。如果把铁打开，仔细观察它的内部结构，有点像是掀开一个纸箱的盖子，纸箱里装满数百颗一样大小的弹珠。那些弹珠坚硬又圆滑，每颗弹珠代表一个铁原子，一层叠着一层地紧密排列着[86]。到目前为止还不错，可是这能说明铁棒的作用方式吗？铁相对坚硬（尤其比起粉笔或干酪），因为原子堆积得够紧密，能够彼此紧贴。但铁也相对较软（比钢或钻石软），你可以拿铁锤用力敲打来敲出更棒的形状，这是因为一层层的原子能轻松地滑过彼此。铁跟另一种坚硬的物质不同，就是玻璃。铁可以随意塑形弯曲，是因为原子不在乎移动位置；玻璃会碎裂则是因为它的原子不能移动到新的位置，否则整体结构就会瓦解（下一章将更详细探讨玻璃）。

铁的导电能力相当不错，因为所有紧密堆积的原子中的电子，融合成一片海洋，这片电子海洋在整体结构里来回晃荡，将电从一边传到另一边。热在铁里面也以类似的方式传递，从一个原子交给另一个原子，玩着一种看不见的游戏——"嘘……，不要作声，把热传下去"。经过足够的加热之后，铁变得红烫，因为原子乐意吸收热能，不过接着又会以（红）光的形式传送出去。

即使像铁这样简单的物质，也隐藏着科学秘密。把铁的温度升到足够高，然后加入少量的铝，等整体温度降下来时，你会发现铝在铁的内部已经溶解，铝原子完美结合在铁的晶体结构内。一种金属确实可以溶解另一金属，形成所谓的"固溶体"。

合金同盟

　　金属非常简单：大多时候简单点比较好，但有些时候太简单也不好。举例来说，铁的问题之一是，当你拉伸或弯折铁的时候（工程师所说的"受拉状态"），它相当脆弱。如果你在铁里面加入碳，微小的碳原子藏在较大的铁原子之间，你就能得到一种强度更高的物质。我们就是这样做出铸铁、锻铁和钢的，这些都是铁的合金（一种金属与一种或其他更多种化学物质所组成的混合物）。钢的强度高于铁，因为那些微小的碳原子具有"填隙"（混合）作用，从而避免铁原子移来移去。

　　铁的另一个大麻烦是很容易生锈。有一项对策是涂层，比如福斯铁路桥（Forth Bridge）这种巨大的钢铁结构，必须为它重复涂上涂料。更好的解决办法是在你的"铁碳混合物"中加入一些铬，做成更加精密的合金，称为不锈钢。你可能想知道为什么不锈钢刀叉不会生锈，它们的铁含量高达 90%，而且有一半的时间都处于容易诱发生锈的咸鱼和薯条等"有害"物质的环境中。答案是不锈钢内的铬原子与空气中的氧可以发生反应，形成一层薄薄的氧化铬外膜，这层外膜可以防止更多的氧气和水分渗入到脆弱的铁当中。

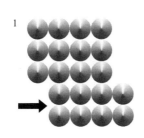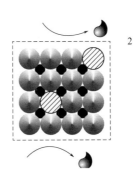

运动中的铁

　　铁是由一层层的原子组成的，你可以弯折它，也可以对它塑形，因为那些一层层的原子会滑过彼此（尽管有些许难度）(1)。不锈钢比铁硬(2)，因为碳原子（黑色小圆圈）挤在原子间的空隙里，使铁原子较难移动。加入到这种混合物中的铬原子（条纹圆圈），可以与空气中的氧产生反应，形成氧化物保护层来覆盖外层（虚线），防止大部分的水渗入结构当中。在钢这类合金里，铁原子需要通过它的原子盟友的小小帮助来移动。

 完美塑料

　　我们通常认为塑料是便宜、色彩鲜艳且用完即丢的东西，对多数人来说，这就是"塑料"一词所代表的意义。然而，更正确的看法是把塑料（就算没有几百种，至少也有几十种）想成具有塑性的物质（本质上说是具有具弹性，而且可以在很多方面应用）。要把塑料制品做得看起来像金属、木头、玻璃、棉或实际上任何你能想到的其他物质，都轻而易举，但相似度只是表象。从内部结构来看，塑料与其他物质有着天壤之别。

　　一块铁是由铁原子组成的，可是一大块塑料却不是由塑料原子组成的。塑料通常是由称为聚合物的大分子组成的，一般以碳原子、氢原子、氧原子、氮原子为基础。一种聚合物由不断重复的小分子构成，这个小分子称为单体，而且聚合物看起来通常就像一条大长链。如果将聚合物想象成一列运煤的火车，单体就是挂在火车头后面的一节又一节相同的车厢。虽然塑料具有弹性，却也非常坚固耐用，而且很容易恢复原状。

　　如果你曾参加过海滩的清洁活动，就会知道塑料是至今从海洋冲上岸的垃圾当中数量最多的，而其中有些塑料存在的时间非常惊人。据估计，一般塑料可在环境中存活达500年。部分原因是它们的长链聚合物非常经得起空气、水、光和热的破坏。还有部分原因是，除了一些嗜食的细菌之外，没有任何东西真的吃塑料或知道如何消化它们[87]。如今无所不在的各种塑料，甚至才出现了不到100年[88]，所以猜想一下，500年后一个被不灭的塑料窒息的世界看起

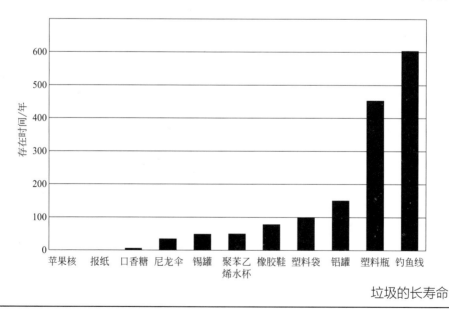

垃圾的长寿命

　　塑料在环境中停留的时间比天然物质更长，这点其实并不令人意外。令人惊讶的是它们到底可以"存活"多久，答案是足足好几百年。一种物质的寿命是由自然来控制的，要看看阳光、水、热和细菌等需要多少时间才能分解完物质的内部结构，把它恢复为无害的东西[89]。

来会是什么样子。我们可能很难想象这么长的时间，但你可以想想，假如亨利八世当时有塑料可用，那么今日我们可能仍在考古现场挖掘寻找他的旧牙刷。

　　尽管寿命很长，许多塑料却是柔软且富有弹性的，因为聚合物链之间的键结作用相当弱。金属有一片自由电子的海洋来传递电子和热量，塑料里的电子却都稳固地紧靠在原子内部，所以热和电无法像在其他物质中一样，快速大量通过。这不是说所有塑料都又柔软又脆弱。凯夫拉（Kevlar）纤维是尼龙的近亲，由极细的杆状纤维制成，它们紧密地朝同一个方向排列着，就像纸盒里的火柴一样。因此，按同样的重量来计算，凯夫拉纤维的强度大约是钢的 5 倍。把 30 层凯拉维尔纤维缝制在一起，就会得到一种超厚的"塑料袋"，可以挡住速度为 1500 千米 / 时的手枪子弹[90]。

第8章
不可思议的玻璃

在本章中，我们将探索：

为什么你可以看透厚厚的玻璃，却看不透薄薄的金属？

玻璃窗如何只用太阳和雨来让自己保持清洁？

为什么玻璃比我们想象的重那么多？

如何用玻璃和塑料合成的夹层结构来挡子弹？

如果将人类从几千年的文化和发明以及文明的行为举止中剥离出来，使人类返璞归真，那么我们只不过是矮树丛里狩猎采集的生物，与鼹鼠、狐獴以及用鼻子嗅探着拖着脚走的非洲食蚁兽没什么两样。下雨的周日午后，我们更愿意待在室内，蜷伏在滴雨的窗边，读一本书，看一部黑白电影，或者饮一杯红酒谈笑。大多数动物都会搭建某种形式的遮蔽所，但人类的独特性是，我们有能力创造两全其美的建筑物：我们也许是蜷缩在室内避雨，但通过嵌上几片玻璃这一策略，我们能同时拥有置身室外的感觉。我们在前一章探讨过的金属和塑料都是普普通通的物质，有无数种平凡的用途。玻璃就巧妙得多了：你没看到的就是你得到的。

玻璃——我们人类独创的这一透明物质，是我们所制造的最古老的物质之一：大约 5000 年前的古代美索不达米亚就使用了玻璃，只不过当时是用来制作闪亮多彩的饰品珠子，而不是直立的玻璃片 [91]。玻璃窗的使用至少要追溯到罗马时代 [92]。你可能会觉得，这就是极短的玻璃历史的始末了：对于一个透明的东西，还有什么可讨论的呢？事实上，至今仍有人在开发精巧的新型玻璃。听说过会自动擦干净的玻璃窗，或是用开关来控制明暗的玻璃窗吗？知道那些用在你手机或平板计算机屏幕上的超硬玻璃吗？不久之前，对于把玻璃板保持平衡地放在膝上这个想法，人们还会吓得全身僵硬，现在我们想都不用想。玻璃制品真是不可思议，而这全要归功于科学。

煮沸的沙滩

这里有个制作玻璃的简单方法。你带着提桶和铲子飞快跑去海滩，然后挖一些沙子，再生个熊熊大火。把沙子煮成"汤"，然后快速冷却，变——你就会得到玻璃了。你还需要再添加一些成分来精炼以提高质量（比如钠和碳酸钙之类的东西，能使制作过程变得更简单，接着再轻轻拌和一点硒、铁或铜等金属，能让玻璃变成好看的粉红或绿蓝色 [93]）。实质上，这就是玻璃制作过程的全貌：将沙子煮沸，冷却后使用。1945 年 7 月 16 日，当奥本海默（J. Robert Oppenheimer）和同事们在新墨西哥州沙漠制造出第一颗原子弹时，就曾试验过这个方法，并得到了惊人的结果。他们极高的烹饪技术，使得炸弹塔正下方一个直径 0.75 千米的沙圈，立刻变成了具有放射性的绿玻璃 [94]。

现在如果你把冰加热变成水，然后再冷却，撇开过程中损失的水蒸气不谈，所得到的差不多还是一开始的东西：冰。沙子却不一样。如果你把沙子加热成液体，然后再冷却，并不会得到原来的那个固体。沸腾之后，固体中的原子开始四处分散并微微振动：你可以倒出融化了的沙子，吹制成型，或者倒进模具里制作出一片片玻璃。但冷却后的原子，并不会像我们在一般固体中所见的，安静地井然有序排列。相反，我们会看到一种杂乱无序的特别结构，介于液体的混乱与固体的有序之间 [95]。我们称其为非晶固体，或者有时叫做半固体。你常常会在书里读到玻璃是一种尚未凝固的液体（这种说法有点误导，稍后说明原因）。

 ## 卡在中间状态

如果用人群来比喻，就比较容易理解玻璃的状态——人山人海。想象有几百名上班族在高峰时飞奔过地铁站的大厅。把人当成原子的话，这就是气体的状态。现在想象一群观众挤满了剧院的入口大厅。他们相互靠得更近，摩肩接踵地走到售票口、寄存处或水吧，纵使移动缓慢又有点迟钝，却依旧能自由移动。这就是拟人化的液体状态。如果把人群紧密排成行列，像士兵的纵列队一样，结果就是固体的状态。他们依然可以在自己的位置上稍稍移动，但因为无比拥挤，任何人都不可能单独逃脱，也不能使整体结构大幅改变。

那么，什么是非晶固体？假设你在凌晨四点命令一整营的士兵起床，而且只给他们一分钟时间准备。到处充满了呼叫声与快动作，有穿了一半的制服和醒了四分之一的睡脸，然后你在 60 秒的时候喊出"停！"，迫使每个人立刻停下动作。结果就会看见一堆人停止在有序与混乱的中间地带：有几个已经准备就绪；还有许多人冲往大致正确的方向。这时候的状态看起来比较像固体，而不是液体，但是离固体整齐、晶化的排列还很远，你必须给士兵更多时间才能得到固体那样的状态。这就是非晶固体的形态：还没准备好的固体。玻璃绝非唯一的非晶固体物质。比如，你非常快速地让水降温，就可以做成非晶态冰。虽然我们在日常生活中不容易看到非晶固体，但在浩瀚的宇宙里，它却以宇宙霜的形式普遍存在：彗星绝大部分由它组成 [96]。

玻璃介于固体与液体之间，尽管这个形容是正确的，并不代表它仍处于转变成固体的过程中，或者最终会完全固体化：玻璃的固体程度只能到中间这个状态。另外，形容玻璃是半固体，就像是以超慢动作流动的液体，也是不正确的说法。儿童科普书里有个老生常谈的说法，认为古老的玻璃窗的下面比上面厚，是因为半固体态的玻璃正非常慢地往下流动。其实这种说法并不正确，专家认为真正的原因在于，当时的玻璃以传统制法（吹制成型）制作，造成有些地方比其他部分厚，而一般镶嵌时都把最厚的部分放置在底部 [97]。

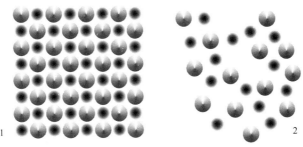

玻璃结构与典型固体结构对照

典型的固体 (1) 有规律的内在结构。我们称它为晶化结构或晶体结构，尽管像金属这样的固体，跟你在商店里看到的闪烁的石英毫不相同。玻璃(2)的结构比较混乱且为非晶形，没有任何明显的模式或秩序。

为什么玻璃会碎裂？

玻璃是再戏剧化不过的东西。"看我！看我！"它叫嚣着，但是一遇到麻烦，它就出现裂纹、碎成片，粉碎成一地的玻璃块。大部分的固体不会如此，或者不会变成类似的结果。用拳头拍击桌面，整个书桌并不会在你手下碎裂。倒车撞到墙壁，你顶多有一两处擦伤或保险杆凹陷，但绝不会置身于一堆尘土中。那么，玻璃有什么不一样呢？

正如我们在前一章学到的，归根究底差别都在"内部的秘密"里。金属是紧密堆积的晶化固体，其中的原子可以勉强地缓慢移动。你可以敲打金属，把成排成列的原子击打到新的位置，来使金属塑形。由于金属的原子可以移动，金属就能迅速吸收你的铁锤敲击所供应的能量。但是，玻璃是有空隙的非晶结构，原子并不是紧密堆积在一起，而是不受约束地、杂乱地连接在一起。射出一颗子弹穿过玻璃，由于玻璃中的原子无法迅速顺利地重新排列，也没法吸收或耗散子弹的能量，结果就导致了整个结构的瓦解。即使是最轻微的应力，也能让玻璃裂开。

"防弹玻璃"这个词并不准确：没有这种东西。挂着这个名字销售的东西，既不防弹，也不是玻璃。更准确的说法是抗弹，由玻璃和塑料组成的一种层压板（多层键结）制成。对着这种抗弹层压板开枪，子弹的能量会被分散，由夹层吸收，所以能量能够迅速耗散。其中的塑料能防止玻璃碎裂，协助吸收子弹的能量，所以即使子弹能穿透玻璃，但是它的速度会变慢，从而避免危及性命。

冷热不定

所有厨师都知道，不需要敲打玻璃（或用子弹射穿它），它也能碎裂：把热的玻璃猛然放进冷水里——啪！轻而易举就碎了。同样地，原因还是由于玻璃杂乱无章的非晶结构，它无法快速的重新排列来耗散能量（也就是玻璃的热）。把红酒杯放入盛着热水的碗里，玻璃杯的非晶结构吸收许多热能，随着内部热原子的振动，各部分膨胀的程度也不相同。接着迅速冷却玻璃杯，同样是这些原子，他们的速度突然变慢，但没有能力重新回到原来的位置。这一细小的破绽迅速穿过整个结构，变成裂纹[98]，然后使玻璃碎成一堆。

厨师避免这个问题的方法是使用耐热硼硅玻璃，也就是广为人知的百丽牌（Pyrex）耐热玻璃。这种玻璃外表很像一般的玻璃，但多了一种添加物，通常是13%的氧化硼。我们可以把它看成一种"玻璃合金"：耐热玻璃受热（或受冷）时，氧化硼使它只膨胀普通玻璃的大约1/3，所以非晶原子结构的移动变小，从而降低了破碎的可能性[99]。

为什么玻璃那么重？

如果你曾看过商店的装修人员把平板玻璃搬过去安装的情形，你的脑海中可能浮现过这个问题。经过多年思考，我终于得出了结论，那就是——这个问题的答案一部分归因于物理学，但更多是心理因素。

首先来看物理解释——记住，玻璃是一种固体，至少在某种意义上是。如果你有一个平板玻璃窗，让我们假设它宽2米、长3米、厚2厘米，计算出它的体积为0.12立方米（或120升）。想象一桶120升的水有多重，还挺容易的（约120千克，大概是女性平均体重的2倍）。而且记住，玻璃是固体而非液体。如果我们的窗户是不锈钢制成的，这个窗户几乎会重达1吨（因为1立方米的钢重约8吨）。从这个角度来看，玻璃的重量一点都不惊人。一个平板玻璃窗的重量，大概介于相同体积的一块冰与一块钢的重量之间，正如我们的预期[100]。事实上，我们的窗户重量大约是300千克，跟四五个成年男性一样重。

我认为我们之所以会惊讶，其实是心理因素：因为玻璃是透明的，而且看起来像地球上不存在的东西——的确，就像什么也没有——于是我们觉得玻璃是空的，料想它会很轻。但不管你认为玻璃是液体、固体或介于中间地带，它仍然有无数原子。你看不到它，但它还是存在。当然这会引出下面这个最重要的问题。

为什么你可以看穿玻璃窗？

在便宜的替代品"塑料"出现之前的几千年里，玻璃一直是"透视"的终极选择。确实如此，除了水和几样天然物质（想想蜻蜓的翅膀），玻璃仍是仅有的几种透明物质之一。玻璃的透明性显然归结于光能穿透玻璃这项事实，但为什么光无法穿透其他固体呢，例如金属？

厚度并不是症结所在：薄纸张是半透明的（可让光穿过，但在过程中会使光分散、重新排列，所以你无法真正看清楚那里的东西），而不是透明的（让光穿过，因此你可清楚看见另一边的东西）。如果你把非常薄的描图纸贴近放在某个东西旁边，那么纸看起来是透明的；但如果隔着一些距离，它就是半透明的，因为描图纸会让一部分的光反射（以一个精确的角度使光线回弹），一部分的光透射，还有一部分的光散射（以任意角度把光投射出去，让光无法准确透射）。铝箔纸的厚度不到 0.2 毫米，比大多数纸张更薄，但你肯定无法看穿它。

物质是透明的还是不透明的，取决于当光试图穿过物质的过程中，物质对光所造成的影响。金属会迅速吸收入射光的粒子（称为光子），同时往往还吸收了其他类似的东西，包括 X 射线（第 10 章将详细介绍光这个主题）。金属的原子环绕在一片自由电子的海洋中，那些自由电子能轻易吸收光的光子，然后再次将它们放出去，就像接球一样有效地抓住光子，再把它们抛回原来的地方。闪亮的金属如铝和银，可以抓住各种光子（所有颜色的光），再把它们扔出去，因此是制作镜子的好材料。有色金属如铜或金，可以吸收一些光子，同时反射或透射其他光子（铜会反射任何入射光中的红光光子，但可以吸收从黄和绿到蓝和蓝紫光谱中的光子）。

玻璃有何不同呢？答案还是在"内部的秘密"里。在玻璃中，为了把那些奇怪的非晶结构原子结合在一起，所有的电子都处于忙碌状态，因此需要更多能量来激发这些电子。这表示玻璃无法像金属一样，抓住可见光中微弱的光子，所以那些普通光子就直接从一块玻璃的一边钻入，再从另一边钻出。玻璃中的原子甚至几乎没注意到它们。然而，如果我们使用紫外线，它的光子的能量比可见光中那些光子的能量高，也更容易被玻璃吸收。这就是为什么玻璃在纯紫外线下一般看起来是不透明的 [101]。添加金属原子来为玻璃上色，两全其美：光可以穿透，内部的金属原子则在这个过程中改变光的颜色。

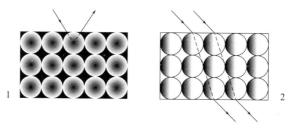

为什么你可以看穿厚厚的玻璃，却看不透薄薄的金属？

当阳光照射在铜(1)上时，会激发金属原子内部的电子。被激发的原子变得不稳定，再次将光反射出来，不过反射出来的光比较红，这就是铜看起来带着特征红褐色的原因。玻璃的情况不同(2)。当普通光照射玻璃时，并没有足够的能量激发原子。光只会通过玻璃，然后以几乎没有改变的状态在另一边出现（尽管它的路径会发生一些偏折）。

更好的玻璃

玻璃——这种我们可以看穿的固体，是日常物品中最不可思议、非同凡响的东西之一，但我们却视为理所当然，以为它很平凡。我们甚至不会注意到玻璃窗，直到飞过的受惊麻雀不小心掉屎在上面。这倒不是说玻璃完美无缺——完全没有这个意思。玻璃易碎又脆弱，招灰尘到烦人的地步，让热气太快漏出去，而且（像最差劲的告密者）把我们的秘密泄露给任何想知道的人。幸运的是，这些问题全都可以用有趣的科学办法解决。真的有更好的玻璃存在。

留住热气

冬夜慵懒地躺在窗边，不仅感觉冷，还会有风吹入，但原因不单是玻璃与窗框的接缝处漏风，玻璃本身也会让热漏出去。如果不太明白为什么像玻璃这样的固体（或伪固体），会让热渗漏出去，可以想想坐在篝火旁的情景，或假如你没体验过，那就想象待在燃气灶前面。如果离得很近，你会感觉热度使脸颊发烫，尽管在火与你的脸之间只有空气流动。这简直像是有看不见的热射线在温暖着你，而这的确正是你所体验到的情况。

热可以通过红外线的形式飞速穿过开放空间，甚至穿过广袤的真空空间从太阳来到地球。热跟光没什么不同，都以同样的速度飞驰（300000 千米 / 秒）。

热（红外线）与普通光唯一真正的差别在于，传热的光波长稍微长一点。假如有一道彩虹，从红色（外围）到紫色（中央）形成拱形，红外线就位于刚超过红色的地方，在你看得到的色圈外。如果热跟光类似，而且以相同方式行进，那么热可以直接快速通过玻璃窗，就没什么稀奇了：光去哪里，热就跟到哪里。

避免热量漏出去的解决办法很简单：在玻璃上涂上一层超薄的金属膜或金属氧化物膜（如效果比较好的二氧化钛），使窗户变得有点像镜子。金属膜必须只有几个原子厚，这样才能保证足够的光穿过。在炙热的夏天，那层几乎看不见的涂层会把热反射出室外，使室内保持一定的凉爽。在寒冷的冬夜，当家里比外面的冰天雪地温暖时，任何在室内（中央空调系统或暖气）产生的热都会碰到这层金属涂层，然后直接弹回室内，让热气不会太快漏出去。

干干净净

大多数人都喜欢亮晶晶的窗户，但不是每个人都跟我一样，喜欢拿着海绵和麂皮，踩上摇摇晃晃的梯子擦窗户。你可能会疑惑，为什么玻璃窗经常被雨水冲刷，却还是不能完全靠自己来保持干净。那是因为尘垢会堆积，新的灰尘会紧贴住旧的尘垢，而轻柔的雨水能做的清洁很有限。真可怜！

幸运的是，现在有聪明的自清洁玻璃。汽车雨刷利用的是喷洒清洁剂，以及吱吱响的机械刷子，来把挡风玻璃擦干净；自清洁玻璃则是利用化学作用，而不是机械。就像热反射玻璃一样，自洁玻璃也有加工好的化学涂层，如二氧化钛等。晒伤过的日光浴者最清楚不过了，阳光中有看不见的有害成分，称为紫外线。这种东西能让你的皮肤出现皱纹，像烤的过火的圣诞火鸡，而如果更不幸，可能还会导致皮肤癌。紫外线有点像"蓝版"的红外线：它的波长稍短于蓝光，因此藏在彩虹内圈中心的地方，不是很明显。可以把红外线和紫外线想象成位于可见光谱两端的"挡书板"或"路肩"。

紫外线对皮肤来说可能是有害物质，但它也有用处。当紫外线照射到自清洁玻璃内的二氧化钛分子时，会把电子撞击出去，电子接着与空气中的水分子碰撞，最后转换成所谓的羟基自由基：水分子（H_2O）分解，其中一个氢原子（H）被分离出去，留下狂躁（具有活性且不稳定）的 OH，即羟基自由基。这些羟基自由基就像清洁剂，把尘垢切碎成容易清除的小块。下次下雨时，就能把尘垢冲刷干净了——至少理论上是可行的。可惜的是，玻璃窗室内的那面当然还是要你自己清洁啦。

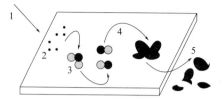

玻璃如何自我清洁?

当阳光(1)照射到二氧化钛涂层上时,二氧化钛会产生电子(2)。这些电子以空气中的水分子为目标,撞飞里面的氢原子,将水分子转换成活跃的羟基自由基(3)。这些羟基自由基攻击尘垢(4),把它分解成更小块。下雨时,大量尘垢就会自动从玻璃上滑落(5)。

似见非见

玻璃窗最有趣,或者说在某些方面让人困扰的一点是,对于窗户另一头的景象,它给我们的是全然的假象。当你在街上漫步时,无意间看向一个商店或别人家的窗户,其实你几乎看不清楚什么东西;但如果从室内往外望,会看见有人在人行道上正凝视着你,我们自然会认为,路过的人也能看见你的一举一动——这就是为什么这么多人会在窗户上挂纱帘。

但这却错得一塌糊涂。这种现象完全是因为室内的光线比室外少。少多少呢?答案显然取决于那是一年里的哪个时节、一天中的哪个时段、当时的天气状况,以及你在地球上的地理位置(这关系到天空中太阳的视位置)。但大体而言,室外的平均光亮度大概是室内的2000倍[102]。

如果你在室内,室外很亮,那么会有大量光线透进玻璃窗,使你轻易看见窗外的景象。而如果你在室外,虽然你周围很亮,但屋内光线微弱,当然其中能够成功溜进玻璃窗里的光就更少了。一块玻璃看起来可能干净透明,却不会让所有的光线通过:玻璃会反射大约5%~10%照在它上面的光[103]。所以尽管室内有一些光,但不是所有的光都会穿过玻璃跑到室外。因此,或许有点出乎意料,玻璃保护隐私的效果其实很好,不管是否挂了纱帘。

当然,到了晚上,一切会反过来。一旦太阳下山,只剩下街灯和皎洁的月亮时,室外几乎不见一丝光线:室内光的强度大约是月光的500倍[104]。屋内打开灯之后,突然有了光亮:此时如果有一个人站在黑暗中向屋内看,你在窗边不会看见他,但是对方却能很清楚地看见你。你能看到的,很可能只是映在玻璃上的自身的影像。

瞧，不用窗帘

许多人为了在晚上保护隐私，会使用窗帘、窗板和百叶窗，但这些东西都有各自的缺点（尤其是保持清洁这个麻烦事）。如果不用这些东西就能让玻璃立刻变成不透明，或者说用开关来让它变暗，这个想法如何？利用电的刺激来改变颜色的玻璃确实存在，称为电致变色，它的原理和笔记本电脑、手机用的充电电池类似。

充电电池有两个端电极（一个正极、一个负极），以及一个称为"电解质"的化学隔膜位于中间。电池充电时，锂离子（失去电子的锂原子）穿过电解质往一个方向运动，储存能量。当你拔掉充电器插头，用这个电池来为笔记本电脑供电时，锂离子快速往相反的方向运动，以电的形式释放储存的能量。

电致变色玻璃的原理也是如此，就像把一个超薄笔记本电脑的电池（由五层隔膜组成）夹入玻璃片之间。正极端与负极端在最外层，像两片"面包"；中间的三层分别是富含锂离子的上层，传导锂离子的中间层（电解质），以及含结晶氧化钨、负责接收锂离子的下层。当玻璃是透明状态时，锂离子位于上层，让光正常通过。如果想让玻璃变成不透明，只需按下开关，就可以使锂离子往下移动到氧化钨层，并把它锁在氧化钨的晶体结构中。这样就能阻止光通过，使窗户变暗。反向操作开关，即可让电流往回走，使锂离子返回原来的地方，让玻璃再次变得透明[105]。

黑白分明的案例

在我青少年时期，能拥有的最酷的东西之一，就是一副光致变色太阳眼镜，它能在阳光下自动变暗。电视广告就像重力一样难以抗拒，后来我抵挡不住诱惑，用零用钱买了一副。我相当失望：它们很快变暗，却花很长时间才能变透明。更糟的是，它们在室内（或透过车窗时）不太好用，在寒冷的天气里还会莫名地变得非常暗。所幸科学极少令人如此失望，因此我仍然对这些东西的原理感到佩服，尽管它的实际效果很一般。

你可能知道那种老式的感光胶片（装在遮光的黑色小容器里，需要"洗"照片的那种），利用存在塑料里的卤化银（以银为基材的化学制品）来感光。当光照到底片上时，卤化银神奇地转化为银微粒，在聚光的部分形成黑色斑点。这就是为什么感光底片呈现出来是相反的，有光的部分是暗的，反之亦然。把冲洗出来的"底片"放进一些冒泡的化学制品里，用光穿透底片，再照射在纸上，你就得到了一张用19世纪的卡罗式摄影法完成的老式照片。

谁发明了光致变色玻璃？

致变色太阳眼镜的原理大抵也是如此。最初的光致变色眼镜使用的是真正的玻璃（而非树脂），是1962年康宁公司的阿米斯特德（William Armistead）和斯托克（S. Donald Stookey）发明的专利产品[106]。就像感光胶片一样，这种眼镜的玻璃混有少量的卤化银颗粒（约0.1%），受到阳光照射时变暗，在黑暗中变亮。这是怎么办到的呢？因为阳光中的紫外线会引发一种化学反应，将透明的卤化银颗粒转变成不透明的纯银微粒，在一两分钟内让眼镜变暗（但并非不透明）。由于这个化学反应可逆，跑回室内避开紫外线后，化学反应向逆向进行，把那些银微粒变回原本的卤化银，使镜片由暗再次变亮。

现代的光致变色镜片（如全视线光学公司的产品）不再使用银或玻璃，而是以称为"萘并吡喃"的复合树脂为基材，受到紫外线照射时，它们的结构能够可逆改变。在室内，变色镜片会变成吸收光相对较少的形式。在室外则是另一回事：在紫外线照射下，镜片快速变成另一种形式，吸收更多的可见光，从而使镜片变暗。光致变色镜片中的大量分子可以一起吸收光线，在原子尺度上来阻挡光，就像窗前合上的百叶窗一样。去掉紫外线后，分子迅速变回原来的形式，在你眼前"打开百叶窗"。

无论玻璃还是树脂，光致变色镜片的问题在于，变色反应由紫外线来控制。虽然晴天时室外有许多紫外线，但几乎没有紫外线能穿透普通玻璃，因此在车内或电车车厢里，根本就没有紫外线。这就是为什么光致变色镜片在室内无法有效变暗，也是为什么光致变色镜片对开车的人来说效用不大。

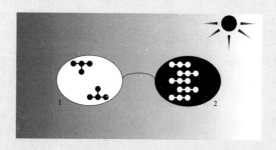

光致变色镜片

树脂光致变色镜片里的萘并吡喃分子有一种特殊的结构，可以允许大部分的光线直接穿过(1)。受到紫外线（强光）照射时，这些分子(2)会改变成另外一种不同的结构，吸收更多的光，从而使镜片变成暗色。

第9章

松弛的沙发，嘎吱作响的木地板

在本章中，我们将探索：

松垮的内衣跟抗皱面霜有什么关联？

为什么有时候玻璃掉在地板上不会碎？

为什么光亮的皮鞋耐久性比较好？

材料科学如何帮助你更轻松地分享巧克力？

　　每天有多少男士用着令人抓狂的变钝的刮胡刀片，纳闷为什么只需切断毛发的不锈钢刀锋，居然还可能变钝？在你开始读这个句子时，世界上有多少地方的木地板已经嘎吱作响、吱吱呀呀？也许就在此刻你换了个坐姿，疑惑为什么曾经舒适的沙发现开始变得松弛下垂了？这些例子都告诉我们，没有材料是完美的，即使像金属这些耐用的东西也不是永远都不会坏。

　　当然，现实情况更坏。材料经常在最糟糕的时候发生故障。一次突然的爆胎或刹车失灵，并不一定会致命；但当一块飞机蒙皮在 10000 米的高空自动破裂时，幸运女神可能就不会再眷顾你了。20 世纪 50 年代初期，曾发生七起哈维兰彗星型客机（de Havilland Comet，第一种商用喷射客机）坠机灾难，追溯其原因，最终发现是设计瑕疵，导致机舱增压的窗户周围产生了应力集中。当双手将纸撕成两半时，我们很容易理解为什么纸张——这种由干燥木纤维做成的薄片——无法承受你施加的（相对）巨大力量。但是如果想要彻底理解像钢这种耐用的材料为什么会突然没来由地断裂，或是为什么人气商品辛普森四角裤会在妥善使用多年后逐渐松垮下垂，就比较困难了。

　　我们已经知道那些被视为理所当然的居家材料，例如木头、玻璃和胶水，是怎样成功发挥作用的。那么又是什么会让它们彻底失去作用呢？

　　我经常想象自己从摩天大楼或吊桥上往下跳。身体在屋顶的狂风中摇晃，在栏杆边抖动，何不干脆一鼓作气跳进未知里呢？身为科学家，我对弹性理论有绝对的信任，而且如果我真的决定冒险一试，可以百分百确定，我会把弹力绳索绑紧在腰上。弹性相当于材料世界里的"时光倒流"：未来跟过去一样，在合理范围内，没有所谓的"不归路"。

　　"弹性"是怎么变成材料的？你家里或许潜藏着橡皮筋、短裤松紧带、医用橡皮膏和手表表带。不过，现实里根本没有"弹性"这种东西：我们真正想说的其实是伸缩材料，而几乎所有东西或多或少都符合这项描述。在第 1 章，我们提到世界最高的一些建筑物在强风中的晃动幅度可达 1 米，所以即使是像摩天大楼这样看起来不太像有弹性的东西，其实也有惊人的伸缩性（如果不伸缩，就会突然断裂）。具有适当弹性的材料通常是弹性体，而作为弹力绳索用的天然弹性体，也就是橡胶，是我们最熟悉的弹性体之一。弹性体是由大分子缠结在一起所组成的材料：伸展时分子会梳理分开并伸直，但一放开就会马上弹回，再次缠结在一起。橡胶总是有办法出现在一些预料之外的地方。早期生产的口香糖和泡泡糖很有嚼劲，因为它们含有糖胶的成分，这是一种天然乳胶，跟你在派对气球或汽车轮胎上看到的没有太大差别[107]。现代的口香糖，通常以合成橡胶来达到同样的咀嚼效果，例如丁苯橡胶（你的鞋底可能也有）或聚乙酸乙烯酯（在滑溜的白乳胶内有）[108]。因此，把口香糖吞下肚是很可怕的。

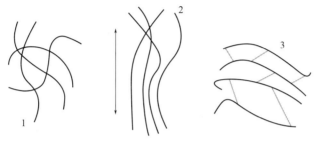

为什么橡胶可以伸缩？

胶（生胶）的长分子缠结在一起(1)。当你拉乳胶(2)时，它的分子伸直并解开缠结（产生塑性），一旦松手又会马上弹回在一起（产生弹性）。用很小的力和能量，就可以重新对乳胶塑形，所以它的使用寿命短，而且乳胶在相对低的温度下会变软变黏。坚硬的黑色硫化橡胶是乳胶与硫黄"烹调"的结果(3)。1839年，美国发明家固特异（Charles Goodyear）在多年实验无果的情况下，意外把一些乳胶洒落在一个热炉上，发现了这个过程。硫黄可在橡胶分子（黑色）之间产生交联反应（灰色），形成强韧的性质。要拉开这些经过强化的分子，需要更多的力和能量，所以硫化橡胶比生胶更硬、更不易弯曲，而且更耐用。它可适应的温度范围极广，从零下60摄氏度至200摄氏度都能维持强度，因此成为制作汽车轮胎的好材料。

塑性还是弹性？

虽说"弹性体"是"弹性材料"的另一个名称，但更容易理解的说法是弹性材料具有弹性，因为在科学上，弹性有非常精准的意义：几乎完全可逆的伸展性。当你拉一条橡皮筋再放开时，它看起来像能恢复到原本一模一样的大小（长度）和形状。如果你不觉得无趣，可以重复这动作好几百遍，每次的效果都一样。

跟弹性体一样，塑料其实也算是不恰当的名称。我们认为塑料就是色彩缤纷的东西，用来制造洗脸盆和牙刷，然而以严格的科学用语来看，塑料这个词有更精确的意义：塑性的或可变形的。你拿在手里的塑料制品（我们简称为"塑料"）并不一定就具有塑性，但它的原料（通常是一堆来自石油的碳氢化合物）通常原本就具有热塑性。这就是为什么塑料能通过喷出（注射成型）、挤压（挤出成型）或滚压（压延成型），生产居家所见的鲜艳物件。由于塑料的塑性非常高，我们可以做出极为细密的塑料纤维。由一种莲蓬头型、称为"喷丝嘴"的装置上的数千个小孔，射出熔化的塑料，就能制造出你牙刷上细密的尼龙硬毛。尼龙丝袜上的纤维，更是相当细。丝袜细度的测量数据以旦尼尔为单位，旦尼尔是 9 千米长的纤维的质量。听起来难以置信，15旦尼尔的透明丝袜，制成它的纤维细到 9 千米的长度仅重 15 克。

　　来到你手中的成品，塑料或许仍是"塑"料，甚至带点弹性。你可以把非常粗的牙刷手柄弯曲一点点，放开后它们很容易恢复之前的形状。然而，一旦弯太多，你就会明白为什么塑料被称为"塑"料了。拿一把红色的塑料牙刷，稍微弯曲手柄多一点，你就会使手柄变形成一种很难看的形状，露出粉白色的变形线。如果用偏振光显微镜（限制光线以造成单一方向的振动）来检视一件扭曲变形的透明塑料制品，便可看到惊人的彩虹图样，那是由一种称为光弹性的现象造成的 [109]。你可以持续使塑料材料变形，直到将它逼至彻底损坏，最后突然断裂。

　　你或许也注意到，扭转或折断塑料时有一股难闻的味道。那是由于扭曲变形造成了塑料聚合物内气体的热释放。塑料会发出各种各样的异味。譬如，复古塑料娃娃常发出类似呕吐物的难闻异味，那是因为年代久远使得塑料娃娃中的脲甲醛已经开始分解。精明细心的珠宝商用一种业界手段来辨识不明的塑料品，那就是把塑料丢入热水中或用力搓（让它们温度上升），然后嗅闻释放出的气体。赛璐珞（硝酸纤维素塑料的商用名称）闻起来像樟脑丸，酚醛树脂和乳石飘散出甲醛味或牛奶焦味，醋酸纤维素闻起来则有点酸醋味。

超过极限

　　塑料可能有弹性，这通常没有任何问题。但是，弹性材料的麻烦是，它们有突然或逐渐变成塑料的坏习惯。如果你把橡胶材料伸展得过长，会让它超过弹性极限，材料继续伸展，就再也不能恢复原状了。

　　有趣的是，即使是金属也有弹性：若非如此，也许开车前进后退、在路上颠簸而行，都可能导致车身、引擎及内部所有基本组成部分的永久变形。即使橡胶轮胎和弹性金属弹簧可以吸收大部分的能量，振动仍是一个问题，尽管不至于致命[110]。洗衣机不会因本身的摇晃而四分五裂，因为大部分的金属零件都可以微微弯曲，以弹性的方式吸收力量。如果你把音叉敲在桌子上，它会发出中央 C 音，因为金属音叉正有弹性地振动，以音乐中所称的"共振"频率，每秒来来回回振动几百次。但如果把任何金属用过头，一定会造成所谓的塑性变形（永久性的形状改变）。

橡胶的伸缩性大概是金属的 200000 倍，橡胶可以轻易延伸至正常长度的好几倍[111]。然而，在真正的伸缩材料面前，橡胶只是个"冒牌货"。现在最广为人知的弹性材料是水凝胶：它在弹性材料中独树一帜，约可伸缩到原来长度的 20 倍[112]。如果爵士巨匠吉莱斯皮（Dizzy Gillespie）吹喇叭的双颊是用水凝胶做的，他每吹一口气，脸颊可能都会胀得至少跟他的肚子一样大——即便如此，都可能只是很保守的表演程度而已。20 世纪 70 年代，戈登教授（James Gordon）在材料科学最佳著作之一《结构》（*Structure*）一书中，制作了一个刚性与弹性材料表，其中弹性材料位居第一的是怀孕蝗虫的细软表皮，大约是橡胶伸缩性的 35 倍[113]。

当你把弹性材料使用得超出弹性极限，它们可能会突然断裂，也可能逐渐失去弹性。橡皮筋会随着时间而失去弹性：最终都会变得松弛，尽管需要一段时间。试着把一条橡皮筋套在手腕上两三个月，你就会明白我的意思了。一开始你会觉得有点紧绷，接着它会渐渐变松、下垂、无力再伸缩，最后整条断裂。为什么？每一次伸展与松弛的循环，都会将分子拉开（使用一定的能量），而且分子无法准确回到原本的位置（或者说无法再给它同样多的能量来返回）。如果快速伸缩橡皮筋几次，然后放到嘴唇上，你会感觉到橡皮筋变热——散发的热是耗损的能量，你永远无法取回。至于硫化橡胶（用来制作汽车轮胎这类东西的黑色坚硬材料，原始做法是把乳胶与硫黄一起"烹饪"），比起用来做气球和橡皮筋的那种软橡胶，需要更多次伸缩与松弛的循环，以及更多的力和能量，才能造成永久变形[114]。

几百次的伸缩循环之后（以橡皮筋为例），分子间已经分散得太远，无力再把整体完好地拉回原位。材料本身仍可伸展，但没办法再恢复原状。所有其他可伸缩的材料也都有相同的困扰，从衣服上的松紧带到床铺的弹簧，甚至是你脸部的肌肤，都面临失去弹性的挑战。价值几百亿元的抗皱护肤品市场，就是以这项简单又无法避免的科学事实作为基础的：弹性材料，包括人类的皮肤，最终都会失去弹性。从 10 岁到 70 岁，你的肌肤会失去大约 1/3 的弹性，而且大多是从 40 岁开始失去的。虽然其中一个原因来自大笑和微笑所造成的机械损伤（反复褶皱），但阳光的伤害也是主要因素。直接曝晒的脸颊肌肤，失去弹性的速度大概是穿着衣服的身体部位如上臂的 2 倍[115]。

突然断裂

　　并非所有的东西都遵循弹性材料的法则。我上学的时候，小孩子最喜欢的恶作剧是使劲弯曲塑料尺直到它突然断裂，吓大家一大跳。当时，木尺已经被脆性的塑料尺大量取代，而塑料尺会断裂成尖锐的碎片，类似玻璃。后来意识到问题的危险性，制造商很快改为生产"安全塑料尺"，使用更富塑性和弹性的亚克力（又称有机玻璃），亚克力耐弯耐扭，而且至少会在逼近断裂临界点时露出某种迹象。

　　会突然断裂的材料也是有弹性的，但程度小到我们无从察觉。换句话说，这些东西的弹性极限比橡胶之类小很多。意外的是，连玻璃也有弹性，而且大约是钢的 2 倍[116]。当你把足球踢到玻璃上然后弹回时，其实玻璃也发生了非常细微的折弯。有时候你会看到球弹回来时，玻璃的映像微微晃动了一下，那就是弹性的表现。证明玻璃具有弹性最安全的方式，是用手指弹红酒杯，或是用手指沾水绕着杯缘摩擦，让杯子发出声音。玻璃杯微微振动，所以能发出声响，而振动就表示具有弹性。

　　相较于真正的弹性材料或塑料材料，玻璃的弹性可调节的空间非常小，包括其他高强度的材料也是如此，例如钢。玻璃比钢更有弹性，却也更易碎，这看起来可能自相矛盾，但实际上并不冲突。玻璃会碎是因为只要很少的能量，就可将致命的裂纹传遍它的全部结构。然而，这不表示玻璃总是会裂。如果你掉落一个玻璃杯或茶杯，若是够幸运，杯子会毫无损伤地弹开。为什么会这样呢？下次发生这种意外时，记得小心观察，你会发现掉落的物体会随着弹跳而大幅改变位置。这是因为大部分的能量已经用于改变物体的运动或旋转，所以物体内部吸收的能量已所剩无几，因此碎裂的概率变低。

　　塑性材料总会在某个时间点损坏并突然断裂。你可以折弯一把铁尺，再弯回原状（表示那个金属具有塑性，可以变形）。你可以重复好几次，但最后铁尺会直接断成两截。回形针清楚展示了这点。你可以来回弯折回形针大概六次以上，然后它就会折断了。为什么会断？因为在原子尺度上，金属的晶体结构已经被损坏，反复的压力使得这种损坏延伸至更多的原子层，扩展成更大的裂纹。最后，裂纹扩展到某种程度，将会持续扩展。在这个临界点（专有名词为"格里菲斯长度"），裂纹从材料内部获得足够的能量后，将自己全力推进，最终导致彻底的灾难性断裂。

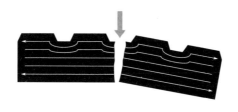

巧用材料中的裂纹

当细微的裂纹获得足够的能量变成致命的断裂时，通常就会造成材料损坏。巧克力生产商在巧克力砖的设计上，融入了这项简单的科学原理——在表面制出凸起或凹槽，方便消费者折断。当你握住两端弯折时，应力沿着巧克力砖形成数条平行线。在巧克力砖上面，应力从凹槽周围转向，因此在该处更集中。因此，巧克力砖更容易沿着凹槽的位置断裂，这也正是你希望断开的位置 [117]。

有些材料损坏是因为一开始材料就脆弱无比，还有一些则是因为设计不良，造成承受的应力集中在脆弱点上。以哈维兰彗星型客机的致命事件来说，方形的窗户和逃生舱口，导致加压机舱的金属结构上形成脆弱点。飞行过程中反复施压，导致铆钉和螺栓孔开始出现裂纹并持续扩展，从而衍生出严重的后果。虽然哈维兰公司测试过客机，计算出它有 10 年的有效飞行寿命，却算错了总数。空中实际的应力和应变是他们在实验室模拟时的 3 倍，这使得飞机在正式启用后的一两年内，就发生了可预见的灾难性故障 [118]。粗略来看，每架在劫难逃的飞机就像巨大的回形针，受到急速抖动的气流来回弯折。这个例子能充分说明我们所说的金属疲劳：反复的连续应力作用下所造成的突然损坏。

嘎吱作响

对于一种材料，即使损坏迹象很微弱，也不意味着就没问题。如果你住在一间老房子里，木地板会嘎吱作响，也许你已经习以为常，反倒觉得那声音很迷人。你知道每块木板各自发出的小"呻吟"，也学会了夜晚时分如何在木板之间踮着脚尖走动。但如果你住在摩登的公寓大楼，突然造访某人的老房子，踩在嘎吱作响的地板上，你或许会停下来思考：这个地方真的安全吗？这嘎吱嘎吱的声音是不是说明地基或结构上有缺陷？这摇摇欲坠的结构是不是快要倒塌了？

　　但实际上木头沉闷的嘎吱声通常是健康的征兆，显示木材正来回折弯，开心地吸收着我们施加在上面的重压和扭曲变形。树木在风中摆动时会发出咿呀声，这并不表示树快要倒了（虽然有时这的确是初期的征兆）。为什么木头会吱呀作响，而其他材料不会？除了竹子之外，木头是唯一一种我们用来制作大型承重结构的天然植物材料。它的内部由中空的纤维塞满形成高密度结构，在来回折弯时，这些纤维会彼此滑过用力摩擦，形成你听到的闷哼声。木地板也会因为板子之间的摩擦而发出闷声，尤其是在钉子固定的两端。如果木材特别刚硬，施加作用力时不太会扭曲变形，那么板子少有移动或嘎吱声；它的可挠性越高，纤维之间的移动就越多，你听到的声音就越吵。气温和湿度的变化，也会使木材膨胀和收缩，所以木结构住宅的嘎吱声会随着季节改变。夏天木地板比较容易嘎吱作响，那是因为它们由于干燥而收缩；冬天时，木材湿冷，纤维膨胀较多，发出的声响就少。

靠岸

　　以前的老木船在浪间倾斜摇荡时，总是会发出惊人的咿呀巨响，这是船只可以弯曲和伸缩的可靠征兆，吸收着大海的极大拉拽。讽刺的是，当更刚硬的铁皮船 19 世纪问世时，船身没有发出同样的声响。受惊的工程师担忧船只的可挠性不足，会因此增加风险。如果你想象自己从高墙跳下的情形，就比较容易理解工程师烦恼的原因。跳下时身体如果屈膝弯下，能让你轻易吸收跳跃带来的冲击；如果保持双腿僵直，突然的震荡可能粉碎你的背。一艘随着海浪弯折的木船，有点类似一个玩滑板的人屈膝滑行，用弯曲的身体吸收凹凸路面所造成的震荡。

　　那么铁船在海上四分五裂了吗？后来证明工程师的担忧是杞人忧天，如今显然是金属壳体的船只称霸四海，不过初期必然也有过一些问题。根据航海作家戈德史密斯-卡特（George Goldsmith-Carter）的说法，较刚硬的铁船"过去较容易发生意外"。载重很大的船只在波涛汹涌的大海上被猛力来回拉扯，使高耸的桅杆和索具承受过大的应变，造成它们突然断裂[119]。有趣的是，事实证明具有柔性的木船往往更适合航行于冰冻的北冰洋环境。由于木壳船体有较大的"伸展性"，更加有利于在冰洋中破冰前进[120]。极地探险家南森（Fritjof Nansen）的著名船只"前进号"（Fram），就是特意使用的非常坚硬的绿心木打造，使船身能够承受北冰洋的寒冷，同时能够在冰的压力下被抬起并在冰面上前进[121]。

磨损与褪色

当我们说某个东西磨损了，这个东西可能是各种各样的物品。鞋子可能磨损。鞋底经过摩擦甚至能渐渐磨出洞来。每次你滑倒或跌倒，就会磨掉鞋底好几层原子，到最后什么都不剩。来回折弯的皮鞋鞋面，就像弯折的回形针一样，尽管其内部有胶原纤维（蛋白质）而使得皮革柔性（塑性）更高，能经得起好几千次的反复弯折，但终究会变得过于脆弱而断裂。生皮在动物身上显然具有柔性，但皮革比较耐用，是因为鞣制过程去除了水分，在内部的蛋白质分子之间形成交联反应，彼此紧密强固地结合，有点类似我们在硫化橡胶中看到的交联反应[122]。我们擦亮皮鞋的原因之一是为了润滑胶原纤维，以保持纤维的柔韧性（阻隔水分和呈现外表的光鲜亮丽是另外的明显好处）。在第 18 章，我们还将讨论关于鞋子的科学问题。

 ## 褪色

皮鞋之类的东西磨损了，表明我们已经把材料逼到了崩坏的临界点上，甚至远超过这一程度。未必一定要有个严重的瑕疵，如破洞或裂缝，才会让你舍弃你最爱的连身裙或衬衫，某种程度的老旧和褪色，也可能造成不愉快。为什么织品会褪色？常见的理由是因为织品进行过染色，而染料基本上是浸透在纤维内的化学物质。阳光使物品褪色的主要原因是，光线中含有紫外线（就是与让我们晒伤相同的高能量、高频光）。当紫外线照射到染料分子上时，产生光降解作用：分子重新排列成不同形式，不再以与之前相同的方式反射光线。你可能注意过超市的收据（以及传真）在阳光下会很快变淡，那是因为这些收据没有用油墨印刷，而采用一种称为无色染料的热敏化学物质。它有两种形式：无色及有色。当热敏打印机将加热的打印头压过热敏纸时，字就会出现，因为无色染料从无色转换成了黑色（有色）的形式。紫外线使无色染料的分子变回原来的形式，从而有效地让有色物质变白，使其褪色[123]。

塑料也会发生光降解，而且常常又快又剧烈。伦敦温布利大球场于 2007 年重金翻修完成，装置了约 90000 个鲜红的塑料椅座，但其中 17000 个很快就因为光降解而褪色成淡粉色[124]。你可能曾经注意过，透明塑料经常随着时间而变灰，或者有时变成难看的黄色。同样，这也是光降解造成的后果。

透明塑料物品（如瓶装水常用的PET塑料瓶）几乎可以让光波全部穿透过去，而很少改变。当塑料变成黄色时，表示其内部的分子产生了变化，只能让部分光线通过，而吸收其余部分。可以通过的光为红与绿的混合光，于是老旧的塑料物品就呈现出大家熟悉的泛黄（红色与绿色的混合色为黄色）。光照射的另一个副作用是，塑料的质地会变脆，而且更容易裂开。紫外线虽然很讨人厌，却是自然环境中分解塑料的好方法，因为如果少了光降解这种自然作用，塑料就永远不会消失了。

生锈与腐烂

并非所有的材料损坏都是物理上的：有些是化学的或生物的。如果你的汽车开始生锈并开始掉碎片，这就是化学上的损坏，因为刮伤处或涂层磨损而露出的铁，与空气中的水和氧气起了反应，形成氧化铁，即常说的铁锈。不同于铁的坚固，氧化铁是屑状粉末，所以生锈的部位就成为大铁块或钢块的致命弱点。如第7章所述，将铬加入铁中可以制造不锈钢，在铁原子周围形成具有保护作用的氧化"膜"，防止氧气和水的侵袭，相对（尽管不是百分之百）保持不生锈的状态。涂料的功能正是如此。我年轻的时候，曾经以为人们替汽车喷涂料是为了好看，但那其实只是附加的好处而已：最主要的原因是防潮和防锈。用铝打造的汽车和船根本不需要涂料：它们的周围能自然地形成一层氧化物，让它们保持闪亮又不被损毁。

腐烂与生锈类似，但它不是金属问题，而是一点点啃食木头的生物学棘手问题。解决办法完全一样：制造一道屏障，隔绝里面的木头与外面充满菌类的空气，几乎就能永远避免腐烂的发生。然而，把家里的木窗框刷上涂料后，很快就会发现另一个问题：你不用烦恼木头本身材料的损坏了，却要改为担心涂层磨损。在炎热和寒冷的天气中，涂料"吸气和呼气"（膨胀和收缩），最后裂开、断裂再变成碎片剥落，暴露出底下失去保护的木材，形成更严重的破坏。木焦油（由煤焦油制成）含有一百多种化合物，可以一种完全不同的方式来防止木头腐烂。相对于创造一层外在屏障，木焦油本身对引起腐烂的微生物就是天然的毒药（阻绝霉菌、昆虫、螨和孢子侵害栅栏柱和电线杆等东西）。问题是木焦油会从木头渗出到环境中，而且有毒又致癌[125]。结果你在解决一个问题时，又为自己制造了另一个完全不同的问题。

树木可以摇摆好几百年，但木窗框却很难耐用几十年。为什么天然的木头

（树的内部）比居家用来做门窗的砍伐下来的木材，更慢腐烂？这是因为树皮通常防水且富含油脂，像天然的木焦油般驱除虫害。因此，芬兰的拉普兰德地区传统上用白桦树皮制作防水衣服和鞋子[126]。树木内部的纤维素（植物的基本组织）和木质素（构成植物细胞壁的复杂聚合物）形成一种密度很高的材料，能极有效地抵挡湿气的渗入并可滋长其间的微生物。而建筑物的木材没有防护，因此很容易变暖变湿，这刚好成为霉菌的大餐。

能自我修复的塑料

有什么比在街上被刮伤车子更气人的？假如汽车能自己感觉到刮痕，在你回来看到之前，就自动开往维修厂去喷补涂料，这样是不是很棒？但这是不太可能的，不过退而求其次，我们已经有了次优的解决办法，也就是可以自我修复的涂料。现代涂料本质上都是塑料制品（含有色颜料的丙烯酸聚合物），可以在一些很容易损坏的材料如铁或木头上，施加一层薄薄的保护。材料科学家已经研发出一系列的塑料制品，这些塑料制品具有内置的修护机制，可自动应付细小的损伤，它们就是所谓的自修复材料。

这些自修复材料的原理是什么？涂料内含有胶水微胶囊和催化剂（一种加快化学反应的物质）。当涂层被刮伤或出现裂纹时，微胶囊会裂开并释放黏胶，在催化剂（或其他修复剂）的作用下，迅速密封该处损伤。还有一种自修复涂料内含修复管，有点像血管，连接到一个充满黏胶（或修复胶）的压力储槽内。如果材料出现裂纹，修复管随之打开，释放压力使储槽把神奇的化学黏胶送入需要修补的位置。

细微的裂纹和剐痕可以通过这个方法来修补，这个不难理解，但更大的物质损坏该怎么办呢？美国国家航空航天局（NASA）一直致力于研发应用于大型损坏的自修复材料，能自动修复战斗机上的弹孔，以及陨石撞击宇宙飞船所造成的损伤。当入射的子弹射击到机身上的塑料时，其巨大的能量让塑料材料温度上升，刚好足以短暂地在该特定位置变成流动的液体。随着子弹穿过，塑料屈服并流溢到弹孔周围，紧接着返回原位再次密封起来，立即修复该处损伤。NASA 的实验室已测试证实，当外物以速度达 18000 千米 / 时的微陨星速度（这个速度约为波音 747 巨无霸客机飞行速度的 20 倍）高速撞击时，自修复材料可以再把自己密封起来[127]。

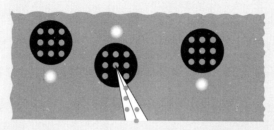

自修复材料的原理是什么？

　　涂料内含黏胶微胶囊（黑色大圆圈内的灰色圆圈）和催化剂（白点），催化剂可加快作用。当一道裂纹在涂层上扩展时，会割裂其中一个胶囊，释放出黏胶，流入裂纹将裂纹密封。

第10章

光之喜悦

在本章中，我们将探索：

为什么可以用一粒沙子来制造光，用苏格兰人的胡须却不行？

是什么让蜡烛比火山更危险？又需要多少只萤火虫才能取代烛光？

一支手电筒每秒钟会送出多少光子？

为什么你可以在光亮的皮鞋上看见自己的脸？

　　你是否有过这种感觉：自己并非独自一人？让视线离开这本书片刻，看看你坐着的房间四周。你看到了什么？沙发、计算机、书籍、玩具、盆栽、红酒杯、孩子乱丢的怪东西等等，什么都有。可是令人抓狂的是——其实什么也没有。因为你看到的，最终只是光而已。令人好奇的是，虽然光是你唯一看到的，你却又根本看不见光。光看起来是什么模样？它在哪里？继续更深入、更持久地观察，你会看见某种完全不同的东西：什么都是空的。在没有光的地方，空间看起来就是如此。你可以说那是一片空无，但这种说法有些矛盾。空间，是你所能想象的最黑暗的事物。

　　光一直是个谜，像蝴蝶般狂飞乱舞又转瞬即逝，尽管有些人信心满满地认为自己可以束缚住光。牛顿，我们在第 1 章介绍的绝顶聪明却又暴躁的英国科学家，他在 1704 年就已经弄清楚我们目前所知的大部分关于光的知识[128]。当年，牛顿出版了一本大胆又涵盖甚广的研究，名为《光学》（*Opticks*）。牛顿的大多数研究结果至今依然适用，包括其耀眼的成就如发现"白"光可分解成七色彩虹，以及依据他的直觉，相信光是由微观能量炮弹（"光颗粒"）所组成的，再射进人眼[129]。与牛顿同时期的科学家，特别是虎克（Robert Hooke）和惠更斯（Christiaan Huygens）则认为，将光看作一种波——可穿越空间的看不见的奇特涟漪——更容易解释。光波是如此微小，又传播得如此快，以至于我们无法看见它自身，但它却拥有显示其他一切的不可思议的力量。如今，科学家（以及你即将在本章读到的科学书籍作家）根据情形在两种观点之间转换，即认为光是一束粒子流，同时也是波[130]。

　　现在，我们称那些粒子为光子，并用它们来解释各种各样的居家事物，从防盗报警器的防盗眼到屋顶的太阳能电池板。关于光子单调乏味的叙述，可能会让你觉得，很久以前我们就已经彻底破解了光的谜底，但在毫无疑问的地方发现问题，那才需要真正的智慧。20 世纪初期，许多人认为物理学已经没有多少进展空间，能做的只有修整旁枝末节[131]，但爱因斯坦却发现了物理学知识中的一些重大漏洞。他崭新的理论，也就是相对论（这项理论的重要思想之一是，光速是恒定的，无论你怎么测量，这一学说衍生了一系列问题，例如随着速度增加而变重的火箭，以及衰老速度不同的双胞胎），确保了以后好几代的学者仍须努力研究。爱因斯坦毫不掩饰他的"无知"："每个科学家都认为自己知道光子是什么，但我穷尽一生试图理解什么是光子，却仍然一无所知。[132]"

　　当爱因斯坦的疯狂理论首次登场时就把大家难住了，100 年之后，我们坐在自家舒适的屋子里，沐浴在阳光下，受到光子的高速撞击，却依然对光子是什么，以及它背后的原理了解甚少。对于光，我们还有非常多的疑问，不过，目前也已经有很多进展。

何为光？

简短的回答是"可见能量"。然而，就像许多针对三字问题所做的四字回答，这肯定是敷衍。针对光的研究，大部分的问题源自于我们假设光是一种极不寻常且可能独一无二的东西。事实的确如此。

对许多人来说，光是获得信息的主要来源。皱褶的大脑皮质有 1/3 ～ 1/2 是用来处理人眼从外在世界获得的大量数据[133]。科学家认为光至关重要，但原因却各不相同。自爱因斯坦之后，科学家知道了光速的特别性质，它是宇宙中最快的速度。有趣的是，科学领域包含光速的方程式，都跟观看世界或感知世界无关，其中最著名的是爱因斯坦自己导出的质能方程 $E=mc^2$。这个方程告诉我们，能量与质量是同一种东西，通过光以某种方式连接起来。难以置信的是，这惊人的想法至今仍困惑着大多数人[134]。举例来说，一个啤酒肚（质量），怎么可能跟春天早晨黑鸫鸟的歌唱（能量）是一回事呢？按照局限的传统思维来说，这根本说不通。怎么解释它？如果认为光是由于宇宙中巨大火炬的照耀，它在空间和世界各地传播，纯粹为了我们的方便而照亮黑暗，那就把光想得太简单了。实际上，光是为了某种更根本的理由而存在，而我们的视觉系统（通过演化意外获得的优势）恰好从中受益。

换言之，光这个词对于科学家和一般人来说，有着截然不同的含义。下面我们从一个比较哲学的角度来看待事物，也更容易阐明光这种物质。人类的世界观是相当自我的。透过眼帘，眯眼看着从潮湿的小窗洒入的光，我们以为眼睛所看到的就是存在的一切，我们总是以人的尺度去建构生命的意义。科学家看到的现实更宏观也更微小：他们以光年（9.5 万亿千米，光在一年时间里传播的距离）计算天文距离；以原子与分子键结的纳米世界来描述微观结构。从这个角度来说以人类为中心所构建的生命意义不仅会消失，而是永远也不可能存在[135]。对科学家而言，光不仅仅指"我们可见的能量"，而是"一种极其特别的能量，以精确又超乎想象的高速率传播，而人眼刚好可以察觉到其中极微小的一部分"。

你看不见的光

　　在前面章节中讨论红外线和紫外线时，我们知道这两种光"限制"了人类的视觉，并从中获得极大的启示，意识到我们世界观的偏颇。红外线太"红"，人眼侦测不到；紫外线又太"蓝"了。但如果你不断微调光波，会怎样呢？若你把红外线变得更"红"，会产生什么变化？取一束光波（其波长约550纳米，大概是人类头发直径的1/100），然后把它们的波长伸长好几十万倍，结果就产生了微波。微波可以用来烹饪食物，也有一些比较不明显的用途，比如可以在你和你朋友间来回传递手机信号。以相同的倍数再伸长一次，就会产生无线电波。无线电波就是传送电视和收音机节目到你家的电波。现在换个方式来看。取一束紫外线，试着把它变得更"蓝"。想象有一种显微装置，可以用来挤压那些光波，使劲挤压它们至千分之一的大小，就产生了X射线。继续挤压，就会产生 γ 射线，实际上就是超高能量X射线[136]。

　　你或许能适当地从下面这些不同的名称来推断出我们讨论的是不同的东西，这正是名称的用意所在：光、红外线、紫外线、微波、无线电波、X射线、γ 射线。但差异单纯只是程度的问题。γ 射线之所以不同于X射线和微波，原因跟红光不同于绿光一样——只是波长的大小及它们传送的能量的差异。把这些东西全部组合在一起，就形成了我们所谓的电磁波谱，它的正中间就是可见光谱（人眼可以看到的那种光）。

　　波谱上不同部分的命名是任意的，但也有历史缘由。无论我们是否看得见，科学家把这整个波谱视为光。它们都是能量，以同样的速率传播，乘着波移动，可伸长得巨大无比（最长的无线电波可达数百米宽），也可小得像亚原子（如 γ 射线，波长是原子直径的几千分之一）。如果人的眼睛演化到可以看见X射线，那么或许就能在行李箱中侦测出炸弹的影子，或者发现自己骨折处的裂纹（当然，首要条件是制造出X射线，不过那只是细节问题）。如果我们能看见微波和无线电波，大脑就能解码它们的数字信号，那我们就不需要通过电视或收音机来收看电视剧或收听广播了，大家直接在脑袋里看和听那些节目就行了。

所有的光都是电

当我们谈到电产生的光时，通常指的是用开关控制来照亮房间的那种光。爱迪生认为自己发明了电灯（通过电产生光），你或许也如此认为，但你们都错了。所有的光都是电，自古以来就是如此，远在电被发现之前，甚至在有这个字眼之前就是如此了。

无论我们谈的是闪烁的烛火、噼啪响的篝火，或是无线电波、微波、X 射线，所有的光（以这个字最广泛的意义来说）都是由电和磁通过空间时所产生的。如果你能让光慢下来，以原子的尺度审视，会发现光传播时，能量以电和磁的波动模式（波）涟漪状扩散。想象你的眼睛与太阳之间的空间是一片浩瀚的电磁海洋。阳光照射到你的眼睛的过程，事实上就是电和磁涟漪状扩散过空无一物的空间的过程，就像波涛在大海里翻涌一样。

为什么我们看不到光？

海浪以约 40 千米 / 时的速度，载着冲浪者悠闲滑行过水面，光则有点像是飞毛腿：准确来说，有 2700 万倍快[137]。光每秒可以跳跃 300000 千米（环绕地球七圈），所以几分钟内就可以从太阳抵达地球。这就是为什么我们无法像看着海浪汹涌一般看见光在空间中涟漪扩散。另一个原因是，光是非常微小的东西。举例来说，可见光的波长通常是几百纳米（比普通的原子大几千倍），所以看到光波的概率几乎为零[138]。

那么光子呢？如果光是由光子组成的，为什么我们看不到光子？从现在开始我们将进入超现实版的"爱丽丝梦游仙境"——量子论，利用一组奇怪的概念，来帮助我们了解事物在原子尺度下是如何运转的。结果发现，光子同样小到几乎看不见，而且事实上没有质量：它们是纯粹的能量。要计算一个光子传送多少能量很容易（虽然根据光的颜色而会有所差异）。举例来说，氦氖激光器发射出一束稳定的红色光子流，每个光子带着约 0.0000000000000000003 焦耳的能量[139]。一个普通的手电筒（闪光灯）灯泡，每秒一般大约会发出 200000000000000000000（2×10^{18}）个光子[140]。你能具体想象如此庞大的数量吗？想象一下如果地球上每一个人都是由 3 亿个微小的"人粒子"组成，把整个地球的所有这些粒子加起来，就会等于你的手电筒灯泡每秒所发出的光子数。如果你记得手电筒的光束有多宽，就能大致了解光子的大小了，如果它们的大小真的能测量出来的话：每秒钟挤进圆锥光束里的光子，是地球人口的 3 亿倍。

是什么让你家如此光亮？

我们在第 2 章学到能量不会凭空出现，也不会消失无踪。既然光是一种能量，就会遵循同样的原理：它必定源自某物，而它携带的能量也必定来自某处。无论你的光源是手电筒，还是洗涤槽下找到的又脏又旧的停电用蜡烛，或者是现代的节能荧光灯泡，它们一定都是从某处得到的能量。

所以，光是从哪里来的？它来自原子。我们已经知道，一个原子是一块物质，大部分挤在中心，或称原子核里，原子核中塞满了两种粒子，也就是质子和中子。原子外围有比较不安分的粒子，即电子，通常电子的数量跟质子一样多。粗略来说，我们可以把电子想象成与同心壳层内的原子核隔着一定的距离，有点类似洋葱一层层的包覆体。然而，我们在一些书里绘制（或看到）的原子图像，都错得太离谱了。比如卡思卡特（Brian Cathcart）关于原子分裂历史的著作中的生动描述，原子的核大约像一只"大教堂里的苍蝇"那么大；另一个类似的比喻是，像足球场中圈里的一颗豌豆[141]。

让我们暂时忘掉豌豆、苍蝇和足球，专注观察电子。电子塞满了原子的剩余空间。如果把能量注入一个原子当中，它就会被"激发"，外围的一个电子跃迁到离原子核稍远一点的一个壳层。要想将一个电子往外推得更远，就需要费点力了（就像爬梯子时稍移动身体离地球远一点，需要费点气力），这就是原子吸收能量的方式。人们摇摇晃晃爬上梯子会感觉不稳，渴望回到地面，同样，被激发的原子也不稳定，它们努力想尽快回到它们的基态。可惜的是，被激发的原子只有在释放掉它获得的能量之后，才能返回原始状态（可以把它想成银行抢匪急切地想丢掉赃物）。原子吸收原始能量大约 1 纳秒（十亿分之一秒）之后，会放出一个光子以释放能量，于是那个电子掉回到它原来的壳层。简单来说，这就是光的来源：原子接受能量（由热或电等供应），变得不稳定，然后发出光。几乎你能想到的每一种光，都是从这个简单的过程变化而来的，称为自发辐射。

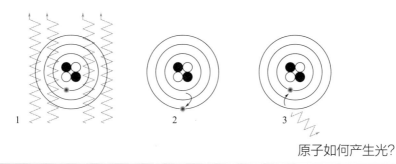

原子如何产生光?

　　假设你在火上加热一根铁棒，直到它又红又烫。它为什么会变红? 铁棒内部的铁原子从火焰中吸收了热能（波浪线）(1)。每个铁原子吸收能量后，都把它们的电子推到更高的轨道(2)，使得原子"被激发"。被激发的原子不稳定，所以在大约 1 纳秒左右之后返回基态。它们将原本吸收的能量（原来为热的形式），以我们可见的光子（光粒子）散发出来 (3)。在热烫铁棒的例子中，光子传送红光，所以铁棒看起来是火红的。

阳光

　　如果你所在的地方现在是白天，而且你正沐浴在阳光之下，或许你会有兴趣了解阳光从哪儿来。大约 8 分 30 秒之前，光还在太阳那边，相隔我们 1.5 亿千米远。我们可以将阳光想象成是一座来自太空深处的核工厂的成功出口产物。几十亿年来，太阳一直因为核反应而燃烧沸腾，将最基础的原子（氢）聚变成稍微复杂的原子（氦），在聚变过程中释放能量。这种核聚变反应产生的能量，激发了原子并放出光，包括会晒伤皮肤的紫外线，以及能让朋友展开笑颜的阳光。稍微思考一下：你现在正在阅读的这些文字，事实上源自于太阳的两个原子的结合[142]。

烛光

　　在电出现之前，人们只能利用火来取得光。换句话说，当时所有的光都是炽热的：如果你想要光，必须同时制造一些热才行，别无选择。烧柴、划亮火柴或点燃蜡烛的烛芯，你需要做的就是迅速启动一种化学反应（燃烧），将其中的燃料（木头、蜡、煤或任何你在烧的东西）转化成更简单的原子，同时释放能量——热和光。有些能量会激发燃料中的原子。当原子回复平稳（回归基态）后，它们以红外线（感觉温暖的光）和可见光（灼热的东西所发出的红、橙、黄或白热光）的形式放射出能量。谈到低效率，蜡烛可以说是独树一格。那摇曳的微弱的光，看起来可能连在旁边阅读的亮度都达不到，但它的火焰却可烧至 1400 摄氏度，远远超过火山熔岩[143]。

白炽灯的光

老式电灯（以及简易的手电筒灯泡）使用白炽灯。白炽灯舍弃了从燃烧的燃料中取得能量，改为从快速通过的电流中吸收能量。当你迫使电通过细铁丝时，会让内部的电子排队通过通常应该容纳它们的原子。铁丝越细，电流越难流动，这就是我们所形容的电阻。恰当地平衡电流与阻力，就可以让电加热一根铁丝灯丝，达到发出红光或白热光的程度。容易出错之处在于，你导通的电流不能点燃灯丝，这就是为什么灯丝必须装在鼓起的无氧玻璃灯泡内。少了这个精巧的创新，电灯还是能够产生光，但可能只维持短短几分钟。把灯泡夹紧通电，电流蜂鸣着通过灯丝，使灯丝产生热量并激发原子，进而使原子释放出光。

经久耐用的灯丝就是爱迪生最后使灯泡达到完美的部分，他于1880年为他的电灯申请了专利。如今再回过头来叙述这段故事，会让你认为这项历史上最伟大的发明——炽热明亮的灯泡，发明天才的标志——是众多新奇的创想之一，等待着历史上的金牌发明家来将他们付诸实践。但那只是你的幻想。其实在爱迪生出现之前就已经有其他几十位科学家开始摸索电灯了，爱迪生的贡献不过是"汗水多于灵感"的结果。在新泽西州门洛帕克爱迪生的研究实验室外，链着一只熊站岗守卫。爱迪生在这里试验了大约六千种不同的灯丝材料，从竹子、纸到棉，甚至包括一个苏格兰人的红胡须，最后决定采用钨金属，并把它固定在密封的玻璃灯泡里，至今（差不多）仍在使用的白炽灯便是这样的形式。当然，这个玻璃灯泡才是真正的创造：少了它，几乎任何灯丝都注定一发光就会被烧坏[144]。

荧光灯的光

白炽灯的主要问题是，它散发出光，却也散发出热：这种灯至少有90%的耗电浪费在加热灯丝和周围的空气上。现代节能灯的效能更高，因为它们产生的光跟白炽灯一样，却不会生出那么多的热。但如果没有热，哪来的能量来激发原子产生光呢？答案是——原子碰撞。

荧光灯是充满气体的密封玻璃灯泡，有两个端电极。当你打开电源时，气体原子分离成离子（失去电子的原子）和不受约束的电子，在灯泡内乱跑。原子、电子和离子频繁地彼此碰撞。它们每碰撞一次，撞击所产生的能量就会导致少量的原子激发，发出看不见的紫外线。当然，在一般情况下，我们是看不到它的，但荧光灯的玻璃管内壁上覆盖着一层称为磷的白色粉状物质。当紫外线照射到磷原子上时，磷原子被激发，跃迁到更高的能阶，接着又返回其原始状态（基态）。然而这个过程中，原子并不是把吸收的紫外线释放出来，而是散发出可见光。换言之，白色的磷涂层将紫外线转换成了我们可见的普通光。如果你曾好奇为什么荧光灯总是白色的，不像白炽灯泡那样透明，磷层就是主要的原因。

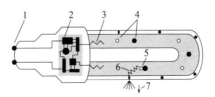

节能灯的原理是什么？

电源输送的能量 (1) 到一个电路（2）中，在电路中产生高压，并避免光的频闪。电路驱动一对电极 (3)，使密封管内的气体通电。然后输入的能量使气体离子化 (4)，这意味着电子从气体原子内撞出，形成离子（少了电子的原子，黑点）和自由电子（白点）。当原子、离子和电子相互碰撞时 (5)，就发射出紫外线 (6)。随着紫外线通过玻璃管的白色内壁，磷原子（小黑点）将紫外线转换成可见光 (7)。

霓虹灯的原理大致相同，但它所填充的气体是特别选定的，当电流通过并激发霓虹灯时，它就会产生光。虽然霓虹灯是氖灯（neon lamp）的音译名，但并非所有的霓虹灯都填充氖气。其他类似的惰性气体，如氩或氪（或甚至是不同气体的混合物），也可产生各种颜色和效果。

你不需要电就能制造荧光。原则上，任何能用能量激发原子的东西，都能闪出一道光。这就是为什么当你在黑暗中咔嚓咔嚓地咬一些硬糖果，例如 Life Savers（一种糖果品牌）时，嘴里会闪光。你的牙齿供应能量，糖果的调味剂（一般是冬青油、水杨酸甲酯）像荧光灯的磷涂层一样把这个能量转换为可见光，只不过产生的是蓝光而不是白光。

 # LED 光

为什么有些光源的效能比其他光源高？能量守恒定律告诉我们，我们从一盏灯上所得到的光，来自我们以另一种形式输入的能量。我们使电子产生光的方式越简单，浪费的能量越少，光源的效能就越高。这就是为什么荧光灯（只需让原子撞击）的效能远高于白炽灯（必须加热灯丝），而白炽灯的效能又高于蜡烛（一大块蜡必须先融化成蒸气，才会出现光）。

由此可知，只需要让电子到处移动就能得到效能最好的光源。这就是

LED（发光二极管）灯的原理，它的效能甚至比 CFL（紧凑型荧光灯）还要高、寿命也更长。二极管是最简单的芯片，它的工作原理就像一种电子单行道。电流可以完全通过二极管，但只能单向流动。顾名思义，发光二极管是一种特殊类型的二极管，在电流通过时能发光。它是一种相当于白炽灯的硅芯片。

它的原理是什么呢？想要制造二极管，你可以铲起一些沙子，提取出它的主要成分，也就是硅（拨弄一把干燥的沙子时所看到的黑色小点）[145]。将硅生长成晶体，你就有了原料，可以用它来做计算机、电话，以及基本上所有其他的电子新玩意儿。一般情况下，硅的导电性并不是很好，为了让它在 LED 中发挥作用，我们必须掺入杂质。首先，把硅分割成两半。其中一半掺入一种杂质（硼），夺取一些硅原子中的电子，使硅原子出现"空穴"，从而使得这一半的硅略带正电荷；另一半的硅采取相反的做法，掺入不同的杂质（锑），让硅获得一些电子，这一样这一半硅就略带负电荷。然后把两半不纯（掺杂）的硅再合在一起，接上电线形成电路（称为"面接触型二极管"），你会发现，电流仅往一个方向流动。随着电流的单向流动，多余的电子跨过连接面，与另一边的空穴复合，形成完整的原子，并如释重负般地释放出可见信号：光子。这大致上就是 LED 的发光秘密——电子在硅里面到处跳动——也是 LED 效能如此高的原因：基本上什么能量都没浪费。

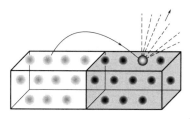

LED 灯的原理是什么？

奇迹发生在一块充满电子（灰点）的硅（白色）与另一块充满空穴（黑点，是失去电子后所形成的空位）的硅之间的接面处。在接面两端连接一个电池，电子将跃过连接面与空穴复合，并释放出光（虚线）。LED 中唯一在移动的"零件"就是跳跃的电子，所以它能超高效地把电能转换成光。

 ## 发光虫和萤火虫

生物也能制造光，但它们不是为了在黑暗中阅读或看清楚方向，而是为了吸引配偶或吓走捕食者。在陆地上，发光虫和萤火虫闪烁的尾巴像燃烧的火焰；在海洋里，大量成群发光的乌贼、沙丁鱼和幽灵似的海星，用惊人的电光蓝点亮深黑的水下世界。这些水下"烟火"的科学名称为生物发光，就像其他每一种照明工具一样，那些光本身也来自被激发的原子散发出的多余的能量。

生物发光的不同之处在于一开始的能量来源。萤火虫不像蜡烛那样需要用火燃烧自己来发光，也不像手电筒一样需要电池，它是通过体内储存的化学物质（荧光素和荧光素酶）发生反应来制造光。这有点类似荧光棒。把荧光棒对折，你就击破了内部的一些小玻璃容器，使化学物质混合在一起，而化学反应的结果就是发出光。你无法从一只荧光虫身上取得大量的光，或是从萤火虫身上得到火。你需要大约一百只萤火虫，才能创造出一支蜡烛的亮度[146]。即使如此，生物发光的戏法依旧非常神奇。

油光锃亮的皮鞋中的科学

年轻的时候，真是不明白为什么总有人命令我要擦亮鞋子。这到底有什么意义？鞋油总是臭得像化工厂。在这样的想法的驱使下，我基本上对擦亮皮鞋不屑一顾。我走路时总是仰着头在风中哼着歌，从未留意往下看或关心地面上发生的事。现在，扑哧扑哧地走在英国乡间的泥巴路上，我终于明白了定期上蜡保养对我那双耐用的皮鞋意味着什么。这么做不仅可以防雨，还能使鞋子的寿命加倍（第9章介绍过，鞋油可以润滑皮革，并防止弯折鞋子时产生断裂）。

那么，为什么擦过的皮鞋会变得亮晶晶呢？一般的皮革看起来又黯淡又破旧，那是因为上面遍布着细微的擦伤和剐痕。光线照射到这样的皮面上时，会往四面八方散射。其中有一些光线弹射到你眼睛里，所以你才能看到自己的鞋子，看到呈现出棕色、蓝色或任何一种鞋子本身的颜色。但光线的反射并非井然有序：当你凝视鞋子时，你脸上的光线会变得杂乱无章。这是反射没错，但不是我们知道的那种，它称为漫反射，意思是光线朝各个方向发射出去。这跟盯着一面平滑、磨光的镜子看时所呈现出的影像，大不相同。看镜子时，你脸上的青春痘和皱纹反射的每一道光线，都以精准的角度击中镜面，再以完全相同的角度弹回你眼里，所以反射出来的脸庞是非常真实的。这种反射是镜面反射。

当你擦亮皮鞋时，相当于为皮鞋加上了一层薄薄的蜡衣，将凹凸抚平，形成更均匀的反射面。擦亮某个东西，就跟填补路面的坑洞一样。入射光线不再四处弹跳，而是能更有规则地反射，所以使上蜡的鞋面像镜子的玻璃一样呈现影像。

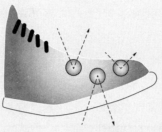

为什么擦亮的皮鞋看起来亮晶晶的?

破旧的鞋子会使光线朝各个方向散射,无法一致的反射成像。把那些皮鞋擦亮后,它们的效果会更像镜子。亮闪闪的蜡油的原子(大圆圈)夺取入射光的能量后,被激发而变得不稳定,然后在约 1 纳秒之后再放出该能量。就像镜子一样,反射光线与入射光线呈相同的角度。擦亮皮鞋的动作,使脏皮鞋的漫射转变成某种更像是你从镜子上看到的镜面反射效果。

假如你是那种喜欢皮鞋亮得可以照见自己,却又讨厌花 10 分钟或更长时间擦鞋的人,不妨想想那些制作望远镜镜片的人。哈勃太空望远镜反射镜的镜面直径为 2.4 米,制作这个反射镜的珀金埃尔默公司起初花了约 18 个月才大功告成。为什么要这么久?因为如果你处理的是像光这么微小的东西,又试图掌握半个宇宙外所发生的事物,原子般大小的凹凸和剐痕,也会造成巨大的影响的。以哈勃太空望远镜的镜片为例,珀金埃尔默公司尝试达到的抛光精度是 20 ~ 30 纳米(大约是 50 个原子叠起来的高度)。如果将那个镜片放大至地球的大小,20 ~ 30 纳米的凹凸也就比你的手掌小一点(约 10 厘米宽)。可惜的是,珀金埃尔默公司过度专注于抛光镜面,没注意到他们做的镜片形状是错的。

不过,那就是另外一个故事了[147]。

第11章

无线电

在本章中，我们将探索：

为什么无线电的天线必须高高耸立，而手机却可以收进你的口袋？

一只"虫子"如何协助发明现代化全球通信系统？

为什么你不能用智能手机煮咖喱鸡？

维多利亚时代的人为什么差点在 1880 年发明了手机？

土、水、气、火，是古代世界的四大元素。一些早期的思想家，敏锐地意识到四种元素太少，绞尽脑汁寻找可能存在的第五元素（quintessence）。这个第五元素通常称为"以太"（更迷人的名字是"光以太"），它是一种神秘的、不可思议的、假想出来的物质，是一种填充在空无一物的宇宙中的虚无的填充物，据推测就是这种填充物让光能够从一个地方迅速前进至另一个地方。直到 1887 年，科学家才终于明白以太是不存在的——光不需要任何东西让它迅速移动前进，就能快速地从这个地方到另一个地方[148]。这个观点与当时正处于发展中的另一种看法恰好相符，即光其实是一种电磁——是一种电与磁扰动的形式——继而引领了 20 世纪初期的卓越发展，开发出了能够瞬间将信息传播到全世界的实用方法：无线电。

但事情一开始并不是这样的。回到几个世纪前，没有人会关心跟遥远的其他大陆的人们交换信息这件事。人们生活的重心多半在当地，而且多数时候大声说话或呼喊，已经足以让大家听见你。声音相当快，嗡嗡地以约 1200 千米 / 时的速率移动，但它的极限很快就显示出来了。一道闪电落在城镇的另一头，闪烁了几秒之后，我们才会听到轰隆隆的雷鸣。闪电的光马上就传到了我们眼前，但同时发生的雷声，需要大约 3 秒才能跋涉 1 千米。

如果我们只靠声音传播，就不可能实现如今的现代通信系统。飞速越过头顶的巨无霸客机看起来像在空中缓慢行进，而声音的速度仅比巨无霸客机快大约 30 %。想象在纽约市与洛杉矶（相距约 4000 千米）之间通电话，而你的电话只能以声音的速率传送文字，跟平常说话一样。再假想你说的字来回穿越云层，只比客机稍快一点。你说出的每一句话，得超过 3 小时才能传到听的人耳朵里，然后再花同样长的时间收到响应。以日常对话时几分钟内交谈的三十个句子，最终得花长达四天四夜才能传送完毕。而另一方面，光却让地球小到微不足道。一束光 1 秒即可传到月球，不到 10 分钟就传到太阳，顶多 20 分钟便传到火星。除非我们思考的是遥远的太空，一般在地球上光速几乎不会受到限制。

现在环视一下你家，你会发现基本上所有传输到家里的有用信息，都乘着一块电与磁的魔毯而来。广播、电视、电话、网络，全都依靠电磁波。即使是望向窗外遥远的事物，幻想它背后的故事，也需要你的眼睛和大脑在入射光中穿梭。电磁是如此高效的信息载体，这难道只是纯属巧合，还是有某种更微妙的解释？又是什么让它总是如此之快？

光总是对的

我们往往认为，光速般的通信是非常新颖的事，尽管即使是使用无线电波来回传输数据的手机，也已有超过四十年的历史了 [149]。进一步想想，其实光速通信是有历史渊源且恒久存在的。想想看烟雾信号和国际信号旗，在山腰上用来通报外敌入侵的阵阵烽火，还有闪烁着发出信号的灯塔以及铁路上的那些信号标志呢？这些全都利用视觉信号以光速来传输信息，尽管没办法传得很远。

但是电的发展曾使通信变"慢"，而不是更快——至少一开始是这样。将信息传送过电线所需的时间，比以光束的形式发射到空中还要久，因为没有什么比疾速的光更快的了：光速是世界上最快的。话虽如此，也正是电彻底改变了通信。历经无数努力，英国与北美之间的海底电缆终于铺设成功了，于是信息传送过大西洋的时间，立刻从约 12 天减至只需要 16.5 小时（最初艰辛传输维多利亚女王签署的电报所用的时间）。后来发展到传送信息只需要几分钟的时间 [150]。这听起来好像很厉害，但是你停下来想想，一束光仅用 0.02 秒就能从伦敦到达纽约 [151]。

自从 19 世纪的先驱法拉第和爱迪生等人发现了如何大量发电，用电来传输信息就成为了明显可行的方式，但它有一个很大的缺点。以前的通信都是光速般的实时局部通信，现在转变成以不明速率进行的缓慢的远距离信息传送，也就是略微迟缓费力的电报。电报将各个国家和大陆连接到了一起，但信息的传送依旧耗时，无比漫长，特别是文字必须转译成摩斯密码才能传输，而摩斯密码也必须再转译为文字，另外信息本身不能以太快的速度接收，以避免摩斯密码中的点（●）和划（■）变得一团糟 [152]。电话带来了改善，但长途电话仍然是一个复杂难解的问题。每一次通话都必须由人工接线员安排程序，把电线使劲插进、拔出交换机。

有趣的是，电话先驱贝尔（Alexander Graham Bell）敏锐地了解到，他这一著名的发明对远距离信息传送并不便利。言语沿着电线传输，所以通话只能介于地理位置上装有电话的固定两端。1880 年，在贝尔取得他最初的专利后四年，他粗略构思出了"光话机"的原型，舍弃了卷缩的电线，改用以光波在空间中闪烁的方式来传送声音和影像。这就是当今手机发展的灵感源头。如果当时贝尔成功了，坐在蒸汽火车车厢里沉默寡言的维多利亚时代的人，就可以用手机聊天来彼此打扰了，就像现在的人们。

维多利亚时代的手机

想到电话，就联想到贝尔？虽然出生于苏格兰的贝尔因开创了世界上影响最深远的发明之一而获得荣耀，但长期以来，关于到底谁才是发明电话的第一人，始终存在争议。1876 年，格雷（Elisha Gray）恰巧与贝尔在同一天为一项类似的发明登记专利；另一位竞争者意大利发明家梅乌奇（Antonio Meucci），早在 1849 年就着手开发原始电话，几乎早了三十年 [153]。其实贝尔更有权利宣称是他发明了现在大多数人使用的更现代版的电话——手机，通过看不见的高能无线电波来接打电话，而不是用卷成一团的电线。

意识到配置电线的"陆地线"电话的限制，贝尔和他的助理泰恩特（Charles Tainter）仅四年后就构思出了他们的光话机。基本思路很简单：将说话者的声音引入一个大喇叭，产生上下振动的格栅。然后用一束光照射通过格栅，光随着格栅的上下振动一明一灭，形成一种说话者的声音编码，发射到远方接听者的喇叭里，经过反向程序让说话者的声音重现。在试验中，贝尔和泰恩特成功利用一道光束，使声音的传输距离超过了 200 米 [154]。

贝尔认为光话机是他最伟大的发明，甚至超越了（如今备受争议的）电话，可惜它始终未得到青睐。在一个用阳光和电来照明的世界，用普通光束来传送信息，不管距离如何，都难免在传播过程中遗失想要传达的信息。尽管如此，天才贝尔依然预测了手机的发明（用无线电波执行类似的功能），还有光纤电缆。这些电缆利用激光束来传送数字编码的声音和计算机数据，通过细如毛发的玻璃或塑料"管"，确保信号不会在传输过程中丢失或衰减。

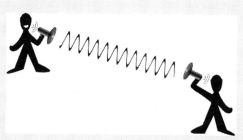

贝尔的光话机如何传输声音？

光话机通过光来传输声音。当你对着喇叭说话时，你口中传出的声波，形成黑白相间的格栅，咔嗒咔嗒地反复来回。在传输器内，灯泡发出的光穿过这个震动的格栅，随着你声音的高低起伏而闪烁。接着这些闪烁的光信号穿过空中，到达接听者那里。在接收器内，电子探测器将光信号转换回电信号，启动扬声器还原说话者的声音。

无线电时代

　　现代大多数的通信形式，包括卫星导航、手机、电视和 Wi-Fi 网络，都是从真正的无线电之父赫兹（Heinrich Hertz）的研究中得到的启发。虽然一般将无线电的发明贡献归于意大利爱炫耀的企业家马可尼（Guglielmo Marconi，1909 年诺贝尔物理学奖得主），但他其实只是带动了无线电的普及化而已。历史上由于一项意外事件，马可尼差点连这项贡献也失去了。1896 年，他从意大利前往英国，打算将他的无线电原型装置演示给英国邮政局局长及其他人看，但却被海关人员禁止入境，怀疑他那神秘的装备是精心制作的炸弹。

　　无线电理论是由苏格兰十分有趣的物理学家麦克斯韦（James Clerk Maxwell）提出的。他用四个简单的数学方程（麦克斯韦方程组）把电与磁组合在了一起，并于 1873 年提出第一个综合电磁现象的电磁学理论。这组方程的基本概念是，电与磁并非像当时学校所教的那样是毫不相关的，它们更像是同一枚硬币的两面（两者只能同时存在）。赫兹详尽阐述了这项理论，14 年后，实现了史上第一次名副其实的无线电波传输。如前章所述，无线电波只是一种不同形式的光，与可见光相比，它的波长（相邻两波峰之间的距离）较长、频率（每秒产生的波峰数）较低，除此之外并无差别。在德国一个僻里啪啦、嘶嘶作响的实验室，赫兹证明了这一理论是正确的。同一年，两位美国物理学家迈克尔逊（Albert Michelson）和莫雷（Edward Morley）证实了以太不存在。从此，无线电的发展势如破竹。

　　如同马可尼的巧妙演示，无线电波是远距离传输声音的完美载体。当其他人发现了如何将声音与影像同时传送时，电视诞生了。农场男孩法恩斯沃斯（Philo T. Farnsworth）是美国版的贝尔德（John Logie Baird，苏格兰工程师、电动机械电视系统发明人），他在将一块田地犁成一行行非常整齐的垄沟时得到启发，想出了产生电视影像的方法，即通过扫描平行的光线。法恩斯沃斯没有在恰当的时机被认为是电视机之父，晚年时他开始痛恨自己高远、极富教育性的发明，并将它贬损成某种俗不可耐的败坏的东西。最后法恩斯沃斯穷困潦倒，一贫如洗，并靠酒精麻醉度日[155]。

　　电视的诞生并没有停止无线电的影响范围。无线电波碰到东西时会反弹回来，由此可以了解那些东西距离多远或移动多快，于是有了雷达。今日，我们可以发射无线电波到卫星再传回地球，将电话、电视、网络的信号从地球的一边传到另一边，这仅仅只需几秒的时间。除了光纤（利用激光束通过光缆进行信息传输）之外，基本上每一种现代的远距离通信，都是将无线电波从一地送到另一地，但这到底是怎么办到的？阿尔巴尼亚的明星是如何在几分之一秒的时间内，进入你的电视机中的，而采用的方式只不过是空无一物的空间里的振动？

无线电的原理究竟是什么？

假设你想跟住在非洲的朋友说话，而你手边可用的只有一个电子，也就是在原子这个空无一物的大教堂内迅速到处移动的"苍蝇"粒子之一，你能办到吗？理论上可以。当电子来回移动时，会产生磁。你可能做过这样的小实验，把指南针放在靠近电线的地方，就能看到它摆动。这是因为电线里来回通过的电流，在它周围产生了一个磁场，继而引起指南针摆动。基于相同的原理，磁场的变化也能产生电。如果你踩动装有发电机的脚踏车轮，你真正做的其实是使铁丝圈在磁铁内转动。铁丝内的磁场不停变动，产生的电点亮了脚踏车车灯。除了太阳能之外，基本上我们制造的所有电都来自这类电磁发电机。那么无线电波呢？

打造你自己的广播电台

假设你手中有一些电子，你把它们上下快速摇晃，就像摇动一瓶西红柿酱。电子带有电荷，所以它来回移动时会产生磁场。但这个磁场是波动的，因此不断变化的磁场又产生电场。因此，上下移动一个电荷，即可产生同时发生交互的电场与磁场，二者相互驱动。这些波动的电波和磁波，以移动电子为中心向外涟漪状传播，以光速前行。这就是我们所说的无线电波的真正含义。

从实际效果来看，最好的做法是让电子沿着一根笔直的金属杆（一般称为无线电天线或天线）上下振动。就像你可以利用天线（也就是发射器），将振动的电荷转换成向外传送的无线电波，同样也能利用另一个天线（接收器），将传入的无线电波转变为电荷、信号和你能听见的声音。根据经验，天线必须是它发射或接收的电波波长的大约一半。以手机为例，其操作带宽约 2 吉赫兹（20 亿赫兹），而传送通话的微波波长约 15 厘米，那么所需的天线大概就是你小指的长度（手机上可拉出的天线，现在的新型手机已经将天线精密地嵌入了手机壳体中）。FM 调频晶体管收音机操作的频率比手机低，因此波长较长。就像旧型手机一样，晶体管收音机也使用可伸缩天线，它的天线长度一般为 1～1.5 米。计算一下，可发现这长度正好约是一般 FM 广播波长的一半[156]。

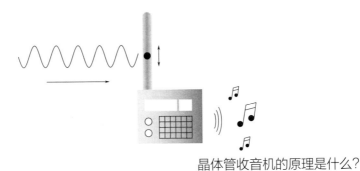

晶体管收音机的原理是什么？

　　晶体管收音机捕捉通过空气传入的无线电波。当电波（涟漪形式的电磁）击中天线时，造成电荷沿着天线上下振动，形成一道电流，再通过收音机的电路，转换回你能听见的音乐或讲话声。通常传入的信号非常微弱，收音机内的晶体管就是用来放大信号的。

无关远近

　　无线电波跟光波一样，以直线形式传播。如果这是唯一的功能，那么无线电发射器就跟灯塔没什么区别了。它们的信号会直接发射进入空中，那么对于 15～30 千米外的地方的信息传输就毫无用处了[157]。无线电波之所以更方便通信，是因为它们能够轻易随着我们曲线形的地球表面弯曲，其背后有两个非常有趣的原因。首先，如果一根高高的无线电天线固定在地面（与地球连接）上，地球本身便如同天线的下半部。想象一根天线立于水面完全静止的湖上。从侧面观察，会看到一根长度加倍的天线：天线本身站在自己的湖中倒影上。固定在地面上的无线电天线也一样：由于地球导电，所以有了天然的镜像延长天线。电波从天线传播出去后，自然而然地就以地波的形式，沿着地球表面弯曲。

　　另一个让无线电波传播这么远的原因更为精妙。如同大多数人熟知的，如果你用的是 AM 调频（中波）收音机，晚上可以听到白天接收不到的各种海外广播电台的磁啦磁啦的声响。其中原因来自地球大气层中称为电离层的部分，大约在头上 60～500 千米的高度（至少是喷射客机飞行高度的 6 倍）。电离层因为含有离子（原子失去一些带负电荷的电子，分裂出带正电荷的部分）而得名，这表示它能导电。电离层受到太阳辐射的强烈影响，在白天与晚上的变化非常大。白天时，底层电离层吸收无线电波，让电波无法传播得很远。到了晚上，这种影响消失，高层的电离层像镜子一样反射无线电波，截取一般会射向太空的信号，将电波射回地球表面。一些无线电波反复在地面与电离层之间弹跳，从而能够让它们有效地从地球的一边传送到另一边。

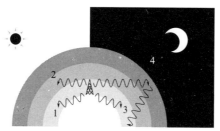

AM 调频无线电波白天与晚上的传播方式有什么不同？

在白天，地波离开天线，沿着地球的表面传播(1)。射向太空的电波(2)，被低层电离层吸收，无法继续前进。在晚上，地波以同样的方式传播(3)。然而，低层电离层不再吸收和阻挡无线电波。电波能够到达高层电离层，并被反射回地面，让信号可以传播得更远(4)。

太空中的镜子

无线电波在空中反射的巧妙原理，使当时的伟大思想家们欣喜若狂，却也产生了一些分歧。1901 年，马可尼从英国康沃尔郡波尔杜区发射了无线电波到 3200 千米外的纽芬兰岛。贝尔拒绝承认这件事实："我不相信马可尼做到了，那是不可能的事。"但爱迪生的态度就比较开放，响应道："我想见见那个年轻人，他拥有过人的胆识去尝试，而且成功发出了横越大西洋的电波。[158]"

电离层反射无线电波的理论，也就是马可尼之所以能成功的原因，是从赫维赛德（Oliver Heaviside）的观点中获得的启发，如今这位英国顶尖的物理学家在学术圈外已鲜为人知 [159]。赫维赛德年轻时彻底改变了全球电信，往后数年，他隐居于世，突然沉沦于古怪的行径中。他换上和服，将家里的家具换成花岗岩石头，用未缴费的天然气账单贴满小屋的墙壁，仅靠牛奶和饼干维生，对犯错的邻居礼貌地发送投诉信函，落款署名"奥利弗·赫维赛德教授"[160]。引人深思的是，科学与科技的进步，往往取决于走在天才与疯子一线之隔的那些优秀人才。那些有趣的古怪行径是为苦闷的研究生活增添缤纷活力，还是悲惨的精神病症夺走了世界上更多神奇的观点？我们永远不得而知。赫维赛德的好友瑟尔（George Searle），另一位著名的物理学家，形容他是"一个最奇特的怪人"，但"绝不是一个精神病人"[161]。

　　或许就是多亏了赫维赛德已公布的这项关于天空的巧妙秘密，因为当他在1902 年预测电离层可以帮助传输无线电波时，已经为现代的全球广播和电视传播时代铺好了路。还有什么比在高空中有一面镜子，协助反射无线电信号到世界各地更好的方法？问题是，电离层是一种自然现象，协助我们传送信号的能力在一天当中的不同时间差异极大，甚至天气也会造成影响。要是天空中有一面真正的镜子，使我们能够更稳定地通信，不就更好了吗？这就是通信卫星背后的基本原理。

　　虽然其他人更早之前便提出了同样的构想，但一般归功于科幻小说家阿瑟·克拉克（Arthur C. Clarke）。他构思出静止不动的宇宙飞船，帮助我们把信息从地球的一边传送到另一边，宛如一面太空镜子。在他 1945 年写的原始提案中，他指出可以将三颗卫星固定在准确的轨道上，在地球自转时，这些卫星能够在地球不同区域的上方有效保持静止[162]。这表示卫星必须在离地面36000 千米的高空，位于现在所谓的地球静止轨道上移动。这个构想一直停留在高度不确定的理论阶段，直到 1957 年苏联成功发射第一颗人造卫星"斯普特尼克 1 号"（Sputnik 1）。斯普特尼克 1 号并不是通信卫星，也不在地球静止轨道上，但它是迈向正确目标的一大步。三年之后，美国用全球第一颗通信卫星"回声号"（Echo）继续向前迈进，这是一面如假包换的太空镜子。

　　现代通信卫星在卡车大小的金属罐里装满了电子仪器，利用展开的太阳能电池板提供动力，耗资数亿元研发；"回声号"则不同，它是一个巨大的充气式聚酯薄膜气球，直径约 30 米。"回声号"是克拉克所提出的概念的简单证实，让科学家得以将无线电波射向太空再反弹回地面，就像把球踢向墙面会得到的结果一样。这项实验成功之后仅仅两年，就发射了第一颗真正的通信卫星"电星号"（Telstar）。到了 1965 年，世界上才出现第一颗真正的地球同步通信卫星"晨鸟号"（Early Bird，后改为国际通信卫星 1 号），它可成功传送 240 台电话呼叫或一幅黑白电视影像。现代极端精密的通信卫星，能同时传输数百个电视频道。

为什么要用无线电波？

　　如果所有形式的电磁辐射本质上都是同一种东西，那么为什么我们要用无线电波来通信，而不是用例如 X 射线或 γ 射线呢？毕竟这两种射线的波长都超级短，相对于用巨大的天线来通信，使用 γ 射线的收音机，就可以用微小（而且更加便利）的发射器和接收器了吧？

　　有两方面的原因。首先，电磁波的波长与频率成反比：波长越长，频率（及能量）越低。以 γ 射线和 X 射线来说，尽管电波很微小（波长极短到原子程度），频率却是极高。我们以兆赫（MHz）作为无线电波频率的测量单位，但 X 射线和 γ 射线的频率（以及光子能量）大约是兆赫的 1 万亿倍。这样的量对人体健康是有害的：我们最不想发生的事，就是用实际上致命的原子射线来轰击自己的家园。

　　还有一些波长较长的电波也是有害的。马上浮现于脑海的是微波。微波炉内有内衬金属构成的"烹饪炉腔"，用来阻绝有害的辐射外泄，但炉内使用的波长为 13 厘米的电波，跟手机之间发射信号所使用的微波并无不同。两者的主要差异在于，微波炉使用的功率要高出好几千倍。虽然关于使用手机是否真的安全的辩论始终未停歇（且非常重要），但根据这项关键差异，可以了解微波能够适当地加热你的咖喱鸡肉，但对你的大脑皮质不会形成伤害[163]。把使用中的手机放在微波餐上面，如果手机有任何可能性可以加热食物，也会耗时数千倍的时间，或许是 8 天而不是 4 分钟[164]。

　　我们使用无线电波的另一个原因是，它们传播得比较远。就像在天空中跳跃前进的巨人的步伐一样，无线电波大得足以闪避建筑物、房子、树木和汽车，而且通常只损失很少的信号。你可以在混凝土砌块打造的住宅内或金属轮廓的汽车里收听广播电台，毫无问题。借着长波的无线电波，BBC 国际频道可上下波动传送英国国歌《天佑女王》至全世界的每一个角落。但如果对同样的发射器进行某种改装，让它们改为发射 X 射线，即使只是把信号传到下一条街，都得大费周章。因为超短波长的 X 射线会更快地被日常物品吸收，而且无法穿过铅之类的重金属。

神速，光速

　　从烟雾信号到太空卫星确实是一段漫长的旅程，但整个过程兜了个圈却回到了原地：早期的通信形式属于面对面交流，以光速进行，至今依然不变。差别在于，交谈的人已经不需要在可以实际看见彼此的地方，而让他们的谈话得以进行的"光"，（理论上）可以是任何类型的电磁波。在传送信息方面，没有比光更好的东西，因为没有东西比光更快。但为什么会这样呢？光有哪些特别之处?

　　我们以为光是单纯用来照明的。太阳照亮我们白天的生活, 电灯点亮夜晚。光赐予我们视力, 即使不幸眼盲, 我们也知道自己可以逐渐学会不依赖视力生存。简单来说, 有光是件好事, 但(撇开光供给食物生长的力量)它几乎是附带而来的东西。当我们闭上眼睛时, 世界并不会停止转动。然而, 如果你把光想成急奔过空间的连续不断的电波和磁波, 或是以爱因斯坦的方程式 $E=mc^2$ 来思考, 其中 c(光速)是将能量(E)与质量(m)连在一起的东西, 便很容易发现"光"(电磁辐射)是某种更为重要的东西。打电话或听广播, 打造出一种与隐秘的原子世界的亲密连接。照射进窗内的阳光, 沿着天线上下振动的无线电波, 以及将你的声音传到远方其他国度朋友耳中的卫星线路, 全都利用了光这种物质的本质。

　　为什么光那么快? 这个问题毫无意义。对于置身银河系一颗"鹅卵石"上的人类来说, 光似乎非常快。但如果你是在宇宙的另一端, 则需要等待 1000 亿年才收到一封电子邮件, 它看起来就没那么快了。如果想得够深入, 这个问题很快会从物理问题变成哲学问题, 从"为什么光那么快"变成"为什么光存在"或"光是什么", 而我们没有人能回答这样的谜题。

第12章

凭数字而活

在本章中，我们将探索：

你如何用一片指甲容纳一整个书柜的书？

为什么你可能要花 1 小时才能漫步逛完一张 CD？

为什么买 CD 总是比下载 MP3 好？

为什么数字盗版总是最后的赢家？

隐士的最佳典范霍华德·休斯（Howard Hughes，热爱飞行的美国传奇大亨），可能会非常喜欢现代的生活。想想看：你在家里就能观赏希区柯克的《西北偏北》（*North by Northwest*），下载最新的《哈利·波特》，跟住在香港的妹妹视频，购买腌鱼和玉米谷片当早餐，并且回复工作邮件，如果嫌麻烦甚至都不用下床。使所有这些变成可能的，并不是网络或计算机，而是某种更加根本的东西。现代世界围绕着一个单一、简单却无比强大的概念打转：每一种形式的信息，从知识和文化到新闻和情感，都可以转换成长串的数字，并以光速咻地从地球的一边移动到另一边。

如果你的年龄大到足以回顾 20 世纪 70 年代和 80 年代，数字科技刚开始改变我们生活之前的那个年代，你会记起一个非常不同的世界。或许你藏有丰富的黑胶唱片，收藏了爱尔兰民谣摇滚大师范·莫里森（Van Morrison）的《繁星岁月》（*Astral Weeks*）、英国新世纪音乐家麦克·欧菲尔德（Mike Oldfield）的《管钟》（*Tubular Bells*）、美国前卫摇滚音乐家牛心上尉（Captain Beefheart）的《虹鳟鱼面具复制品》（*Trout Mask Replica*）。或许你有一整架书脊破裂的书，例如《铁皮鼓》（*The Tin Drum*）和《第二十二条军规》（*Catch-22*）。你学生时代酩酊大醉的照片很可能固定在相簿里，小心排列每一张，用四个角贴黏附在页面上。如果你在日记或笔记本里涂写了秘密心思，大概会把它藏在放袜子的抽屉里，让别人找不到。你可能还有一个档案柜或文件盒，里面塞满了枯燥的银行信件，以及其他你知道必须保留的重要文件。

但是现在却完全不同了。现在你的音乐很可能挤在 iPod 里，体积比一副扑克牌还薄。你或许还是有书架，却也可能拥有 Kindle 或 Nook 上的电子书架。家庭照片呢？那些也非常可能存在你的计算机里，或许已经上传到照片分享网站上，或者在用手机拍下的瞬间已经推送给了全世界（今日方便分享照片的功能，往往促使我们在第一时间拍下照片）。给朋友的信？像金银花般旋绕的手写字已很少见，信件已演化成没有鲜明个性、冷静客观的电子邮件，存入了 Hotmail 或 Gmail 等程序中归档管理，漂浮在"云端"，谁知道那是在世界的何方。想想社交分享网站，对隐私说再见，敞开你的袜子抽屉，迎向数字世界。

数字差异

你的身高多高？假设你用铅笔标记你的身高，像个孩子一样贴紧墙壁站直。

介于地板与你标记的高度线之间的灰泥墙的垂直长度，就代表你的身高或你身高的"模拟"。你也可以把它想成是你站立时的替身，科学家称之为模拟测量。这件事很有趣（尤其对小孩子来说，在他们仍处于发育期时每隔几个月记录一次他们的身高），却不太有用。如果有人想知道你的身高，指墙上的标记给他们看有什么用呢？他们看着你就一目了然了啊。

把这样的模拟测量转换成等效的数字，会更有趣且有用得多。利用量尺，你可以将墙上的垂直长度转换成一个数字，如 183 厘米。数字测量更有利于比较。我比你高吗？我们可以站着背对背检查，但这样的话我们必须在同一个房间才能办到。如果是交换身高的数字，就更快、更容易知道谁比较高了。比如，如果你想在网上买一件大衣，知道你的身材的（数字）测量值，比对衣服的尺寸，比盯着缩小的照片试着猜想是否合身，来得容易多了。用来处理外部事物的方法，同样也能应用于体内的事物：现代医学有相当大部分都是基于对我们的血压或心率进行数字测量，再把它们拿来和已知的合理安全值做比较。

假设你将这项工作执行彻底，测量你能想到的每一个身体部位，然后把自己转换成一种技术数据，如同你在汽车产品目录或 Hi-Fi 音响说明书上看到的内容。体重多少？大腿内侧尺寸？ IQ 多高？不需要任何想象力，就能轻易把你自己缩减成简单的规格参数，迅速提供关于你的测量数据。上述你所做的是有效模仿的一种程序，就像手机、数字相机、CD 播放器、数字收音机和计算机一样：你将自己从模拟形式，转换成数字形式。如果你喜欢在线联谊，大概就会明白这种方式对"网上红娘"来说多么好用，他可以利用一串简单的数字，从各个方面来比对参加者。

数字科技不只主宰我们生活里的爱情——只要坐上地铁便能目睹周遭许多人不是拿着（数字）手机喋喋不休，就是滑着手机。但它有利也有弊——真正的你是什么样的人？单用数字就能总结你自己吗？还有，如果答案是"不"，我们凭什么认为可以将毕加索的画作压缩成数字照片，或是将贝多芬钢琴奏鸣曲压缩成 MP3 文件？当我们凭数字而活时，我们得到了什么，又失去了多少？

机械法则

我们是模拟型动物：听声音、看影像、感觉情绪，没有一样可以轻易转化为文字，更别提数字了。计算机是数字装置：无论做什么，追根究底，它们都是以数字形式在处理程序。但它们根据的不是人类所用的数字表示法，也就是

0 ～ 9 的 10 个符号，而是一种精简的等值二进制：计算机可以把任何一个普通数字（或任何其他信息），简化为 0 和 1。计算机能够把相当好看的数字，例如 12345，转换成 11000000111001，这样更容易储存和处理，因为电子开关只能在两种状态之间切换，亦即开（代表 1）或关（代表 0）。当今效率最高的芯片，可以将超过二十亿个这样的开关（称为晶体管），装进你的指甲大小的空间里。如果储存一个字母或数字需要用八个晶体管，理论上，这块指甲大小的空间足以储存两亿五千万个字符，以及四百本颇具分量的书，够填满一个中等大小的家庭书柜了。

模拟型人类与数字装置之间的差异，比表面上看起来更加微妙，因为人类不可避免地会为无意义的东西付诸意义。上述的数字 12345 就是个例子，看起来好像是无意义的，但它也具有某种意义：简单顺序排列的前五个数字，它相当于数字世界的"ABC"。或者看看商店里的价格标签？当你看到 £49.50 或 $145.67 这样的金额，大脑会立刻产生联想，把它们转换成不仅仅是数字的东西。你可能联想到其他价格差不多的东西，用同样的钱还可以买到什么，或是多久才能赚到那些钱。我们会记得把随机分配的银行卡密码换成生日日期，或是用结婚纪念日的数字编码来选彩票号码。我们的大脑坚持为所看到的东西找出意义，而如果找不到，就创造一个。

相反地，计算机操作处理数字就像吃玉米片，从不寻找意义。一串数字表示霍克尼（David Hockney）的绘画，另一个声音文件里的一串数字代表滚石乐队的《给我庇护》（Gimme Shelter），计算机无法区别两者。但这只说了一半，而且是好的那一半。真正的问题在于，计算机是只懂数字的庸俗之辈——对计算机而言，最深刻的"人生"意义，就是排除掉所有意义。在计算机的二进制里，一位名人的推文和古兰经没有任何分别。

模拟计算机时代

计算机思想上的匮乏，与它们执迷于数字无关。在 20 世纪 40 年代中期数字科技到来之前，最好的计算机完全是模拟计算机。它们通过齿轮的上下啮合，仔细思考火炮的计算（一枚弹头会飞多远？如果风力加倍会怎样？），通过一个齿轮转动了多少圈，或一个标记从原始位置往下移动了多少，来测量数据。

两次世界大战之间，美国政府科学家布什博士（Dr. Vannevar Bush）开发出了一些最精密的模拟机械。布什博士后来成为原子弹幕后的关键推手，并成为超文本的开创者，这种点击链接访问网页的科技是万维网的核心。布什博士所设计的最佳机械是洛克菲勒微分分析仪，这个重达 100 吨的巨兽占满了一整个房间，由 320 千米长的铁丝、150 台电动机和 2000 个真空管（晶体管的前身）打造而成。它看起来像一个大型的台球桌，只不过它唯一能玩的游戏是为美国军方服务的生死游戏。

恰逢其时，一个完全的数字机械——1946 年完成的无名英雄 ENIAC（Electronic Numeric Integrator and Calculator，电子数字积分式计算器，简称埃尼阿克），使这个模拟"复仇者"彻底废弃。ENIAC 体积依旧庞大，不过某种程度上已经比布什博士打造的那些机械省空间了。它重约 30 吨（洛克菲勒微分分析仪重量的 1/3），占满一个 10 米 ×15 米的空间，有大约 10 万个电子组件和 50 万个焊点，耗电量等于 60 台烤面包机全天候工作 [165]。但它的确可靠。人工"计算机"（用计算尺工作的数学家）需要花费约 40 小时才能操作处理完的一个火炮的计算，布什博士的微分分析仪半小时内就能完成。ENIAC 的效率更加惊人：每秒可完成多达 5000 次简单的加减运算。它首个引人注目的成绩来自于对一个核物理学问题的计算。若用人脑计算，估计需要 100 人工作一年，而 ENIAC 仅用两周就解决了（实际计算的时间为 2 小时，另外花了 14 天来设计程序、分析结果，可能还有一二分钟的自我陶醉）[166]。

数字科技的原理是什么？

从手机和 iPod 到计算器和计算机，任何数字设备的核心窍门，都是把模拟转换成数字，然后再转换回来。当我们谈的是一个人的身高或体重时相当容易，只需要用一个单一的量值来表示。但如果要"测量"《蒙娜丽莎》该怎么办？你如何把画作转换成数字图像，储存在计算机里？

首先，你不会只把它转成单一的数字，而是好几百万个。这个过程称为采样，意思是把一堆信息分割成许多信息块，测量每个信息块，再把测量结果转成数字，接着把所有数字串连在一起。因此，我们可以把《蒙娜丽莎》分割成一千行、一千列，或者说一百万个独立的方块。我们可以测量每个方块的平均色彩和亮度（各给出一个数字），然后从左到右、从上到下依次运算那些测量结果。这样，就能把一张图片转变成一种两百万个数字的模式（如果你更愿意采取另一种说法，也可以说是由两百万个独立碎片组成的数字），更容易储存在计算机里或快速通过电话线。一张模拟图片，变成了由开与关控制的二进制数字（或数位），像点阵图一样，它的专有名词称为"位图"。

让我们来看看采样如何在数码相机和 MP3 音乐播放器上运转。

数码相机

老式相机的镜头和快门暂时打开，让光进入一个密封的隔间，在隔间内让一片涂有化学物质银盐的塑料片"曝光"。光把这种含银的物质转变成银微粒，微粒聚集在一起，于是场景中亮的部分在底片上产生暗区，反之亦然。换言之，照片一开始是把黑与白的区域，颠倒呈现在我们称为"底片"的东西上。冲洗底片时，再把图像反转回来。暗的部分成为亮的，亮的部分变暗，最后洗出来的"正片"重现原始场景。

数码相机的原理截然不同，它利用的是称为电荷耦合器件（CCD）的感光芯片。底片的曝光是被拍摄物体的一种连续的模拟再现，CCD 则不同，它是把物体分割成数百万个感光"隔间"（也就是像素），每一隔间会测量照在上面的光，并产生一个数值。这样 CCD 就自动把一个模拟图像变成了数码相片。

影图像的采样原理是什么？

这里采用五种不同的分辨率来对《蒙娜丽莎》采样，用的像素越多，图像质量显然越好。最左边的图像只用了 10×15=150 像素，但如果要你猜猜那张图是什么，你眯眼瞧瞧并凭借记忆力（加上我告诉你要猜的极可能是一幅肖像），或许会猜对。左二的图像是 20×30=600 像素（4 倍多），眯着眼睛就能轻易认出。后面的图像包含的像素逐渐增多，但它提供的信息没有按相应的比例增加。举例来说，正中间的图像是 40×60=2400 像素，而最右边的图像是 600×900=540000 像素（约 50 万像素），大约是前者的 225 倍。尽管如此，相较于中间的图片，最右边的图像提供给我们的有用信息并没有变成 225 倍。这就是为什么采样可以发挥很好的作用：我们的头脑会补足缺失的部分。将一个图像挤进少数的像素里，这种数学魔法称为"压缩"。因为过程中丢掉了多余的信息（而且永远无法复原），所以叫做"有损压缩"（例如数码相机拍摄的 JPG 照片）。当你选择用不同的质量标准来储存照片时，就是选择了不同的压缩程度。

MP3 播放器

　　数码相机利用电荷耦合器件来进行空间（你拍摄的物体本身和其周围的区域）采样，形成照片。与之相比，制作 MP3 音乐文件的录音设备，通过在一段时间内反复测量声音来采样。假设你要从你的老黑胶唱片《给我庇护》，拷贝制作出可下载的 MP3 文件。你可以用扬声器播放这张唱片，然后在扬声器前面立一个麦克风，再把麦克风接到计算机上，即可捕捉到扬声器播放出的模拟声波。利用合适的编码软件和电子电路，每秒可以测量那些声音大约 44000 次，然后把它们转换成数字——一个 MP3 或 M4A 文件。你在 Amazon 或 Apple iTunes Store 在线购买的曲目，就是一长串这样的数字。

不必在乎质量？

　　模拟还是数字？复制品的质量永远比不上原版，这是真的吗？当数码相片还是一件出现不久的新奇事物的时候，许多人认为老式（模拟）底片的相片有更高的质量，当时确实如此。现在则无法区别两者的差异，即使是专业摄影师，也改变了他们的忠诚度。这是因为新型的数码相机所用的采样功能远比旧型机种更强大：其电荷耦合器件上的感光组件多了数百万个——换言之，多了数百万像素。一台号称有 1000 万像素的数码相机，电荷耦合器件可将一个图像转换成约 1000 万个可量测的点。与只有 200 万像素电荷耦合器件的旧型相机相比，拍出一张同样大小的相片，新型机种的锐度和图像细节要高 5 倍。有趣的是，在网络上快速检索的结果显示，老式摄影底片的分辨率介于 1000 万～ 55000 万像素（虽然不同类型的底片和显影冲洗过程可能在某种程度上降低质量），所以对于一个平均规格的数码相机，理论上还是无法与老式模拟相机的绝佳质量匹敌，即使我们的眼睛其实已无法看出其中差异[167]。

　　MP3 音乐文件也一样。采样、量化音频和音量的次数越多，你的数字录音会越接近原音，质量也越好。其中的缺点是，采样次数越多，得到的测量结果就越多，最后的数字文件就越大。这就是为什么采样频率越高的 MP3 音乐文件越大，下载所需时间越长，也越快装满 iPod。

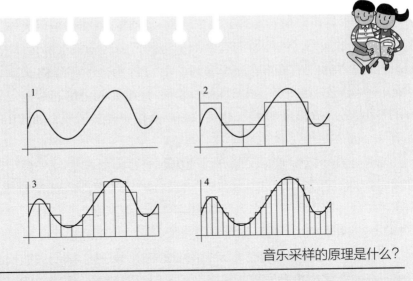

音乐采样的原理是什么?

假设我们有一段长约 6 秒的模拟原音 (1)。如果我们想把它转成数字文件,就需要进行声音采样:反复测量图形的高度,把每个测量结果变成一个数字。如果我们每一秒采一次样,则必须测量 6 次 (2),这样得到的原音的数字近似物就非常粗糙(方块图)。如果我们测量的次数加倍会如何? 我们会得到一个更准确的近似值 (3),但也有了 2 倍的数据要储存(12 个方块代表 12 个测量结果)。如果再把采样次数加倍 (4),会得到更忠于原音的重现,尽管仍少了一些细节。这次我们需要做 24 次测量,而我们制作出来的数字音乐文件会是原始粗糙取样的 4 倍大。简而言之,你要在取样质量与需要储存的文件大小之间做出取舍。

数字有何迷人之处?

为什么数字科技突然如此风靡? 我们将那么多信息数字化,难道只是因为我们能做到? 而若是如此,又为什么要数字化呢?

数字化带来了各种优势。如果你用手机打电话,你的声音以数字形式传输的话,会使声音更清晰,因为数字更容易传送和接收,不会在途中乱成一团。数字手机电话也多了加密机制,让窃听者无法偷听你说的事。如果使用的是旧式的模拟手机,你可以用一种称为扫描仪的简单设备,拦截咻咻穿过空中的通话。大多数人不用担心这样的事,但对于间谍、演员和政治人物来说,这个事情却至关重要[168]。数字信息化的另一个明显好处是,它占用的空间非常小。你可以将 1000 ～ 2000 本电子书,装进普通的电子书阅读器(等同于大概四十层搁板的平装书,或大约五个满满的书柜)。为了计算方便,如果我们假设 Kindle 平均可以储存 1500 本书，那么美国国会图书馆巨大拱顶内那庞大的 3600 万本藏书，就能游刃有余地挤进两万台轻薄的 Kindle 中，然后你就可以轻松愉快地把它们堆在一个房间（两百沓，每沓一百台 Kindle）[169]。当然，Kindle 大半部分是屏幕、电池和塑料壳，最重要的记忆芯片其实只占内部空间的一小部分。如果你坚持，也可以把所有信息硬放进一个 40TB 的硬盘内，如同一个大公文包大小。

音乐一样令人惊叹，又或许可能更胜一筹：拜 MP3 "失真"压缩所赐，你肯定能把五百张 CD 的内容装进一台普通 iPod 里，轻易放进口袋里（如果将这些 CD 一张挨着一张排列，排出来的长度跟家庭房车一样长）。你也能用同样的方式处理相片：五百张至一千张数码相片可以轻松挤进一张 SD 记忆卡，尺寸不过一张邮票大小（老式底片相机里的摄影底片，限制只能拍二十四张或三十二张；数字相机彻底改变了摄影，人们可以捕捉一幅景色的五种、十种或二十种版本，持续按快门直到拍出满意的一张）。数字信息所占的空间越小，在网络上传输速度越快。你可以在眨眼间将一张数码相片用电子邮件寄给朋友，也可以用不到 1 分钟的时间来下载一整本电子书或音乐专辑。

大部分电话通话——至少在过程中的某个阶段，会快速窜过一根人头发直径 1/10 ～ 1/5 的光纤电缆（每条光纤可同时载送两万通电话，所以整条电缆一次可以载送数百万通电话）。这怎么可能呢？因为数字通信可以用模拟通信无法做到的方式来挤压和压缩数据。模拟电话必须忠实地传输基础声波里所有的暂停和反复，才能呈现你的声音；数字电话利用压缩，聪明地将这些东西编码，所以可以用很小的空间和很短的时间把电话传输出去。或许在你采用流媒体（在网络上）看节目时注意过这个问题，当演员走动太快或播放片尾字幕时，图像会大幅跳跃抖动。那是因为正在实时下载高压缩的影片。影片压缩过程中可能会移除掉一些信息，而这些信息正是普通电视节目中的快动作可以顺畅播放、无缝衔接的原因。

另一个比较不明显的优势是，数字化信息很容易用各种方式编辑。很多人用计算机绘图程序修饰数码相片，或在图像上加文字，做成贺卡或变成在网络上大量传播的事物（所谓的"网红"）。尽管取样必然会降低数字信息的质量，却不一定总是缺点。数字广播和数字电视一般不会有老式模拟信号传播时遇到的麻烦，不会突然出现噼啪爆裂音的干扰。

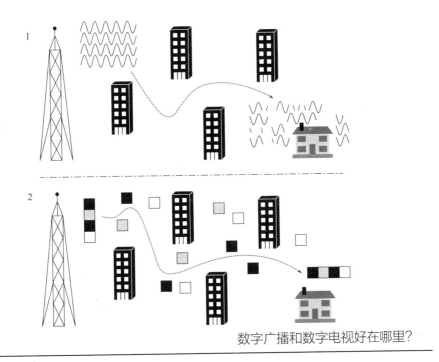

数字广播和数字电视好在哪里？

旧式的传播 (1) 信号经过增强，通过天线将放大的信号传输出去，以电波形式传送信号，与原画或原音相似度很高。过程中会遗失一些信号，所以到达家里的信号会通过爆裂等杂音而衰减。数字电视 (2) 的信号转成了数字码，并分割成不同信息块（黑、白、灰），每个信息块都传送很多次。有些信息块会遗失掉，但仍足以传达到家里，从而能够极佳地重现原始信号。然而，数字电视也并不完美。如果损失过多信息块，你会遗失整串信号；模拟电视可能遇到信号较慢，并逐渐衰减成爆裂音和雪花噪声的问题，但是你总还是能收到一些内容。

数字科技并不是都没有负面效应，实际上还挺多的。

 ## 四处都是盗版

版权是显而易见的问题。音乐产业已经从利益损失中得到过教训，一旦音乐数字化并转成 MP3 形式，几乎无法防止人们在网络上免费分享。iTunes 这类音乐商店尝试采用双管齐下的策略，来解决这个难题。首先，使数字音乐的价格相对便宜，并且提供自由选购个别曲目，反正原本昂贵的专辑里也塞了很多你不想听的曲目，这种做法能够逐渐削减音乐盗版的主要原因之一是：如果音乐够便宜，理论上，人们不介意付费。第二项机制，大半是为了让跨国媒体企业安心，iTunes 一开始就在音乐文件中用一个特别编码来防止太多人共享文件，实现这项策略的基本途径是"数字版权管理" [170]。电子书和可下载的电影，都以相同的方法保护。

　　理论上，DRM 档案已经做了加密，所以只有合法的购买者能播放。实际上，尽管属于违法行为 [171]，但用大约 5 分钟下载安装一个黑客软件就能轻易解除加密。传统（新闻专家）的看法是，盗版问题与在线文件分享是一场进行中的激烈竞争，是超高报酬的沉着冷静的极客与超低报酬的素质不一的极客之间的拉锯战，前者为跨国出版企业工作并总是设计出极复杂的 DRM 系统，后者则进行逆向工程并把 DRM 化解成只不过是装饰性的保护。像 Google 这样的公司则保持中立。他们乐于遵守法律责任，移除盗版内容，前提是版权所有者必须要提醒 Google，但这种方式绝不能说是积极的做法：大部分的盗版内容会无限期地留在 YouTube 等网站上，除非版权所有者不厌其烦地提出抗议。

　　实际上，要保护任何一种数字编码信息免于被盗版，几乎是不可能的事。为什么？因为你总是可以把它转换回模拟信息，拿掉 DRM 做数字编码，然后自行以未加密的形式发布出去。若把法律和道德放一边，没有任何事物能阻止你把电子书内容重新打字存入计算机，再制作出可以非法与朋友共享的文件。以这个例子来说，你的大脑和手指所做的是将数字转换为模拟。音乐文件则更加容易。你可以拿最复杂的数字加密音乐文件，用计算机的声卡播放，捕捉模拟信号，再通过 MP3 编码器回传，自己建一个完美无缺的未加密 MP3 文件，听起来就跟原始 MP3 文件一样好。这样所需的时间跟你听那首曲目的时间一样长，再加上 1 分钟左右做编码，可能总共不到 5 分钟就完成了 [172]。

质量如何呢？

　　盗版的复制品听起来往往不够完美，因为 MP3 本身就不完美。如前面的图所见，抽样后的数字音乐文件通常只是录音音源模拟曲目的近似物，经常损失一些东西 [173]。

　　可以比较同样一首曲目的 MP3 版与 CD 版，来了解两者的近似程度。CD 以称为凹坑的显微凹凸形式来储存音乐，那些凹坑呈螺旋状绕曲，有系统地从磁盘的中心往边缘展开 [与密纹唱片（每分钟 33⅓ 转的模拟唱片）相反]。一张普通的 CD 有大约 30 亿个这样的凹坑，每个凹坑宽约 600 纳米（一个原子直径的 2000 倍）、长度为宽度的 3 倍，若压制成一条线，完整展开后长达约 6000 米；你得花大概 1 小时才能从头走到尾。如果一张 CD 有 10 首曲目，意味着每首曲目有 3 亿个凹坑。为了简化，让我们假设 CD 已经经过编码，每个凹坑相当于 1 bit。这代表我们有 3 亿个二进制数字，来为可能相当于 4 分钟的高质量声音编码。这听起来合理吗？谁知道呢？但不妨想一想。CD 上的每一首曲目约占 60MB，同样的曲目转换为 MP3 格式只有约 6MB，所以当你把一首 CD 曲目"转档"为 MP3 时，数字信息量的缩减比为 10∶1。MP3 专辑是 CD 数字曲目的高压缩版，而 CD 本身也只是原始模拟音源的近似物。这就是为什么买 CD 专辑再转档成自己的 MP3，总是比用类似价格买的 MP3 音乐好——你需要时总是有高质量的录音可用[174]。

 ## 脆弱的恒久性

原版《古腾堡圣经》现今仍有 48 本无价的复本存于世，每一本都是 15 世纪 50 年代手工印刷的呕心之作，距今约 600 年[175]。但没有人留下下列纪录：第一部手机电话，1973 年；第一封电子邮件信息，1971 年由汤姆林森（Ray Tomlinson）寄出；第一则 SMS 短消息[176]。20 世纪 80 年代产生的巨量数字数据，储存在旧式软盘或磁带里，早已消失在垃圾掩埋场，连小虫都已失去了兴趣。

我最喜欢的实例是 BBC 始于 20 世纪 80 年代的"末日审判书"项目。为了纪念写于 1086 年的原版《末日审判书》（Domesday Book，记录英格兰和威尔士地区的土地使用及所有权的一份历史文件）成书 900 周年，BBC 邀请英国 14000 所学校，为后代子孙汇编了详细记载的各地区资料。作为一项令人极为赞叹的壮举，他们建立了庞大的数据库，涵盖了超过 148000 页文字和 23000 张照片。可惜的是，BBC 决定以定制的激光光碟（DVD 出现之前的超大尺寸的高容量 VCD）的形式发表成果，结果很快就变成了过时产物。今天，唯一能读到 1086 年原版《末日审判书》的地方是位于伦敦的英国国家档案馆。受限于当时数字科技发展的不足，直到现在，唯一能读到 BBC 的 1986 年"末日审判书"的地方也是该档案馆。幸运的是，1986 年这个项目的一些数据现在已经储存并转移到网络上[177]。

如果这个例子让你笑了，再想一下自己的数字通信经验。你可能会珍藏亲友寄来的私人信件或生日卡片，但你会定期储存多少电子邮件呢？或者你想保留吗？根据瑞迪卡迪集团（Radicati Group）所做的一项调查，商务人士平均每天收发 110 封电子邮件，一辈子工作下来是上百万封[178]。

相较于模拟时代，现在信息无疑寿命更短暂，随手可弃。我们可能还是会思而后言，但在发电子邮件、发送短消息或推文之前，我们仍会经过大脑思考吗？有没有人真的关心，这种 21 世纪庞大的二进制语言是否会消失无踪，就像人们创造它时一样快。如果说说话是廉价的，那么数字谈话就更廉价，用完即丢，也更毫无意义。现代生活或许是数字化的，但这真的是好的现象吗？或许，凭数字而活所反映出来的现实人生的真实，正如用数字画作再现艺术作品时的意义一样。

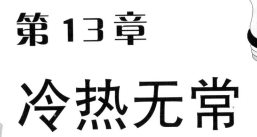

第13章

冷热无常

在本章中，我们将探索：

如何只用一根蜡烛温暖你的家？

为什么让房屋温度降低不像温度升高那么容易？

如何制造瞬间冷冻冰淇淋？

一栋普通的房子深冬时可以留住多少热能？

如果你住在温带国家，例如北欧或美国东海岸，一年中或许有一半的时间在抱怨寒冷，另一半的时间哀叹炎热。这就是季节。地球倾斜的自转轴，使得不同纬度的地区变热或变冷，随着地球绕太阳公转一年，季节缓缓地进行更迭。大多数人欢喜迎接季节的变化：谁想要一整年都飘雪或都是热浪呢？然而，保持温暖或凉爽的实际做法，麻烦重重。我们在沉默的愉悦中，经受着季节的变化，因为每一季的时长都分配得恰到好处，夜晚与白天的冷热变化也不那么极端，正因如此，使我们比较容易忍受。

不过，要是冷热状况基于某些原因交错在一起呢？如果中午总是像盛夏、午夜总是像隆冬，而且这样的变化每 12 小时就发生一次，会怎样？那么你可以确定，我们真的会变得对季节反应阴晴不定：快速的季节变换，很快就会让人发狂。与目前每年只有一次摇摆于冷热两端的境况不同，我们最后可能会领悟到，前一分钟使房屋温度升高、下一分钟使温度降低，是多么愚蠢的事。我们也会因此快速开发出更好的方法来储存太阳能或隔绝过高的温度，以便减少可预期的温度起伏所带来的影响，并且降低暖气、空调和通风系统的费用。

这有可能吗？其实即使在家里，我们也面临忽冷忽热的状况。在家里的厨房，你会看到两个超级冷的金属箱（冰箱和冷冻柜），就在另外两个超级热的金属箱（火炉和微波炉）旁边。你还会看到其他储存热的东西或冷的东西的容器（电热水壶、冰淇淋机、带加热消毒功能的洗衣机，还有能烘干和蒸熨衣服的滚筒式干衣机）。在家里的其他房间，你也会发现类似的情形：电风扇、暖器、强力淋浴器、卷发棒、熨斗、吹风机和空调。

无论你看向哪里，我们不是在把东西加热，就是在降温。有了充裕的电和天然气，以及支付这些费用的大把钞票，把热变成冷或逆向操作，易如反掌。但我们究竟为什么得这样做呢？为什么冬天温暖的家或夏天凉爽的家，不会一直维持下去？为什么温度会这样无休止地来回摇摆？为什么我们一直忽冷忽热，如果可能，有没有一劳永逸的办法？

牢不可破的定律

为了打造一个宽容、和平与宁静的生活，必须要遵守日常的规矩：举止合宜，遵守社会规范，这样你才能随心所欲做自己想做的事。不过，生活总是有其他选择。你也可以为自己的私利打破社会法则，不过要冒着被处罚的风险：可能是几个邻居对你嗤之以鼻，也可能是被滋滋的电椅电击。

　　物理定律则迥然不同：它们是绝对的，从不妥协。我们不需要科学的律师（或法庭）、法官（或陪审团），来审查我们的顺从，并提供证据确凿或消除疑虑的判决书，因为物理定律始终黑白分明。坚守这些定律你不会得到奖励，打破了也没有惩罚，因为根本无法破除。物理上没有犯罪可言：违反物理定律顶多是一场心智游戏（或物理学家常说的"思维实验"）的消磨。尽管自由主义者从不吝啬对鲍勃·迪伦相反的观点 ["想活在没有法律 (law) 的世界，那就必须要诚实"] 的钦佩，但物理世界里不可能有这种理想主义：因为在定律（law）之外无可生存。就这样。

　　这些著名的定律是什么呢？其中最重要的两项是解释热和冷（简单说是缺热）起作用的原理，称为热力学定律。该定律能够说明家里所有的冷热无常现象，以及其他更多现象。热力学的字面意思就是"运动中的热"，所以热力学定律解释了汽车怎样浪费能量、为什么电厂需要如此巨大的冷却塔、为什么奶牛可爱的鼻子湿湿的、狗为什么总是吐着舌头，热力学定律甚至还可以解释为什么北极的麝牛要在雪地里站着静止不动那么久。

内部的热

　　热是物质拥有的一种能量，因为热是物质内部的原子或分子四处轻轻晃动（伴随着动能）而产生的。比起低温的东西，高温的物质只是有更多这种内部的晃动而已。气体（如蒸汽）比相同质量的液体（水），温度更高且有更多内部动能；而液体又比其固体形式（冰），温度更高且有更多动能。如果你让气体温度上升，气体内部的原子或分子就动得更快，摇动幅度更大，撞在一起的可能性更大。这种把物质内部的热想象成一种内在的原子玩碰碰车的方式，称为动力论，它可用来解释大部分我们对热的认识，以及热的作用原理。

　　许多人会把温度与热能联想在一起，但两者在概念上有微妙的不同：温度是衡量某个东西有多热或多冷，而不是它含有多少热能。听起来有点含糊不清，容易让人迷惑，但是你想一想一杯热咖啡与足以使"泰坦尼克号"沉没的冰山之间的差异，便能明白了。直接用机器煮好的咖啡，温度可能约 90 摄氏度，而冰山可能是零下 10 摄氏度甚至更冷。然而，咖啡仅仅是一杯注满水的饮料。尽管它含有数不清的分子，平均能量也很高（因为水是热的），但它的总热能（把每个分子的平均能量，乘以分子总数，即可得出估计值）仍然是有限的。冰山可能极度冰冷，但它也极度巨大——尺寸正是关键。尽管每个水分子平均能量较小，但因为数量多得多，冰山的总能量要大上许多。咖啡比较热，但一块普通冰山所含有的热能大约是咖啡的 2 亿倍[179]。

生活在定律里

如果你把咖啡放在冰山上，会出现两种情况。咖啡温度急剧降低，冰山温度（很不明显地）升高，尽管难以察觉。两种不同温度的东西礼貌地妥协：彼此交换热能，直到达到平衡，变成完全相同的温度。如果用动力论来思考，很容易了解整个过程。在你的咖啡里横冲直撞的热水分子，与杯子里密实的陶瓷分子碰撞，传递出一些它们的热，在这个过程中水的温度降低，并让陶瓷杯本身的温度升高。而与寒冰接触的杯子，以同样的方式传递出它的热，让冰里的分子温度升高，同时杯子本身温度慢慢降低。就像有一种隐形的热输送带，把能量从咖啡传送到冰里，而且持续迅速地传送热量，直到两边温度相同。

第 2 章已经讲过，能量完全不是魔术：它不会凭空突然出现或消失。如果某个东西损失了能量，就会有另外某个东西得到那些能量：能量交换永远是一场零和游戏。咖啡杯和冰山的例子就是这样的道理。咖啡损失的热能数值，跟冰山得到的热能数值一样多（假设没有任何热能损失到周围环境中）。我们之前称此为能量守恒定律，而它也叫热力学第一定律（两者为同一原理的不同名称）。

我们还必须了解另一项关于热的运动的规律，这项规律更为精妙。当你把一杯咖啡重重放在冰山上时，咖啡温度降低、冰山温度升高，永远不可能发生相反的情况。热力学第一定律未必能解释这个现象。为什么冰山不能降温，放出一些热，然后让你微温的咖啡沸腾？至少热力学第一定律不能回答这个疑问。根据热力学第一定律，只要一个地方得到的热量，与另外一处损失的热量完全平衡，就不会有任何问题。同样地，也没有理由不能通过咖啡降温或冰山加温，达到热平衡；只要我们遵守热力学第一定律，一切无关紧要。问题在于这种情况不会发生。原因是热力学第二定律排除了这个可能性。以这项定律最简单的形式来说，热总是从温度高的地方流向温度低的地方，永不可逆（除非借助某种外力）。另一种叙述方式是，热力学第二定律认为能量总是有耗散并消失的倾向（虽然永远不会真正消失）。

在科学上，科学家用有点难理解的表述来总结这个概念——熵总是趋于最大值，简单来说，这表示宇宙自然地从有序走向混沌。这个规律不只适用于热能。如果你掉落一只红酒杯，结果通常是碎成一地；你从来不会看到玻璃碎片弹回来聚集，形成完好无缺的酒杯，这就是热力学第二定律在起作用。

寒冬的家里可以留住多少热能？

热力学定律从理论和实践两个方面告诉了我们需要知道的家里所有的"冷热无常"。你得为房子增加热量，因为冬天室外比较冷（热力学第二定律）。你家里损失的任何热量，都会被周围的环境得到，包括房子底下的土地和四周的空气（热力学第一定律）。要想让家里保持恒温，你必须通过电、天然气或其他某种燃料，提供与建筑物损失的能量一样多的能量（热力学第一定律）。不管我们喜不喜欢，在冬天房子永远不会自发地从室外吸入热量，从而变得温度更高（热力学第二定律）。不过我们可以用一计妙招来达到某种类似的效果（利用称为"热泵"的东西），后续段落会做说明。

一切都显而易见——事实上，就是过于明显，反而让我们很多时候忽略了其中隐含的意义。在冬天那几个月，英国报纸专栏定期斥责那些持续上涨的能源费用、燃料贫穷（人们负担不起家里的暖气），以及公用事业公司（水、电、天然气等能源公司）赚取的"完全不顾道德的"利润。讽刺的是，以绝对标准来看，我们日常在地球上所感受到的温度，相当温和且经常不变。可能的最低温度，也就是绝对零度，是零下 273 摄氏度，至今已经证实就算在实验室里也无法达到这样的温度。人能想象到的最冷的东西，是巨大的黑洞内部，那里的温度比绝对零度高了约十亿分之一摄氏度[180]。在另一个极端，目前科学家所创造的温度最高的东西是大型强子对撞机，在瑞士进行的原子撞击实验表明，其内部温度最高可达 5 万亿摄氏度，大约是太阳核心温度的 35 万倍[181]。

如此极端的温度，使得我们自身对抗冷热的战役，显得微不足道。但无论是困在黑洞里，或是在大型强子对撞机里旋转，还是在南极洲天寒地冻的小屋里发抖，都无法忽视物理定律。如果室外的温度是（譬如）0 摄氏度，而我们希望感受到 18 ～ 20 摄氏度的舒适室温，热力学定律明确地说明，获得舒适需要付出代价，而甚至我们自己也可以计算出来。那么，让我们来算算看吧。

获得温暖

要从哪里开始算起呢？理论上，很简单。你需要列出家里的每一件物品（包

括基础设施，也就是这座房子所包含的所有材料），并且秤重。测量室外的温度（譬如说 0 摄氏度），然后决定你想要的室内温度（譬如说 20 摄氏度）。针对每一种材料，查出比热容（第 2 章曾做过说明）的统计值，这个数值能够显示出，你需要提供多少能量才能让 1 千克的材料温度上升 1 摄氏度。接下来就是简单的数学计算，算出要让所有材料的温度上升 20 摄氏度所需的总能量，这个数字（根据热力学第一定律）就是温暖你的家所需的能量。

这项计算有趣的一点是，它能使我们理解到受热力学定律控制的家，不仅仅只是一个塞满空气的砖盒子。如果你曾经有过深冬时两个星期不在家，把暖气完全关掉的经验，就会发现得花两三天才能让家里再暖和起来。为什么呢？这不只是由于房子的温度比平常下降得更多，还因为家里每件物品的每一个原子或分子，理论上已经失去了一些动能。要让房子温度回到平时的舒适状态，必须使里面的每个原子温度升高。这里的每个指的是每一张桌椅、每一本书、每一个枕头、每一支钢笔、每一支铅笔、每一幅相框当中的每一个原子，几乎所有的事物，所以才会需要那么长的时间。要把能量注入到所有这些东西的深处，是很费时间的。

通过合计每一件物品来估算你的房子里有多少热量很困难，还可以采用另外一种比较近似的估算法。假设你住在一栋大小适中、上下各两间房的联排住宅内，屋里有四台大型的储热式电暖器。合理的假设是，要让一栋这样的房子变得非常暖和，可能要开暖气两天，这表示四台电暖器在这段时间内必须全天候工作。如同宇宙中的其他万事万物，储热式电暖器也遵循能量守恒定律（热力学第一定律）。假设电暖器从早上打开，到了晚上会完全冷却，那么白天它们产生的热能，与晚上它们吸收的电能相等。如果四台电暖器两个晚上各充电 7 小时，那么它们总的充电时间是 4×7×2=56（小时）。如果所有的电暖器都一模一样，每一台都是功率 3500 瓦的老式低效能机型，耗电量等于 196 千瓦·时（约 200 度电），或约 700 兆焦耳。那么，这就是接近实际数字的一栋小型住宅的储热估计值。对照第 2 章的能量比较表，可以发现这个数值约略等于燃烧 20 升汽油。

说到底，你真的需要为你的房子增加热量吗？能量守恒定律告诉我们，我们所摄取的大部分食物的能量，最终会以热的形式再现，而这些热将消散到周围环境里。因此，只要你家里有足够多人，根本不需要用任何暖器来温暖室内。那么需要多少人呢？坐在书桌前或走动时，你大约散出 100～200 瓦的热，约是一两盏大型白炽灯产生的热[182]。想跟一台大型储热式电暖器一样，有效地温暖一个房间，你大概需要 35 个人坐在房间里（或 18 个人走来走去，磨破你家地毯）。要取代 4 台储热式电暖器，必须有 140 个人坐在室内（或 70 个人不停走动）。这就是为什么音乐厅需要强劲的空调。

变得凉爽

使家里温度降低可以说比保持温暖来得棘手。回到 19 世纪中叶，远在冰箱和空调发明之前，热得难受的伦敦人，必须依靠从挪威等地进口的冰块降温。企业家加蒂（Carlo Gatti）曾横越北海，一次运回约 400 吨冰块[183]。

为什么让家里温度降低那么困难？理论上，让温度升高和温度降低刚好相反，所以使家里温度降低不应该比使温度升高来得麻烦。如果你有一杯 10 摄氏度的冷水，想再加热 90 摄氏度到沸腾，就必须供给一定量的能量；反之，当水从 100 摄氏度降温至 10 摄氏度，你会取回等量的能量。这是热力学第一定律在起作用，从两个不同方向进行。然而，这不表示升温和降温是可逆的镜像程序：你不能反转操作一台电暖炉，让它从房间里吸收热，使房子降温。也不能搜刮室内的热，塞回一块煤炭内，以便明天再度使用。为什么不行呢？

热能从高温的东西流向低温的东西有三种方式：传导、对流、辐射。在传导过程中，高温的东西触碰到低温的东西，通过直接接触把热传递过去。高温物体中的活跃分子，直接把它们的一些能量传给邻近低温物体的分子。对流通过漩涡状上升下降的气体（或液体）来传热。举例来说，当你加热满满的一锅汤时，锅底最接近火焰的部分液体温度升高，密度变小，往上蹿升，推开低温的汤，然后再次降下。高温的汤上升又下降的模式，使锅子里低温的汤慢慢循环以传递热能。最后一种方式是辐射，涉及以看不见的射线放出热并穿过空气或空无一物的空间（你可能记得我们曾在第 8 章讨论红外线时谈过这点）。辐射（与危险的原子辐射无关）就是当你坐在篝火旁时两颊发烫的原因。即使没有碰到火，你也觉得温暖，尽管少了可明确感知的对流（因为你在室外）。

当你打开客厅的一台三管电暖炉时，三根红烫的金属螺旋管把热辐射到室内，系统加热每一件物体。客厅内的每个东西温度都得到升高，它们也成为一个个迷你热源，通过传导、对流和辐射，将能量传递给其他物体。然而，在温度的升高与降低之间依然存在着根本的不对称关系，阻绝加温过程逆向进行。

想象一下，如果你能发明一台三管电冷器，有三根冰冷的亮蓝金属管，功能是吸取室内的热。但这根本行不通。首先，降温不是升温的反动作。

一种高温的东西（火）能很容易把热辐射到许多低温的东西上（室内物品）：热力学第二定律告诉我们，热能会自然地耗散出去。然而，还有许多高温的东西（夏天闷热房间里的高温物体）无法有效地以传导、对流或辐射的方式，将热传给一个个的低温物体，让自己温度降低的同时又使低温的东西温度升高。其次，即使冷管可以吸取室内所有物体的热，又能把热放到何处呢？没有"散热器"可以移除那些热。电暖炉把电转换成热，是通过电线"吸进"室外产生的能量：一个更大传播过程的一部分，将热从室外传递到室内。逆向进行这个过程并非易事。如果你往火炉里丢一大块冰块，冰块会从周围取得能量，温度升高而融化。然而，冰块无法完全拿走房间里的能量，而且一旦融化就会失去作用。相似的道理可以解释为什么你不能通过打开冰箱门来让厨房温度降低：冰箱从前面"吸入"的所有的热，会在冰箱后面再次出现。

因此，在让房间温度升高与降低之间似乎有一种我们无法规避的根本差异。为什么会这样呢？

温度升高与降低

让某个东西温度上升与让它温度下降，可能是对等的，但肯定不是相反步骤。温度升高会使东西变得混乱和无序，反过来降温则带来秩序和稳定。升高温度遵循宇宙趋向混沌的自然倾向；降低温度是通过（人为的）强加更多秩序来顽强抵抗这个趋势。因此让电暖炉散发出热能就能轻易使房间升温，但如果想在大热天为同一个房间降温，你通常需要采取不同的手段。

电扇是最简单的降温装置，它的作用原理是让空气吹过高温的东西，通过对流或（以人的例子来说）蒸发（通过的空气加速皮肤上的汗水流失，在过程中带走身体里的热），来促使高温物体损失热。对流式电暖器的工作原理正好相反，因为它是将热空气吹过物体，以便在过程中让东西温度上升。然而，只靠一台电扇，无法让房间长时间保持凉爽。如果你待在密不透风的房间，只开一台电扇，不过是把空气搅混在一起，将热从房间的一个地方移到另一个地方。

空调（一般用作冷气机，不过也有暖气功能）的原理与电扇不同，因为它们是从室内"吸取"热，再把热传播到室外。空调与冰箱很相似，它们都使用填满冷却剂（在低温就能沸腾的挥发性液体）的导管；它与电扇也有共同之处，因为两者都吸入和吹送空气。空调的基本工作原理是在室内时冷却剂温度上升

（吸收周围的热），接着排出室外使冷却剂温度下降（并释放出热），然后重新循环，反复进行这个过程。你可能觉得空调或冰箱违反了热力学第二定律，因为它们系统性地将热从某个低温的地方移到高温的地方，就像在取笑物理定律。这种工作方式之所以可行，是因为我们输入的电为这个不自然的循环提供了动力，使得高温的东西温度更高、低温的东西温度更低，从而维持正常来说会消失的温差（根据热力学第二定律）。

无论是升温还是降温，都需要时间。计算出你需要加减的总热能，以及每秒可以转换的热量，就能得出花多久时间。这是热力学第一定律的另一项有效陈述，可应用于你想升温或降温的任何东西上——从夏季闷热的房子，到一瓶你想冷冻成更加美味的冰淇淋原料。做冰淇淋通常需要大约 3 小时，因为需要这么久才能把奶浆（冰淇淋的原料）的热能移除，继而变成固体。不过，总是有取巧之道。1890 年，英国厨师艾格妮丝·马歇尔（Agnes Marshall）开发出一种冰淇淋速成妙招，她了解到可以利用液氮（一种冷却介质，通常温度约在零下 196 摄氏度）来完成[184]。为什么可行呢？因为冰淇淋的主要成分是牛奶，其中大部分是水，所以有许多分子需要降温。放进冰箱，要花很长时间才能让所有分子失去能量并冷冻。当使用液氮时，有很多低温分子可以用来发挥作用。每一个分子经过冰淇淋半成品时，都能带走更多能量，从而更快速地降温。

进入地底

想要提高严寒冬季的房子温度，在雪地上挖地洞，可能是你想到的最后一招，除非你刚好住在斯堪的纳维亚或瑞士。那里的人大量使用地源热泵，从地底下往上输送暖气，大量供应至屋内。尽管这看起来好像违反了热力学第二定律，但其实并没有。地底下几米的位置蓄存了大量的热，那里的土壤比地上的空气温度更高。利用一点点电就能根据物理定律，把流体向下打进导管，吸取一些地底下的热，再把流体往上抽进你的家中（热送达的地方），接着再送回地下，进行下一次供热。

根据热力学第一定律，让你家温度升高的热量，与从地底吸取的热量相等，但就算取出相当于四台储热式电暖器供应的能量（14 千瓦或 14000 焦耳 / 秒），你自己其实也不需要供应那么多能量。这表示热泵的效率超过百分之一百，太令人赞叹了。你唯一需要供应（或付费）的能量实际上相当少，只要能提供热泵动力，推动传热流体在回路里流动就可以了。因此，热泵展现出令人印象深刻的"无中生热"的本事（当然我们知道这是不可能）。因此尽管安装费用昂贵，但使用10～15年左右即可回本[185]。

夏天来临时，你还可以有另外一记妙招。跟对流式电暖器不同，你可以逆向操作热泵，吸取屋子里的热，再送回地底。同样地，它比空调便宜且环保：你支付的只有泵的费用。

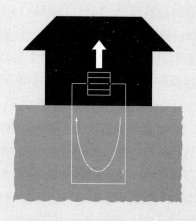

热矿

地源热泵把流体向下打进地里，吸取热，再抽回地表。在你的家里，传热流体通过一个热交换器，然后热被移出，并通过风扇吹进室内，使流体温度下降到可以再次循环。让你家温度升高的能量来自地底；相比之下，泵和电扇需要的输入能量极小。表面上看，这违反了热力学第二定律，因为我们把能量从某个温度低的地方移到了温度高的地方。但实际上，因为我们使用了动力泵来执行，所以是可行的。

热的取巧术

在家里不断地把东西加热、冷却，看起来可能很别扭，却是无法避免的事——举例来说，从冰箱里拿出即食食品，然后微波加热享用。确实也有其他方法保存食物，譬如罐头或使用防腐剂，但超级市场的做法迎合了有冰箱和冷冻柜的家庭：忙碌的现代家庭偏好冷藏保存食物。

我们用来加热和冷藏食物的能量其实不小，但与为整栋房子的温度升降所耗费的能量相比，仍微不足道。就保持房子的冬暖夏凉来说，我们肯定能做得更聪明——遵循热力学定律就行了。温暖舒适的家在冬天温度会降低是既定的事实：热力学第二定律告诉我们，热能必定从温度高的地方流向温度低的地方。然而，这项定律并未规定热量流动的快慢，因此这是我们可以妥善掌控的因素。由于物理定律，你无法阻止暖烘烘的房子温度下降，但你能运用有效的隔热，按照你的需求减缓温度降低的速度。

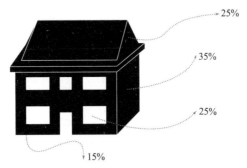

你的热到哪里去了？

　　因为热空气会上升，你可能猜想家里大部分的热从屋顶散逸出去了。事实上，3/4 的热是从墙壁、地板、门窗渗到外面的。如果你想维持房间的温暖舒适，必须在你想得到的各个方向都做到防止热量外泄，避免气流进入。

　　地球上最耐寒的生物之一是麝牛，它与隔热良好的房子的共同之处，比你想象的更多。蓬松的粗毛大衣保暖性为羊毛的 8 倍，可谓是相当优秀的保暖帮手，这也说明了为何北极的原住民称麝牛为 oomingmak（因纽特语，意思是"浑身长满胡须的动物"）。然而，麝牛耐寒的秘密不单是它们有极佳的隔热能力，还有它们站着不动挤在一起的习惯，也有助于保持温暖舒适，就跟房子一样。这种所谓的立式冬眠，能够降低它们的新陈代谢，让它们既"不热"也"不动"。

 ## 留住你的热

　　如果热从家里散逸的方式是通过传导（直接接触）、对流（空气运动）和辐射（向外放射），那么要减少热损失，就必须减缓这三个过程。这就是保温瓶的原理。热饮或冷饮放在双层瓶子里，外面有一层反射涂层，里面有真空隔层隔开的两层瓶身（便宜的瓶子可能用空气或绝缘发泡材料）。除了瓶颈部和顶部的瓶盖，热饮与外面的低温环境没有直接接触，所以充分减少了传导造成的热损失。金属容器可减少辐射造成的热损失，而真空隔层和塑料外壳阻绝了对流。

理论上，房子的隔热几乎能用同样的原理有效避免热损失。墙壁、地板和阁楼填塞的隔热材料通常是发泡材料、石棉、蛭石或塑料，内部封住大量的空气，减少热的流动。双层玻璃是不恰当的用词，因为两片薄玻璃板（虽然隔热）的效果达不到厚玻璃那样，虽然在中间夹封了一些空气，因此更恰当的名称应该是"空气内衬玻璃"。高科技的低辐射玻璃有一层钛金属化合物薄膜反射涂层，将照射到玻璃上的阳光反射出去，保持夏日凉爽。反过来看，那层涂层也会把室内产生的热直接反射回屋内，在寒冷冬夜保持室内温暖舒适（保温瓶的金属内层有类似的效果）。

多数人认为隔热良好的房屋，应该是有一些 UPVC（硬聚氯乙烯）双层玻璃，并在屋顶填充了几厘米厚的石棉，不过这些勉强只触及可行技术的皮毛而已。最佳的隔热是房屋内衬一种惊人轻量的固体，称为"气凝胶"，昵称"冻结的烟雾"，因为它看起来就是那个样子的。气凝胶吸热效果极佳，根据 NASA 的气凝胶专家邹博士（Dr. Peter Tsou）的说法，"你可以用气凝胶为一所有两三间房屋的房子隔热，然后用一根蜡烛就能使房子温度升高。不过，最后屋子会变得太热。"[186] 可惜的是，虽然气凝胶的隔热效果是空气的 10 倍，却比玻璃易脆很多倍，所以可能要好几十年后，才会真正看到气凝胶为住宅带来的有力改变。与此同时，建筑师瞄准了一项不那么雄心勃勃但仍然能大幅提升热效能的目标，称为"被动式节能屋标准"。这项标准在 20 世纪 90 年代初期发展自德国，基本路线是精确控制房屋的"渗漏"，这样你唯一要加热的东西就是空气，从而将热气有效地留存在屋内。这种被动式节能屋的做法，可使房屋保暖成本减少到原来的 1/10～1/5，一般英国家庭房屋每年的暖气账单可减少至守财奴等级的 25 英镑[187]。

这样的数据听起来似乎很引人瞩目，但谈到隔热，我们依旧是不明就里的初学者。只要看看麝牛或雪地里的羊，就会明白大自然在抵御冬天的热损失上，比人类优秀多少。丰富的化石燃料，如煤、天然气和石油，让我们变得懒惰又自负，但由于能源总量逐渐减少、世界人口增加及日渐恐惧的气候变迁所导致的能源成本增加，也让我们认真思考未来如何保持房间子的冷暖。

为什么计算机忽冷忽热?

　　计算机——至少就处理器而言——没有活动部件。它们不是工厂机械或喷射机引擎,也不是脚踏车刹车或电钻。人或许有时候会嗯嗯啊啊、"冷"嘲"热"讽,但计算机总是能让我们毫不质疑:只要你把手贴近一台典型个人计算机的"散热"风扇,你就会感受到一阵强烈的热风。把一台笔记本电脑放在膝上超过几分钟,就可能把你的大腿烤热。如果检查计算机内部的温度,你就不会对计算机散发出来的热感到惊讶了。我的两台笔记本电脑都有内置温度计,经常达到 90 ~ 100 摄氏度——一想到唯一的活动部件是那个散热风扇,就觉得非比寻常。

　　你不觉得这现象很奇怪吗? 如果计算机的工作只是把数字移来移去,那么它们究竟为什么会变得那么热? 追根究底,答案仍旧(非常确定的)归结为热力学定律。一台普通的笔记本电脑,电源适配器的功率大约是 20 伏特、5 安培,代表每秒有达 100 焦耳的电能进入电线。热力学第一定律告诉我们,所有流进电线的能量,最后必须到达某处,而除了屏幕发射出的光、喇叭传出的任何声响,基本上所有的能量都转换成了热。如果来自计算机的 100 焦耳 / 秒都是热能,几乎跟 100 瓦特(惊人低效)的白炽灯所散发的热一样多。这就是为什么你的计算机会变热,大腿也会觉得像在烤面包。

　　那些热都是从哪里来的? 大部分来自拼命挤过线路的电子,它们就像上班高峰期成群涌上街道的人群。换句话说,也就是电阻。每根电线就像灯泡的一根灯丝一样在工作,只不过没那么剧烈,当充电的电流通过时,就会加热一点。现代计算机使用数十亿个零件,大多集中在邮票大小的芯片上,产生大量的热不易散逸。

　　计算机一直是热门商品,未来也无疑如此。20 世纪 40 年代哈佛打造的马克一号(Mark Ⅰ)是典型的半电子半机械计算机,内部装有 800 千米长的电线,每厘米都会产生热。如第 12 章所述,即使是更精密的第一台真正电子计算机 ENIAC,也要消耗 60 台烤面包机的电。20 世纪 80 年代著名的克雷超级计算机,塞满了零件,需要自己内建冷却系统,将恐怖的冷却液(Fluorinert)送进壳体,避免过热。

　　网友们喜欢吹嘘现代计算机的与众不同:环保的 iPhone 和平板电脑令人雀跃,因为需要的充电量极少,零件也少得多[188]。确实没错,但这种说法也具有误导性。首先,它们数量很多:过去只有一台 ENIAC,但苹果公司却卖出超过 5 亿台 iPhone[189]。其次,移动设备极度依赖由网络巨头 Amazon、Apple、Facebook、Google、IBM 和 Yahoo! 等所提供的所谓"云计算"(你的数据存储在庞大的数据中心并在那里进行处理,同过网络与你连接,无论你是在俄勒冈州还是印度班加罗尔，或是世界的任何地方）。根据绿色和平组织的说法，2005年至2010年间，云端计算整体的耗电量剧增了58％，而这点特别令人担忧是因为如果云端是一个国家，那它将会是世界第五大电力需求国。尽管有些云端服务公司致力于使用再生能源，还有几家仍有约半数的电力来源是煤，地球上最脏的燃料[190]。

　　毋庸置疑，相较于过去，现在的计算机效率更高，而且一直在进步。从老式的桌面计算机，换成新型的笔记本电脑，让你使用时消耗的能量减少约50％~80％[191]。最终，我们没有什么可沾沾自喜的余地，因为你始终无法摆脱热力学第一定律：能量必须来自某处。如果有更多人使用更多计算机来做更多事，那么某个时间在某处将由某些人来承担代价。

第14章

食物里程

在本章中，我们将探索：

你需要啃掉多少干酪才能打完一场高尔夫球？

你真的能"吃颗蛋就上班"吗？

为什么懒人浪费的能量比灯泡还多？

为什么你加进汽车的燃料比塞进肚子里的食物便宜得多？

如果谚语"人如其食"有可信之处，那么为什么我们不是走动的汉堡薯条呢？对于任何一个肚子咕咕叫的人来说，答案显而易见。我们的身体是逆向工作的食物工厂，通过称为代谢的复杂程序，将我们吃进去的食物转换成我们的样貌。这听起来可能像是生物或化学问题（也可称为生化），但如同宇宙中所有其他活动一样，人类的代谢受到物理定律的严格约束。换个说法，用科学的方式来改写"人如其食"，句子就变成"你吃的等于你能做的"。而这是能量守恒定律（前章提到的热力学第一定律）的一种不太正式的说法。更加随性的说法是，你午餐时吃进肚子里的香蕉和巧克力甜饼，可转换成打半小时网球、处理几十封电子邮件，以及大量的思考和睡眠。

我们往往从健康的角度来思考营养——又是生物学——但就像消化一样，营养是物理问题。你放进嘴巴和肚子里的东西，完全定义了你在接下来几小时、几天和几周内能做的及不能做的事。看起来也许并不明显，因为就算最瘦的人体内也有相当量的脂肪，可以在偶尔食物供应短缺时，为我们补充体力。如果你的体重增加，那不是因为你吃太多（多少是太多？），而是你身体使用的能量比吃进去的能量少，造成剩余的能量必须有地方去，这样才能符合物理定律。

要定义我们是什么样的人，不仅要从我们吃什么来看，还有我们如何吃。根据一些科学家的研究，在人类大脑的演化及深度思考方面，烹饪扮演了关键角色，通过烹饪，食物变得比用其他方式处理更有营养且富含能量。烹饪本身也经过极大的发展，从史前时代的露天生火串烤水牛，到现在在办公室厨房微波加热即食餐。如分子美食大师布卢门撒尔（Heston Blumenthal）等人乐意展现的，烹饪食物同样需要科学，与食物的消化以及消化后能量的存储和使用一样复杂。

食物与燃料

人类需要食物，就像汽车需要燃料一样，尽管这不是最准确的比喻。汽车不会成长或自我修复，闲置在车库时不会消耗能量，油加太满也不会变胖。食物和燃料都来自太阳，但过程却迥然不同。你加进油箱的汽油或柴油都是石油燃料，需要地质上漫长的两亿年或更久，才得以从碎石、植物和海洋动物的残骸中形成。相对来说，你在午餐时塞进嘴巴里的西红柿，从开花结果到成熟不过是几星期的事。几个月前，西红柿所含的能量（约35大卡或者说是150千焦）还在1亿5千万千米外高挂的太阳上[192]。虽然你用的汽油也来自同一个地方，但自恐龙踏上地球之后，它们就再也没见过阳光。

食物与燃料另一个显著的差异是，它们是两种不同储存形式的化学潜在能量，主要的差异是转换成机械能的方式不同。汽车基本上是在称为汽缸的坚固金属"锅"里燃烧能量。汽油通过燃烧转变成车轮推力，燃烧这种化学反应发生在含碳量高的物质与在空气中流动的氧之间。虽然我们烹饪食物，而且随性地说"燃烧卡路里"，但在我们的身体内并没有确确实实发生烹调。当我们消化食物时，通过复杂的消化过程，把食物转换成葡萄糖（化学能）。我们的胃和肝脏，把摄取的食物转换成我们可迅速使用的糖分，或者是可储存的脂肪以便需要能量时使用，这就是我们不需要双手双脚走路，一辈子嚼着脚下的草的原因之一。虽然很多人把呼吸（此处指的是呼吸作用）当作气息的同义词，但前者真正的意思是把储存在体内的燃料，利用空气中的氧，还原为有用的能量。这大致上像光合作用（由光驱动的过程，将阳光变成植物的食物）的逆过程，类似汽车里发生的燃烧。

身体能连续储存食物好几星期，所以你所吃的不会立即影响到你能做的。身体不像汽车，耗尽食物不等于用完汽油，或者像时钟那样发条松了就突然不动。物理定律告诉我们，汽车可以使用的能量，绝不会超过它从加进的汽油中所得到的能量（尽管汽车偶尔会得到一点帮助，比如滑行下坡，或被风推着走）。同样的道理，你摄取的食物所含的能量，最终会界定一个极限，决定你能做什么以及能生存多久。或许你会计算卡路里来控制体重，但至少在某种程度上，卡路里也会计算你：它们能限制你能做的活动。

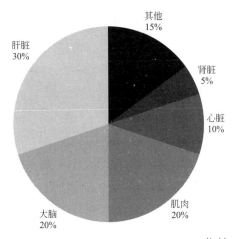

你的身体如何使用能量？

尽管大脑仅占体重的 2%，却使用了近 1/5 的能量。肝脏甚至抢夺了更多能量。这些数据显示的是你身体休息时的状态；激烈运动时，你的肌肉会使用高达 90% 的能量[193]。

计算卡路里

　　没有人喜欢烧焦的食物，但有一个地方非常欢迎它。食品包装上列出的卡路里数，是在称为热量计的微小燃烧室里燃烧迷你餐食计算出来的。有一种标准型热量计称为弹式热量计，把食物装进一个很小的金属坩埚内燃烧，通过燃烧将坩埚周围的水加热。根据定义，一般需要1大卡（大写字母C）的能量，来让1千克的水温度上升1摄氏度，所以如果我们知道水缸里有多少水，然后测量其温度变化，就能计算出该食物含有多少能量（因为燃烧食物所得的所有能量，都被水吸收了）。

　　也许很难具体想象食物中所含的能量，之所以无法靠直觉来了解，有三个原因。首先，你无法只通过观察来了解一种特定的食物含有多少能量。一个巨无霸汉堡所含的能量多，还是五根香蕉的能量多？两者差不多。其次，如第2章所探讨的，多数人不太知道爬楼梯或打网球这类事情要花多少能量，所以我们并不真的了解自己实际上需要的能量是多少，也就是多少食物。我们没有仪表板上方便的油量计，让我们知道肚子是空的还是满的，我们必须依靠粗糙的显示器，像饿了或者消化不良时肚子咕噜叫的声音。第三，我们用来测量食物能量值的惯用单位（大卡），本质上就容易让人迷惑。食物（营养）大卡应该写成大写字母C，因为1大卡（非正式的日常营养用词）其实相当于1000卡路里或1千卡（1 kcal，严谨的科学能量用词），等同于4200焦或4.2千焦的能量。

 ## 加满能量

　　另外还有一个让人混淆的因素。就像汽车糟糕透顶的低效能（只能利用大约15%加入的燃料），人体发挥化学潜在能量（我们习惯于称为食物）的能力也很匮乏。一般来说，我们身体的机械效率大约可达20%～25%，意思是如果通过呼吸作用所释放的能量是100千焦，那么肌肉只能设法使用其中一小部分（20～25千焦左右）来让我们走来走去[194]。那么其他能量到哪儿去了？60%～70%的能量只是用来维持身体的缓慢运转，其余的10%作为"管理费"，以处理我们吃进去的食物。这么一来，我们就欠安迪（第2章的那位登高工程师）一个道歉了。你的确可以在爬完帝国大厦后吃一两块巧克力饼干，因为在现实生活里，身体在爬楼梯时所燃烧的能量，多于我所计算的抬高你的质量对抗重力的绝对最小值。

就像低效能的汽车可以用一油箱燃料行驶很远，我们不甚完美的身体，也能用我们吃进的东西所产生的能量做很多事。让我们把食物当作燃料，暂时忘记所有关于大卡的说法，先比较焦耳和千焦耳，这样更容易理解。接下来，你就能直接对照食物所含的能量，以及你能用这些能量做哪些事。表 4 列出了一些常见的食物，以大卡和千焦耳表示它们的能量值，并列举了我们吃下那些东西（理论上）所能做的事。一片面包可以供应半小时阅读所需的能量（你需要再吃一条长面包才能读完这本书），而用力嚼下一个油腻的干酪汉堡足以供应1 小时自由游所需的能量。以前有一句广告标语倡导人们"吃颗蛋就上班"——只要你准备好走路，而且距离不超过约 1 千米，那完全行得通[195]。另外值得注意的是，脂肪较多的食物通常含有更多卡路里，这点与脂肪的能量密度大于蛋白质和碳水化合物的看法是一致的。

表 4　你可以用食物来做哪些事？

食物[198]	食物中的能量 /大卡	食物中的能量 / 千焦	足以供应的活动[199]
一颗柑橘	35	150	半小时睡眠
一片面包	65	270	半小时阅读
半小罐金枪鱼或一大颗蛋	75	315	10～15 分钟快走
十大颗软心豆粒糖	100	420	15 分钟激烈有氧运动
280 克意大利肉酱面	250	1050	45 分钟家务
一条士力架巧克力棒（60 克）或一个冰淇淋球	280	1200	1 小时园艺
一碗无糖果干燕麦谷片（100 克）、一片蛋糕或一杯巧克力奶昔	360	1510	1 小时高尔夫
巨无霸牛肉汉堡或五根香蕉	490	2060	骑 1 小时山地车
干酪牛排汉堡	750	3150	1 小时快速游泳

注：我尝试比较了一些常见食物的能量值（以大卡和千焦表示），与做一些普通日常活动所需的能量。

即使睡觉、思考、闲晃也都会用到能量，而且事实上数字高得惊人。还记得上一章提到的麝牛吗？它们用冬眠的懒散策略度过寒冬。有生命的东西无法停止使用能量，但可以通过减缓代谢来大幅减少能量的使用[196]。这就是冬眠的重点：因为能量较少（可立即获得的食物较少），所以减少能量消耗。对于人类来说，我们没有这项选择。睡觉或坐着没做什么事时，所谓的基础代谢率（BMR），也就是在静态情况下的能量使用率，大约为80焦/秒（或80瓦），几乎跟100瓦老式电灯一样。这听起来或许是可怕的浪费，但与著名的蜂鸟的基础代谢率相比微不足道，蜂鸟每单位体重基础代谢率是人类的10倍[197]。蜂鸟不停地嗡嗡作响和空中悬停，使得它们必须花大部分的时间来吸取富含能量的花蜜。为什么呢？只有这样它们才能继续嗡嗡作响和空中悬停，然后吸取更多花蜜。小动物需要吃下很多能量才能维持高代谢率，保持体温，这就是为什么老鼠每天吃的食物量，能达到自身体重的12%[200]。对于一个重75千克的人来说，这就像一天吃大约9千克食物，或以具体的物品来比喻，大约是140条士力架巧克力棒。

顺便说一下，如果你觉得燃料很贵，看看上面的表格，就会有完全不同的观点。1升汽油约含有34800千焦的能量，如果你买很多，花费就会越来越多[201]。然而，比较一下汽油和快餐。一个普通的汉堡所含的能量只有2000千焦（只有汽油的1/17），却可轻易让你花掉1升汽油3倍的费用。即使是电费，也只是汽油的大约2倍[202]。

若单纯以能量指数来比较，快餐比汽油贵了超过50倍。这样的对照公平吗？这要看你需要做什么，以及需要多快完成。1加仑（约4.546升）汽油可轻易推动一辆车行驶65公里，而一个490大卡的快餐汉堡所含的能量，能让你以7千米/时的速度快走1小时。如果你需要行进65千米，用不到5升汽油就能达成；但如果你是走路，理论上需要大概9个汉堡，花费大约是5倍多。不过话说回来，首先你需要买辆汽车，并支付所有其他相关费用（税、保险、维修费等），才能上路。

节食反反复复，饮食风潮是一门大生意。传统计算卡路里的减重法是很有道理的，因为它是以坚实可靠的科学做基础的。如果你身体的能量账簿没有平衡，每天有不合适的食物成为盈余，过剩的部分将直接跑到腰部、大腿和臀部。虽然肥胖是实际存在又严重的公共卫生议题，但其实零零星星的地方有一点脂肪是件好事：这是人类深谋远虑的进化机制，为营养不良时提前做好防御。纯粹的文化执拗使我们认为，肥胖是自我放纵后的可怕生理报复。然而，肥胖也是我们物理上的老朋友在起作用，也就是能量守恒定律。能量必须到某处，每焦耳的能量都要交代清楚。一个人的肥肚腩，可能是另一个人的潜在能量。

你能吃多少而不发胖，显然因人而异，而这也是能量守恒的论点。每个人的代谢率不同，而且我们白天使用的能量多少也不尽相同。不同年纪的男人和女人，能量需求不同。那些需求在大约 19 岁至 30 岁时最大，因为年轻且活动量大。田径选手和橄榄球运动员需要拼命吃高热量的饮食，例如牛排和鸡蛋；拿笔工作的人需要低热量食物，因为他们的身体不必大量活动，完成工作所需的能量较少。如果你担任的是需要久坐的工作，年纪在 30 岁至 50 岁间，你的每日能量需求大约是 2350 大卡（男性）或 1800 大卡（女性）。如果你的生活方式更活跃，这一数字会提高约 25 %，变成 2900 大卡（男性）和 2250 大卡（女性）[203]。相较之下，北极熊每天摄取大约 12000 ～ 16000 大卡 [204]。

为什么我们储存脂肪，而不是蛋白质或碳水化合物呢？因为以一千克来比较，体脂肪可以留住的能量大约是蛋白质的 2 倍。你可能能看出来，第 5 章曾提过这个"能量密度"的论点，我们在那章学到这个世界仍然依赖 10 亿辆

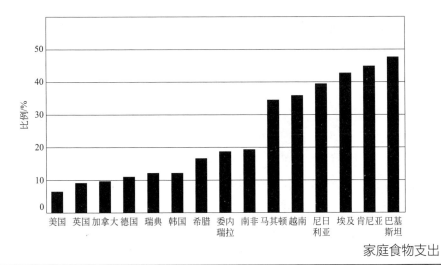

家庭食物支出

在美国，你花在食物上的钱占比仅略多于 6 %；在巴基斯坦，这个数字是近 50 %。这张图显示了 2012 年一些国家家庭食物支出的百分比。绘自美国农业部经济研究局汇编的数据[205]。

使用肮脏化石燃料的汽车突突前进，主要是因为汽油这类燃料有卓越的储存能量的能力。体脂肪几乎跟汽油一样好，而且相较于其他日常的燃料和能量来源（煤、木材、天然气和电池），脂肪能量密度更高（以每千克计算）。

　　想想工业革命以来人类能量总需求改变了多少，这是一件有趣的事。回顾 18 世纪和 19 世纪，数百万人从繁重的农业劳动中，转向体力负担稍轻的工厂工作，取而代之的是，燃煤引擎和机械，一边吐着烟一边嘎嘎作响地做着沉重的工作。如今，机器人丁零当啷地完成繁重的工作，人们只需要敲打塑料键盘订购备件。在未来，计算机也会接手大部分的脑力工作，人类或许会降级（或升级？）为仅仅是解说员（网络推文写手？），说明现场发生的情况。

　　如果我们能计算人类史上每个阶段的每种职业的总人口数和总机械量，以及在食物和燃料上消耗的能量总和，结果会是多少呢？那是不可能通过计算得出的——我们并不知道在工业革命之前，每个人到底做过什么，或消耗了多少能量。然而，如果知道现在我们使用的能量（供给机械的能量较多，供给大脑和身体较少）是否比过去那个时代多（当时人类的身体和大脑做所有的工作），将会是一件有趣的事。或者，如果活动总量大致相同，使用的能量总量，包括食物和燃料，是否也相去不远？换句话说，至今所有的进步，真的让我们更有效率吗？

　　为什么电视上有那么多烹饪节目？除了不停发明更多方法来重新加热切碎的动植物，难道我们就没有更好的事可做？或许是吧。也有可能是因为，我们对烹饪的执迷，根本比看起来的更重要。哈佛大学人类学家兰厄姆（Richard Wrangham）几年前在他的著作《找到火：烹调使我们成为人》（*Catching Fire: How Cooking Made Us Human*）中，做出这样的结论[206]。兰厄姆高度创新的理论，本质上简单易懂，他认为，人类不容置疑的成功演化归因于烹调食物，更快速、更有效率地为脑部较大的哺乳动物提供所需的能量，让我们从打猎采集中解放出来，去做更有趣、更富建设性的事，例如烹饪和看烹饪节目。

　　有趣的是，这个论点显然说得通。许多我们常看到的动物（从奶牛和羊到庭院小鸟和大黄蜂），似乎一生都在进食或觅食，单纯只为了明天可以再做同样的事。我从自家窗户看见的羊群，将每个清醒的时刻都花在吃草上，而我每天只需要三次快速的放牧，就能自由地去做更重要的事，比如看看羊和想着羊群。

烹调所做的是改变食物，瞬间提高食物的能量密度（最明显的例子是，热饮比冷饮更能使你温暖，降低身体保暖的需求），或者使食物容易消化，能够被代谢。如兰厄姆指出的，烹调蛋白质会使它的分子变性，从而让我们更容易消化，并且从蛋白质中摄取得到更多能量。这也是我们要咀嚼食物的原因。虽然咀嚼需要输入一定的能量，却能把食物磨碎成更小、更容易消化的粒子，可以从中吸收更多能量[207]。

料理的科学

烹饪被称为家政科学，不是没有道理的。你可以写一本厚厚的书，讨论把食物敲打成可食用形状时的化学和生物学秘密，有几位作者就写了这样的书，例如麦基（Harold McGee）的《食物与厨艺》（*On Food and Cooking: The Science and Lore of the Kitchen*）及沃克（Robert Wolke）的《马铃薯拯救了一锅汤？》（*What Einstein Told His Cook*）[208]。撇开烘焙面包之类所涉及的神奇复杂生物化学转换不谈，即使是烹饪的物理原理也够引人入胜了。如前一章学到的，烹饪的本质是热力学：尽可能以最快、最有效率的方式，把热从炊具转移到食物上。不同的烹调方法，通过略有不同的方式来达到这个目的。

烤箱

从史前时代用篝火串烤一只猪，到用风炉烤箱匆匆弄好周日家庭午餐，长久以来，基本的烹调方式几乎没有改变。烤箱烹饪结合了所有这三种传热形式：传导、对流、辐射。如果你的烤箱有电热管，对流会让热气温暖上升，而传导把热从热空气传到你的食物里。有些热直接从红烫的电热管，辐射到食物上（如果它们在烤箱里没有外包装）；有些热则通过烤盘和烤架来传导。风炉烤箱通过加快空气流动，加速了对流过程，能更快完成烹调。

炉灶

我们从前一章得知，用锅煮汤也是一种对流。锅本身经由传导而受热。它一开始也是通过传导，将它的热传到锅里的汤中，接着传过来的热使浓稠的液体升温，于是它膨胀，密度变小。这样一来，汤往上浮，启动对流的输送带——高温的汤上升、低温的汤下降，最后整锅汤变热。

如果你不搅动汤，会出现两种情况。靠近锅底的一些汤，会因为传导而粘锅烧焦。烧焦后会形成一个隔热层，阻隔炉火、锅底与上面低温的汤，从而减少对流或使对流完全停止。这说明了为什么同一锅汤，底部的汤烧焦了，上方却仍然是没熟的冷汤。更有趣的是，如果你观察炖锅的对流作用，有时会看到个别的几个地方在冒泡，那里的汤（或你在煮的不管什么东西）正上升又下降。每一个冒泡的地方都是微小的垂直输送带，在那些输送带上，高温的汤上升、低温的汤下降，专有名词为"瑞利－贝纳尔对流元胞"（Rayleigh Bénard convection céll），以发现者瑞利男爵（Lord Rayleigh）和贝纳尔（Henri Bénard）来命名。如果你对炖锅底部的图样感到好奇，上面说明的现象大概就是设计那些图样的原因，它们似乎可以促进对流。以我个人的经验来说，用大火煮米或意大利面之类的东西时，可以清楚看见各个对流元胞。

微波炉

传统烤箱的最大缺点是，需要热到发烫才能加热晚餐。微波炉能更快速地烹饪食物，因为它们利用的是短波高频的无线电波（微波），能直接传送能量到食物中。另一个优势是，铝制的箱子不需要先花上半小时"预热"，就能直接进行烹饪。

微波的原理是什么？微波当中的能量使食物内的水分子更快速地振动，而由于内振动可视为一种热，最终效果就是内部热效应可以烹调食物。虽然有时会听说微波炉可快速"由内而外"烹饪，但这种说法并不完全准确。用微波炉烹饪，水分多的食物煮得比水分少的食物快，所以像脆皮苹果派这类东西的确会由内而外加热，正是因为饱含水分的馅料在中间。一些整体含水量均匀的食物（如一块肉），烹饪程度会更平均，而且通常是由外而内，因为微波更快接触到表面。肉的表面一旦开始升温，就会把热传导到内部，就像传统的烤箱一样。

红外线烤炉与卤素炉

发出红色热光的烤炉和卤素炉主要通过辐射来放出热，跟熊熊篝火的作用原理完全一样。这就是为什么与眼睛平高的烤架放在猪排或干酪吐司上方的位置，还能有效烹饪食物，尽管烤炉产生的许多热向错误的方向传播（向上，远离食物），根本无法发挥烹饪作用。卤素炉（嵌入式炉具）更明显是用"光"（红外线辐射）而非热来烹调。它们就像控制自如的煤气炉，有立即加热的效果。卤素炉不像传统的电炉圈，不需要先花好几分钟等炉子预热，就能开始（通过传导）传热。不过，卤素炉的玻璃面板会变得烫手，表明仍进行着热传导。

 ## 电磁炉

从科学的角度来说，电磁炉使用的烹饪方法最巧妙。跟其他类型的炊具不同，电磁炉不会直接产生热。相反的是，电磁炉能制造一个暗藏的电磁场，在看起来像传统烹饪铁盘的金属外"壳"上面产生（"感应"）漩涡状电流，称为涡电流。涡电流与一般的电流不同，没有要传送的目的地或流向。它们在金属内部的晶化结构周围旋绕，通过产生热来耗散本身的能量，所以平盘本身变成炊具。缺点是，你必须使用含铁的锅具才能感应电磁炉产生的磁场；非磁性材料就不能用了，例如铝材。

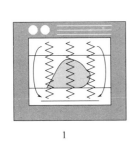
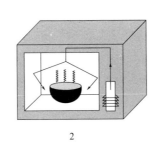
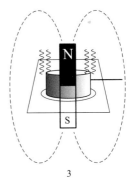

1　　　　2　　　　3

三种常用烹饪方法的比较

传统的烤箱(1) 主要通过对流来起作用。微波炉(2) 从一个发生器（称为磁控管）发出短波无线电波，使食物内含的水分子振动加温。电磁炉(3) 能有效地形成一个巨大的无形磁体，在平盘内部产生漩涡状的涡电流，耗散热来烹饪食物。

寻找能量药丸?

　　如果说晚餐就是一出戏，喝茶太冗长乏味，而消夜又令人叹息，如果你觉得所有的咀嚼都沉重烦人，也许你会期待有那么一天，只要吞下一颗药丸，一个简单的吞咽动作，就能供应一整天所需的能量。

　　这个想法的可行性有多高？一颗普通的维生素丸 A ~ Z 重约 1.5 克。如果用它供应我们一整天的日常能量所需（譬如说 2500 大卡），那差不多是 10500 千焦（或 10.5 兆焦）。1 千克的维生素的话大概包含 666 颗这样的维生素丸，这会提供我们大约 666×10.5 兆焦或说近 7000 兆焦的能量。

　　什么样的东西每千克可以提供我们这么多能量？这些数字听起来可能毫无意义，如果你回头翻阅第 5 章的插图（50 页）就会明白了。我们在图中给出了不同材料的能量密度。排名第一的是氢气，每千克提供 140 兆焦能量。即使是汽油每千克也只能供应 50 兆焦。开发出一颗能量高达汽油百倍的人类能量药丸的概率，可以说是零[209]。

第15章
流来流去的东西

在本章中，我们将探索：

你搅拌茶的方式是否有对错之分？

为什么你永远无法吹掉书架上所有的灰尘？

为什么你不应该把冰冷的奶油冻戳进水槽下水管？

运河里的驳船如何帮助我们理解打鼾？

"尘埃落定"是特别讽刺的陈腔滥调，至少在我家是如此。你何时见过灰尘做其他事了。那么，这是为什么呢？当空气不断从窗户吹进来，为什么东西上还是会一直遍布尘埃或变脏呢？汽车又是怎么回事？汽车整天在空气中疾驰（还有很多时候是在雨中），怎么还是会变脏？为什么这种看不见的"洗车"动作，无法让你价值不菲的机器保持干净亮丽？

说来奇怪，这背后的科学解释，竟然与生活中另一件让人受不了的事有关：人们总是用错误的方式泡茶、泡咖啡。我不是指"牛奶先放还是后放"或其他细节的社会传统，而是所有成分都放进杯子里之后，人们搅动饮料的方式。如果灰尘与搅动饮料看起来毫无关联，令人不明所以，那么转动的风机涡轮、打鼾的睡眠者，以及在彻底拌匀的汤里放肆出现的胡萝卜块呢？结论是，所有上述事物都极大地受到我们周遭环境中流体（液体和气体）移动的影响：同一个科学原理将这些现象紧密连接起来。

如何避免家里遍布灰尘？

让我们先把灰尘从哪里来这样难以解答的问题放一边，只思考如何清掉它们。当你看到布满灰尘的东西，本能自然是想要把灰尘吹走。于是你深吸一口气，两颊鼓得像爵士乐手刘易斯·阿姆斯特朗（Louis Armstrong）一样，然后用力吹。结果呢？有一些灰尘飞走了，却还有很多留在原地。造成这种现象的原因有两个。

首先，灰尘是非常微小的东西。你可能读过这类新闻，矿工饱受慢性肺病之苦，例如肺尘埃沉着病（病因是长期暴露在煤尘当中），或者孩子的哮喘症状因车辆排放废气而加重。灰尘中的有些粒子小得惊人：那些有害的尘埃叫做PM10（粒径10微米以下，或说1米的百万分之一，大约是一根头发的1/10～1/5细）（注：PM为particulate matter的缩写，即"悬浮微粒"）[210]。一个东西越小、越轻，越可能因为静电被吸在一个表面上，或容易形成附着的极小静电力（如我们在第6章学到的）。灰尘既小又轻，所以会黏附住。当灰尘的量很多时，自然是层层堆积。

灰尘不会被吹走的另一个原因更加有趣。我们本质上是动物，昂首阔步四处走动，以至于不会注意到非常细微的天气变化。你可能感受不到，但实际上身高越高，越容易被风吹动（影响不大却千真万确）。很明显，风速随着距地面距离的增加而增加，特别是当你走在上坡路时，但地面的风速是零却不那么容易能感受到[211]。这里所指的地面，真的是离地球表面几个原子的高度。手指那么长的青草可能会随微风摇摆，但至少在科学理论上，即使是 10 级强风，地面也毫无空气运动。相反的逻辑可以解释为什么风力涡轮机要设得那么高。若把转动叶片的高度增加一倍，可产生的功率会提高约 1/3[212]。

当你以平行于某件东西（比如沾满灰尘的书架）的方向吹气时，你嘴中吹出的迷你风有一定的速率。但在逻辑上讲，在距离书架表面譬如一个原子距离的地方，空气是完全静止的。随着你离书架表面的距离越来越远，空气速率逐渐增加，这种增加会持续一定的距离，这段距离的专有名词是边界层。在边界层外，速率接近定值。你不能吹走书架表层的灰尘，因为它们处于边界层的最低极限，该处的空气完全没有流动。你吹得越用力，越可能改变灰尘的位置。但一般来说，你只是吹走"灰尘上的灰尘"，永远有一些灰尘残留下来。

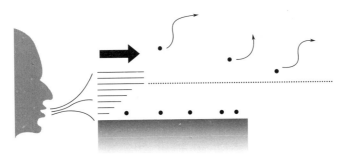

为什么你不能把书架上的灰尘全都吹掉？

当你吹气的时候，书架上方的空气沿着不同层滑移，每一层的移动速率稍快于下面几层。在离书架一定距离的上方位置，称为边界层（虚线），空气速率为定值。靠近书架表面的空气，移动速率太慢，无法改变灰尘的位置（灰色圆圈）。稍微高一点但仍在边界层内的地方，空气速率刚好能够让你吹掉"灰尘上的灰尘"。尽管如此，当你吹灰尘时，依然有一些灰尘待着不动。

灰尘遍布书架的情况，也会发生在风扇上。你是否注意过，即使风扇叶片每分钟拍击切削过空气好几百遍，仍然会变脏？其中道理一模一样：紧靠在风扇叶片表面的空气根本没有移动。不仅如此，塑料叶片一直与空气摩擦，形成静电，还容易使灰尘贴得更紧。书架和风扇的问题也可套用在汽车上。开车快速穿越空气时的空气流动，跟吹书架上的灰尘一样。虽然风与速度计上的指针所指示的一样快，呼啸而过，但在贴近汽车金属外壳的位置，空气的速率是一个超级大的零。这就是为什么灰尘和死苍蝇会黏在那里——边界层内——直到你用湿海绵把它们擦掉。

随波逐流

水和空气看似不同，但两者在快速移动时的科学原理大致相同。我们把液体和气体合称为流体，因为它们跟固体不同，可以流动，而研究流体如何移动的科学就叫做流体动力学。空气动力学是流体动力学的分支，主要研究空气的运动。在实际应用方面，可利用空气动力学的原理，通过设计使车辆快速行进时受到的空气阻力最小。像空气这样的流体有趣的一点是，它们趋向于以下面两种方式之一流动，不严格的说法是，"平滑流动"或者"紊乱流动"。

平滑流动

当你开着足够让你破产的法拉利在高速公路上疾驰时，空气会沿着车体的外壳表面平滑地滑移，顺着光滑的曲线外形以流线流动。当我们说一辆车是"流线型"，指的其实是它经过巧妙的曲线设计，几乎不会扰乱迎面流动的空气。理想的符合空气动力学的车能够尽可能减少对流线的干扰，所以从车体后方出现的空气流动，与在车体前方撞击到车子上的空气，看起来并无太大差异。当空气以这种方式流动时，就好像是沿着大致的平行线滑移。科学上我们称此为层流［"层"表示由"多片"组成，就像层压地板（超耐磨地板）是由平行薄片层层堆积而成的］。

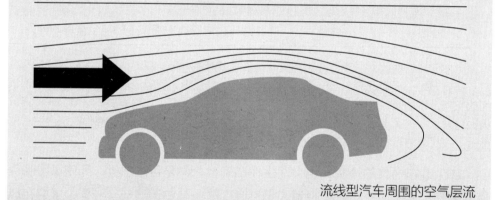

流线型汽车周围的空气层流

这是一辆非常符合空气动力学的车周围的空气流动，跟在风洞试验中看到的差不多。注意流线如何聚集成群通过车体周围，但是在车体上方的边界层之外却不受干扰。尽管设计者的出发点很好，但总是会有一些因素破坏空气流动，因此车体后方的底部有散开的乱流漩涡。

通过巧妙改变流过的空气的方向，可以改善跑车的操控性。许多跑车使用气坝（装在车身前端下方的气"铲"，减少进入车底没有用处的气流）和扰流板（装在车身尾端的迷你翼片，让后面尾随的乱流顺畅流动）。F1 赛车装有类似的装置，可以产生下压力，当赛车在可怕的高速轰鸣声中呼啸过弯时，该装置可以把车体控制在赛道上。在速度超过大约 240 千米 / 时的情况下，赛车产生的下压力是自身重力的 2 倍，这就是为什么你会听到有人说，能够倒着在天花板上开车。扰流板这类附加配件的缺点是，它会增加阻力并降低速率。因此，关于汽车空气动力学，鱼与熊掌不可兼得，尽管可变式扰流板（开车时可调整扰流板打开或倾斜的角度）两全其美：需要时提高下压力，不需要时降低阻力。

平滑的层流，不仅限于汽车领域或空气的范畴。观察层流的最佳地点之一是有缓坡的海滩。海水涌上岸时，很容易看到层层海水滑过彼此。你可能看见有一层海水在最接近沙子的底部，正慢慢在海滩上面下移回大海，而在上方的另外一两层海水，以大不相同的速率，反向从海里滑上海滩。这看起来很像层流：一层层海水像一块块光亮平滑的玻璃一样滑过彼此，没有任何明显的相互影响或混杂的迹象。涓涓河水也可以看出层流现象：流速从河底淤泥处往上逐渐加快，河底可能很少有流动或根本没有流动，流速一直增加到水面，那里的河水流动最快。

紊乱流动

水和空气当然不会总是如此平滑地流动。如果你开着卡车"突突"前进，车身前端没有前面说的那些平缓的坡度，更谈不上有任何可以利用的流线优势。当卡车方方正正的前端撞上空气时，一些平行流动的气流会停下或减慢，而在卡车影响范围之外的其他气流则直接飞速通过。结果形成漩涡状混杂的混合空气，科学上称为紊流（亦称乱流、扰流、湍流）。紊流混乱无序，对于任何想猛力通过的东西都会形成极大的阻力。空气紊流从你的卡车得到能量，导致你变慢，也就是说阻力实际上会"窃取"你的能量。

如果你热衷于游泳，而且选择的是自由泳，你会知道最佳技巧是尽量让身体伸展并保持水平，尽量不干扰水流。如果你头太高背又不平，就会在周围的水中制造紊流，导致身体移动变慢，紊流"窃取"你的能量，让你筋疲力尽。在开放的水域海边游泳，通常比在游泳池游泳吃力，因为海水中多了风和涌浪，让流体的流动更紊乱。就我个人经验而言，如果你在波涛汹涌的海水中游泳，那么保持什么身体姿势就不那么重要了 [213]。

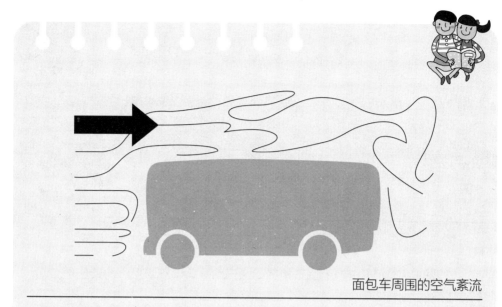

面包车周围的空气紊流

　　空气同样在车体周围全力摆动，不过有些空气撞击到车体方方正正的前端，会直接被弹回去，而每一层受干扰的空气扰乱附近其他层的空气，造成相当紊乱的混合空气。像这样搅乱空气需要能量。搅动的空气越多，卡车奋力通过空气所浪费的能量就越多，不过这种情况并非无可避免。在大卡车的车顶上安装根据空气动力学原理设计的整流罩，高速行驶时会减少约 1/4 的阻力（尽管车子会变重）。若在铰接式卡车的拖车车轮前端安装整流罩，能减少 10% 的燃料消耗 [214]。

在家中应用紊流

　　流体以层流或紊流（或两者的某种混合）的形式移动，这个概念可帮助我们解释各种各样的事物。回到前面布满灰尘的书架的例子，你可以了解吹动空气通过书架时所发生的现象是层流，很像你在平稳流动的河里看到的情况。每一层移动的空气滑移稍快于下一层空气，使得底部（最接近书架）的空气几乎完全无法移动。理论上，如果你能让空气更加混合、紊乱，就更容易吹掉书架上的灰尘——可是要怎么办到呢？也许你可以反复吸气，从各个不同方向吹或用其他技巧，让靠近书架的空气移动得更快，例如用吸管吹。在现实中，微小的灰尘与底下的书架之间，有静电吸附力和基本的吸引力，用刷子或布来清理灰尘要更有效率。

为何不要搅拌你的茶？

讨论了层流和紊流的奥妙之后，现在你可能明白了，如果你正尝试"搅拌"茶或咖啡，其实是下下之策。搅拌（无论是茶、咖啡、涂料或酱汁）指的是把某个东西放入液体中并使它回转。如果你的做法就是这样，最后的结果可能只有不停转动的层流，没有任何真正的混合效果。

为了说明这个现象，新墨西哥大学的狄摩斯（John DeMoss）和卡荷尔（Kevin Cahill）开发出一项令人惊讶（尽管有点难形容）的演示实验，你可以在网上观看实验的视频。其中一位科学家站在比一个透明圆柱形容器高的位置，容器里装满黏稠（且透明）的玉米糖浆，接着把三滴有色食物染料注入容器中不同的高度和位置。他转动一个搅拌器一定的次数，然后我们看到那几滴有色染料随着圆柱形容器的回转，在液体中散开成完全水平的条纹。到目前为止一切顺利：染料明显地混入了液体当中。是真的吗？接下来，他停了一会儿，然后逆向操作程序，反向转动搅拌器相同的次数。不可思议地，染料在液体中不混合，完整地回到一开始的状态——最初的那三滴染料。

这个几乎让人难以置信的演示实验证明了，完美的层流并不会产生混合，即使流体绕着圈转也一样。正因如此，它完全可逆。当你搅拌茶或咖时，你所做的其实不过是推动那个流体绕着圈，以近乎层状的方式转动。虽然这种搅拌方式合乎常理，但是以紊乱的方式搅拌的话更快且更有效。比如说，先往一个方向搅拌，然后猛然停下，反方向搅拌，接着反复进行这个程序。了解这个规则之后，我现在搅拌饮料时都乱向搅动，以致每次我都得擦掉洒在厨房料理台上的至少一半的饮料（客人还常怪我端出偷工减料的饮料）。

假如你以老派的方式泡茶，用茶叶而非茶包，可能会注意到另一个令人好奇的科学效应。如果你用力搅拌，茶叶会聚集在杯底的中央，而不是像你预期的那样打转到杯缘。一开始，茶叶的确向外移动，但随着你停止搅拌，旋转的茶叶与杯底及杯子内壁之间的摩擦力，使那里的液体变慢。这会产生一个双涡旋，使流体从杯子里的外侧往内侧循环，把茶叶扫向中央，茶叶因为本身的重量而下沉留在杯底，其余的液体在茶叶周围搅动。是谁发现了这一毫无用处的厨房科学？当然是我们的老朋友爱因斯坦，他在 1926 年一篇鲜为人知的论文中发表了这项论点[215]。

卡士达大混乱

　　茶始终是茶。无论你搅拌多少次，无论是用你的方式（层流）还是我的方式（紊流），最后的成品看起来总是一样。以这种简单的方式流动的流体称为牛顿流体，因为它们走的是牛顿在 17 世纪所铺设好的物理康庄大道。

　　然而，不是所有液体都像这样流动。十二三岁时，我花了一上午的课上时间才了解这件事。那时我在学习烹饪（可笑地称为 "家政学"），生平第一次学会如何正确制作卡士达酱。制作成果相当不错，可是不知为何，我忘了要搅拌，锅底有一点点烧焦。我把它放着冷却，完全忘了这回事，直到下课才想起来，但已经没时间做最后的抢救了。我觉得在下午回家前，袋子里装着半升烧焦的冷卡士达酱很麻烦，最后没办法，我决定在教室洗手槽把它冲掉。结果大错特错！冷掉的卡士达黏糊糊的，我又刮又搅，缓慢吃力地移动着。原本在锅子里顺畅流动的黄色液体，迅速变得极度黏稠。天啊！我又搅了几次，结果情况越来越糟糕。我越着急，戳得越快，卡士达就变得越稠。最后，它变成了坚硬的胶块，我得用木汤匙小小的尾端，一次一点地把它捅下塞进孔里，才收拾完毕。

　　直到 10 年后，我才了解为什么会发生那样的事，这次是在科学课堂上。大多数的液体（如水和茶）属于牛顿流体，其他还有一些则是非牛顿流体。在非牛顿流体上施加力的时候，它们不会像经过搅拌的茶一样，只是改变位置或回转。根据内部分子结构的不同，这类液体可能会变得更黏稠（剪切增稠流体）或更稀软（剪切稀化流体）。卡士达（以及任何含有玉米淀粉的东西）是剪切增稠流体；血液、面霜、牙膏、鲜奶油泡和痰，都是剪切稀化流体。你摇动西红柿酱，让它暂时变稀，更容易流动，方便倒出：施加剪切力（物理学的专有名词，表示让一个物质改变形状的力），使它变稀。你可能注意过（但从不在意），牙膏的流动方式正是如此。从软管里慢慢流出的牙膏像一只又肥又慢吞吞的虫子，但刷牙一两秒之后，它神奇地转变成容易流动的滑溜溜的液体。剪切稀化液体不像剪切增稠液体那么麻烦，我每次看到这种液体都觉得很有趣。例如咳嗽时，对肺里的痰施加足够的压力，就能让痰从固体变成液体，轻易吐出嘴巴。虽然这种举动让人很反感，但事实千真万确。

西红柿酱：剪切稀化非牛顿流体

留在瓶子里时，西红柿酱内部变碎的西红柿纤维锁在一起，就像一种半刚性脚手架(1)。在这样的形式下，很难移动西红柿酱。用力摇一摇，你就能破坏那个脚手架，使西红柿酱不受阻碍地顺畅流动(2)。

混合

在厨房的搅拌器内，层流和紊流也努力发挥着作用。这类具有杀伤力的机器多半威力吓人，所以能轻易把蔬菜切碎成菜泥和菜糊。我的手持搅拌器通过一台功率 700 瓦的电动机提供动力，几乎和我那台更大更重的洗衣机的电动机功率（860 瓦）一样大。大部分的人不太清楚 700 瓦是什么概念，但如果回头看看第 2 章的表 3，就会发现那大概是手摇曲柄可以（有点困难）产出的功率的 70 倍。尽管如此，不管是用手持搅拌器或更大的立式搅拌器，都会偶尔遇到机器切不碎的东西。搅拌器不是按照你认为的那样切东西，它们做的只是推动难看的胡萝卜块绕着圈转而已。为什么呢？因为一旦搅拌器开始转动，里面的液体也以同样的速率快速旋转，所以搅拌器做的不过是一直保持层流的状态搅拌。如果你想让搅拌器更快、更有效地切碎东西，最好的方法是按下瞬间启动键。瞬间启动会产生更紊乱无序的流动，那些很难处理的胡萝卜更容易掉回到刀片上，而不是像死亡之墙表演中的橘色摩托车那样，绕着壁面无止境地飞驰（注：死亡之墙是在直径 6 ～ 11 米的桶状赛道上，借助离心力在垂直于地面的赛道上用高速行驶的汽车或摩托车特技表演）。

如果你极度小心并集中精力观察操作，使用手持搅拌器就能演示某种非常巧妙的流体动力学实验。在一个高玻璃罐或搅拌专用的透明塑料量杯里装满一半的水，然后进行搅拌——里面只有水。小心翼翼（我必须再次强调，这些机器非常危险），慢慢往上提起搅拌器，然后观察瞬间启动和关掉电源时会发生什么现象。你会看到令人惊奇的漩涡状流动的流体（名为"涡旋"），然后有巨大的泡泡成形、旋转并渐渐消失。如果搅拌器功率足够大，你可能会发现它能产生一种向上的叶轮（吸水）一样的作用，足以支撑一个装满水的重量杯，抵抗它本身受到的重力。当你快速转动搅拌机，并且非常慢地把它往上提，可能会发现量杯会一起被提起来。

跟着水流走

你是否仔细观察过水从水龙头里流下来的情形？转动手龙头把手，让水急冲而出，接着再慢慢把它关起来，让水流减少。注意水龙头出水口处的水，水流宽度比最下方靠近水槽的水要宽。你好奇过为什么会这样吗？水基本上无法被挤进更小的空间，所以如果 1 秒内有一定的水量流出水龙头，必定有完全相同的水量流动到水流底部，也就是水流正好碰到水槽的地方。由于重力的关系，水落下时加速，所以水流底部的流速明显快于顶部。为了保持水量相同，水流底部必须相应地比顶部的水流细，否则流到水槽上的水就会比从水龙头流出的水更多。这个关系的专用术语是连续方程，含义是单位时间内流过任一给定点的水量为定值。

水龙头的连续水流

水柱底部的水，移动得比顶部的水快，所以水柱的直径变得比较小。否则，每秒钟流到水槽上的水会比从水龙头流出的水更多。

当液体或气体突然通过一个窄小的空间时，也会发生大致相同的情况，它必须加速。如果你慢慢推动注射器的尾端，水会从针头处以细长的水柱喷出。如果把一根软管接到针筒上，你就可以一直喷射出强力的水柱。这就是高压清洗机的原理（利用电泵或汽油泵来保持水的流动）。针筒和高压清洗机不会凭空创造出水：进入软管粗端部的水量，跟从细端部喷出的水柱水量一样多。只是水流必须相应加速，使得流进的水量与流出的水量相等。这个原理也帮助我们了解，为什么风会呼啸过小巷及高楼间的街道。实际上，那些街巷就像是注射器，所以当空气吹过窄巷时，它会明显加快。建筑师若忽略这点，就得自食恶果。涡旋不只会在建筑物周围盘旋，如果作用够强烈，甚至可以把路人吹走。

连续方程也能帮助我们理解一句谚语的字面意思：静水常深。快速流动的比较浅的河流突然流入更深的水道时必须减慢，以便让每秒的流量一致。想象河川的深度加倍，但河岸间的距离不变，事实上水量也会加倍，所以在较深的河段，水的流速必须减半。如果在较深的地方流速不变，那么那条河就真的是凭空生出水来了。

打鼾的科学

就像截至目前我们探讨过的所有其他问题一样，空气和水这类流体的移动，必须遵守宇宙的黄金法则，也就是我们所知的能量守恒定律。移动迅速的流体速率较大，所以动能较大。可是没有任何东西能凭空产生出能量。所以如果一个流体突然开始移动得变快，得到能量，那它就必须在另一个地方损失能量，以便符合能量守恒定律——于是流体的压力立即下降，以便达成这点。这在物理学上称为文丘里效应，可以帮助我们解释各种不寻常的流体现象，你可能看过那些现象，却并不一定真正理解其中原因。比方说，你正搭着运河驳船往上游闲晃，旁边有另一艘驳船以相同的速率漂流，通常两艘船会撞在一起。因为水必须加速流过两艘船之间的空间，所以压力下降，把两艘船拉在一起。

打鼾也是同样的道理。睡着时，通过咽部（颈部后侧，喉咙上端）的空气加速，导致压力下降。这使得气管短暂变窄，然后再次畅通，畅通与变窄之间的颤动，带来了称为打鼾的恼人的声音[216]。为什么有些人打鼾，有些人不会？斯洛文尼亚共和国耳鼻喉科的医师法狄加（Igor Fajdiga）尝试找出原因。他针对 40 名鼾声大作、中等程度打鼾和完全不打鼾的患者进行了研究。结果发现打鼾者吸气时，咽部变窄的程度比不打鼾者更大。睡眠过程中吸气时，咽部变得越窄、颤动越快，鼾声就越大[217]。

打鼾的科学

空气通过变窄的咽部时加速，使气管振动、颤动，形成我们所知的鼾声。

流体很重要

　　谁在乎水龙头、软管或乱搅的茶？布满灰尘的书架又不会让世界停止转动，而且连最难用的搅拌器最后也总是能切碎东西。这些事真的有那么重要吗？出乎意料地，答案是"没错"！

　　如果你开车或骑自行车上班，空气动力学决定了你的生活是轻松还是费力，是花更多钱（汽油）还是更快又更省力地迅速去上班（如果你骑车姿势正确并戴着流线型头盔）。是什么在维持你的屋子运转？是快速通过电线的电，可能还有呼呼而过、汩汩流经管道的天然气和水，这些全都受到流体动力学定律的支配。在你的体内，流体动力学让你保持健康：血液急流过动静脉的方式，跟河岸间急冲而过起着白沫的激流一样，而空气也以同样的方式充满你的肺部。因此，流体动力学远比清理灰尘、搅拌茶这些文明之举所呈现的更重要得多。流体支撑着我们的生命，而科学可以告诉我们为什么。

第 16 章

水，水

在本章中，我们将探索：

汩汩作响的水管与钢笔的共同点是什么？

为什么厕所是做三明治的好地方？

为什么水仍然是用来温暖房间的最棒的东西？

科学如何帮助你在冲澡时省钱？

水无处不在。婴儿就是一大袋的水（约有80％的水，相较之下，成人是60％左右）[218]。地球大致也是如此，我们的星球有约75％的面积被水覆盖，说来也奇怪——如果你被困在印度的雨季或北半球潮湿阴郁的冬天，会觉得水更多。甚至我们的房子都是由水主宰的。你或许认为是电在维持家里的运转，但整天流进流出的东西其实是水。

我发现思考水的最佳方式之一是懒洋洋地泡在浴缸中，看着不同颜色的肥皂泡泡在其中浮游[219]。人们流连浴室的理由可谓是五花八门，其中义务、放松、修整仪容可能名列前茅。你在泡澡或在淋浴过程中放声歌唱时，脑海中可能不太会想到科学这件事情。我们先把卫生的问题放一边，然后想一想科学与身体的基本保养有何关系？答案是"关系可大了"！身体保养由水来推动，而水是根据科学原理作用的。

为什么我们喜欢水？

水是生命之源，也是每间浴室哗哗作响的幕后推手。我们发射太空探测器到火星，将机器人降落到火星表面，寻找这种具有神奇力量、赋予生命的液体：我们推论，有水的地方就一定有生命。汩汩的河水，波涛汹涌的海洋，波光粼粼的湖面，朦朦胧胧的雾气，地球上的水形貌如此多变又如此奇妙，使人往往忽略了它的化学特性。回溯到1781年，卓越的英国科学家卡文迪许（Henry Cavendish）在实验室进行了一项著名的实验：在一个装满空气的瓶子里（含氧气）燃烧氢气，于是玻璃上形成了一滴滴的水珠[220]。如果我们的水都是用这种方式制造的，我们是否还会如此敬畏水？假如水叫做一氧化二氢（水的分子式是 H_2O），我们是否还愿意在高级餐厅点上一杯水？

测量一下你每天泼掉多少水，你就能知道水有多重要了。一个普通美国家庭，每天泼洒、冲洗、饮用和成为蒸汽的水，大约是1500升（80桶）[221]。你或许觉得不可能，但一个普通的现代马桶每次冲水会用掉12升水，而那种旧型的马桶可能轰隆隆地用掉2倍的水量。即使生态环保的洗衣机，一次满负荷洗涤也会消耗35～50升的水[222]。单只这两种东西（马桶和洗衣机），就用尽你一半的用水量。泡一次澡能疯狂消耗100升的水，5分钟的强力淋浴冲走同样多的水[223]。4个人真的不需要多久时间，单单冲马桶、洗涤、泡澡、淋浴，就能用掉80桶水。

我们就是爱水。当服务员端着一壶一氧化二氢到你桌上时，你会急着倒满一杯一饮而尽，振作精神。还有什么东西比水更纯净、更振奋人心呢？但相反地，我们将在下一章详尽探讨，水也能用来清洁衣物，因为它是一种效果惊人的溶剂，可以合理溶解各式各样的东西。实际上，这表示根据定义，几乎可以说没有"纯净的水"这种东西。即使是我们以为干净的自来水，其中也充满了溶解的各种矿物质（以及大量我们不想追究的其他东西）。地球上的供水十分有限且循环利用很彻底：每次你喝水时，都会疯狂喝掉牛顿、爱因斯坦和历史上其他每一位备受尊敬的科学家曾酒卜的尿液分子[224]。

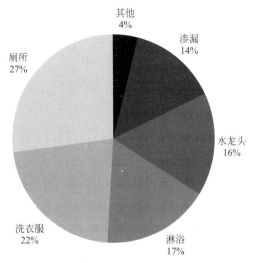

我们在家里如何用水？

图中所用的百分比数字已经过取舍（数据引自 American Water Works Association Research Foundation：Residential End Users of Water 1999）

　　我们喜欢用肥皂和水擦洗身体，理由跟我们爱用肥皂和水洗衣服一样，尽管我们可以用其他东西来替代。比如，我们或许可以采用干洗的技术，用某种无毒的化学流体来冲澡；或者我们可以想象，对着皮肤喷上某种磨粉，有点类似去除一所中世纪的大教堂里沉积的黢黑的汽车废气时的喷砂处理；我们还可以效法猫和牛，把自己舔干净。为什么我们不那么做呢？因为肥皂和水便宜、量大且效果极佳。除了湿纸巾（纸巾内含液体清洁成分），我不记得有任何人提议过用任何其他方式来清洁身体。尽管创造替代清洁方法会获得庞大的经济收益（若有一块干布，你在上班前花30秒擦拭就能全身干干净净，神清气爽，想象一下那市场有多大），但却从来没有发明家尝试让这样的产品问世。因为我们视水为理所当然，从任何可能的角度来看水似乎都完美无缺。

热水

如果你要在一间寒冷的旧浴室脱掉衣服洗澡时，最好用热的东西，而且量一定要大。如第 2 章所介绍的，水有很大的比热容：同样是 1 千克（约 1 升）的质量，相较于其他物质，水需要更多能量（4200 焦耳）才能让温度上升 1 摄氏度。原因是每个水分子都是由非常轻的原子（氢原子是所有原子当中最轻的，氧原子排名第八）组成的，所以 1 千克的水，比你能想到的几乎其他任何同样是 1 千克的东西，所含有的分子更多。每个水分子通过振动或其他方式四处移动，来吸取一定量的热能。因此，水高强的吸热能力来自它大量的分子。

水的吸热能力确实惊人！为了便于理解，假设你在水壶里注入 1 升的水，接着（如果可能的话）用铁打造一个同样的实心铁壶。现在假设你在炉子上加热这两个壶同样长的时间，使两者吸收的能量相同。到最后水会沸腾，但那个铁壶会怎样呢？它不会熔化，但会变得非常烫：温度能够上升惊人的 700 摄氏度 [225]。水的温度升高需要大量的能量，这点使得水成为把热从一处传播到另一处的完美载体，并且说明了当你泡在浴缸里思考水的科学时，为什么会听到浴室另一头汩汩流过的散热器的水声，正是水维持着你使你舒适的温暖。

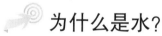 ## 为什么是水？

集中供暖系统为什么必须装满水？我们并不是很随意地做出了这个决定。当然可以同样轻松地灌满油或天然气，甚至可以用实心铁棍，完全凭借传导能力，把热从一个房间传到另一个房间。但这些东西的效果不像水那么好。想象有一根连续无间断的铁棒，大致沿着暖气管道的路径，以错综复杂的回路穿过你家 [226]。现在想象那根铁棒的一端用燃气锅炉或煤火加热，具体是哪一种不重要。要让你的房子温度升高，这根铁棒必须变得非常烫才行。想想电暖炉的散热管，它基本上是炽热红烫的，一般温度大约在 750 摄氏度，在散热管后面围着闪亮的反射板，以便把它们的热投射进房间 [227]。铁棒在你的房子里一路蜿蜒，穿过每个房间，上楼又下楼，而且要一直维持如此高的温度，直到最后回到锅炉。

能量守恒定律告诉我们，如果想要这根铁棒为你家每个房间供热，那么它损失的能量必定跟它提供的能量一样多。于是铁棒从一个房间到另一个房间时，必须急剧降温。这样我们假想的那根暖气铁棒，就不可能提供足够的热温暖每个房间，同时又有足够的蓄热传送到下一间。如果这样可行的话，铁棒通过家里的最后一间房时仍然必须是烫的，表示第一间房要相应地更热。结论是，铁棒根本无法保持足够的高温并延续得够远，让所有房间平均升温，同时又维持安全的温度，不至于引起火灾或烫伤住户。

水留住热

一根红烫的铁棒无法温暖你的家，这点看来令人困惑吗？要说明其中原因，涉及热能与温度的差异。我们凭直觉认为，热的东西含有的热能也更多，其实并非总是如此。如第13章所述，某个东西的温度（它有多热）与它含有的热能，两者有根本的差异。正因如此，冷冰冰的冰山才能含有大量的热能。

科学老师喜欢拿一个问题来举例说明：为什么你会被苹果派的热馅烫伤嘴巴，却不会被派皮烫到，即使两者的温度可能差不多？又干又脆的派皮含水量相当低，所以比热容较小，所含的热能也比苹果馅（馅料大部分是由水做成的）少。当你的舌头碰到派皮时，派的温度下降，释放出热到你的嘴巴，但热能不足以烫伤。饱含水分的馅料情况一样，如果它降下相同的温度，释放出的能量会更多，因此会烫伤你的嘴巴。同样的道理也能说明，为什么有时你能徒手拿着刚从烤箱中拿出来的装在铝箔盒里的派。铝的比热容相当小（约是水的1/5），所以尽管刚开始温度很高，但触碰后很快就能降至体温的温度，因此就无法再释放出足够的热来烫伤你。

回到集中供暖系统，沿着同样的路径通过你家，为什么装满水的管道比实心金属棒的效果更好？集中供暖系统里的水，如何把热供应到每个房间，又仍然保持足够的热度，供热到下一个房间、再下一个、又下一个？一切又回到水的大比热容：它惊人的蓄热能力要归功于内部充满的大量分子。铁的比热容大约是水的1/9。换言之，1千克的铁或钢温度降低10摄氏度，放出的热能是1升（即1千克）的水降低同样温度时所释放的热能的1/9。虽然集中供暖系统里的水从锅炉流出后通过每个房间再回流时温度会逐渐降低，但在这个过程中仍然会释放出大量的热。而且，水是非常容易流动的液体，可以通过水泵快速泵回锅炉，吸取更多的热能，反复循环。

这也是为什么我们把热水袋放进冷被窝里取暖，而不是放几块加热过的实心金属。以前人们用铜制的暖床炉来温暖床铺，它的外观像平底锅，盖子链在木长柄上，里面装入热炉灰。虽然暖床炉很烫，温度很高，却无法留住太多热，因为铜的比热容很小，而且用起来不方便又非常不安全。包在毛茸茸的厚布套里的热水袋，在前一晚装满热水后，隔天早晨依旧相当温暖，正是因为所有水分子都能有效留住它们的热能的缘故。同样的逻辑也应用于你自己的身体。为什么你要花那么久时间才能让被窝暖和起来？因为你身体的大部分就是水啊！

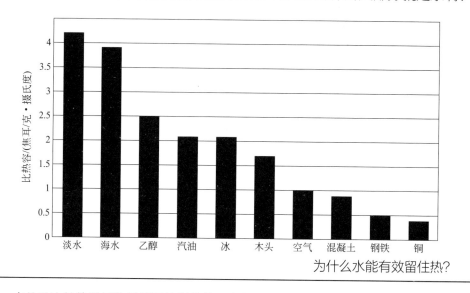

为什么水能有效留住热？

水几乎比其他任何物质都更能留住热：它的比热容大。这表示相较于 1 克的其他普通物质，1 克的水需要更多热（4 焦耳）才能让温度升高。一般而言，金属的比热容小，因为它们传热（导热）能力极佳。图中的比热容的单位是焦耳 / 克·摄氏度。

水的运动

水随时可以从水管急流而下，这一点就像它能有效留住热一样重要。假如水是更浓稠（更黏滞）的液体，一滴滴地落下而不是畅快地流动，我们就不会如此广泛地使用它。如果水慢得像蜂蜜一样滴下，想象一下淋浴、冲马桶、洗碗盘或洗衣服得花多长时间？集中供暖系统如果用蜂蜜般的水来循环仍然可以发挥作用，但效率不高。水同样会逐渐降温，从一个房间流到另一个房间，但流回锅炉的速度不够快，无法吸收更多热。

水管设备依赖于水的顺利流动，由压力驱动，最终的原因是重力，所以城镇的蓄水池和水塔总是建在山顶上。同样地，当你转开家里的水龙头时，水流喷涌而出，那是因为水箱设在家中较高的位置（通常在高楼层或阁楼）。考虑到水管的科技含量如此低，它的效果就太惊人了。不过水管设备依然有缺点。水高速奔流过管道时,会让水管设备发出极大的噪声。水是很重的东西,所以当它高速流过管道时,动量很大(想象一下冬季奥运会上有舵雪橇队冲过滑道的画面)。如果你突然关掉水龙头或阀门,停止水流,仍留在管道内流动的水会回弹,就像海浪打上海堤一样,产生恼人的振动噪声,水管工人称这种现象为"水锤现象"。

使水移动通常也涉及让空气移动,有时情况相反。你可以在家试试下面这个简单的实验(最好在厨房或浴室的水槽中进行)。拿一个用过的塑料瓶,大小均可,整个瓶子装满水,旋紧瓶盖。接着用大头针在瓶身戳几个小洞,看看会发生什么事。什么事也没有。几乎没有水流出,因为气压把洞堵住了。然而,如果拿掉盖子,水就会从洞里流出来了。这是因为空气灌入了瓶子的瓶颈部,从而让水流出来。

一般来说,只有空气可以进入并取代水的位置时,水才能从容器里流出。你可以用下面两种不同的方式来清空水瓶,然后自行观察这个现象(再另外找一个没有洞的瓶子,如果你不想被弄湿的话)。

在一个透明塑料瓶里注满水至瓶颈的位置,不要盖瓶盖。很快地倒转瓶子,让瓶口朝下,看看把水倒光需要多长时间。当水正流出瓶子时,留意瓶颈部的变化。是不是有一种激烈的汩汩声,水间歇地喷出,接着是安静的停顿?这是水与空气之间的斗争:空气正急冲入瓶内,同时水却要咕咚咕咚流出。倒空一瓶水,真正的意思是将瓶子装满空气。你会听见咕咚咕咚的声音,是因为空气和水要轮流进出。一些水排出,一些空气进入,再多一些水排出,再多一些空气进入,不断进行下去。

现在把瓶子重新注满水,试着用稍微不同的方式清空。如果你非常慢、非常轻地将瓶子倾倒成水平状,会发现这个清空方式安静得多(而且通常更快)。这种做法是让水从瓶颈部的底部流出,而空气从顶部进入:形成空气与水的层流,两者反方向平行地平滑地滑过彼此。它们之间没有紊乱的争斗,也没有混合,所以不会听见咕咚声。

如果你想非常安静地排空浴室的洗脸水槽,可以借助相同的科学原理。排水管之所以汩汩作响,通常是因为管道里某个地方有空气在跟水打架。大多数的水槽都装有 U 形弯管,来防止异味上传,却也因此有少量的水留在弯道处。你会在洗脸水槽最后排空的时候,听到夸张的汩汩声响,那是因为在水冲下管道后,后方形成了部分真空,使得水在 U 形弯管中发出了汩汩声。如果洗脸水槽中水是满的,排水时可以一边打旋槽中的水一边排空,在塞孔周围制造一个涡旋，使水绕着边缘快速打转流下水管，中央的空隙就消除了汩汩声。只要持续打旋，通常都能让水安静地流下去。自己试试看。

 ## 用水写字

这听起来饶有趣味，但有任何实用价值吗？当然有。如果你像我一样作风有点老派，仍然用钢笔写信和生日卡，就会发现让墨水流到纸张上（需要时），以及把墨水稳当地留在笔管里（不需要时）时，科学原理跟上述水流的例子一模一样。

钢笔其实就是一小瓶没有盖子的染色水。将笔倒转过来，笔尖垂直朝下，所有墨水应该会在纸上滴成一个小水坑，就像颠倒装满水的瓶子时一样。但是这种情况不会发生，因为笔尖连着一根极细的管子，与墨囊相通，往上推时空气压力使得墨水不会往下流。这跟盖上瓶盖、瓶身戳洞的水瓶例子大致相同。既然如此，墨水为什么会流出来在纸上写出字呢？这有点像把水瓶横放。介于笔尖与墨囊之间的细管有个聪明的设计，细管底部有三条墨水通道，墨水通道正上方有一条空气通道。当空气能够反方向流动交错通过墨水，取代其位置时，墨水就会往下流出笔尖。这个过程借助于毛细现象。当你拖着笔滑过纸面，纸张纤维吸附墨水，将墨水从笔尖连串拉出，每个墨水分子都拉住下一个分子，仿佛它们是一条又长又有弹性却完全相连的链子。但说到底，墨水能流出，只是因为空气可以流入。

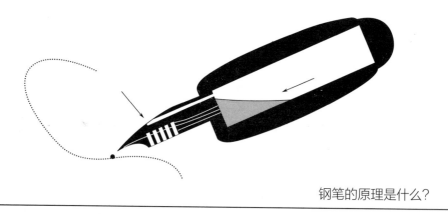

钢笔的原理是什么？

钢笔的原理与管道中的科学类似：当空气通过笔尖上的"气孔"（黑色箭头）流入时，墨水可以从底下的储墨槽（灰色箭头）流出。在毛细现象的作用下把墨水拉出钢笔，让你在纸上书写。

马桶小妙招

许多家政管道工依靠的是同一个诀窍：让空气进入，从而使水能够排出。譬如，马桶之所以能快速冲水，完全是因为水箱（顶部的储水器）有一部分储存空气。若非如此，冲马桶就会像在旋紧盖子的水瓶上戳洞那种情形一样：几乎没有水会漏出。马桶的排水管顶部需要有通风口（或称为吸气阀的东西），才能正常工作。当你冲水时，空气进入管道，平衡了排出的废水所造成的压力。管道工程就是为了了解水压和气压的作用，并且确保两者能携手合作。

当水快速流入马桶里时，显然能够发挥冲洗的作用：这本来就是冲水的含义。但这不是事情的全部。假设你拿一桶水，然后每次以一茶匙的量倒入令人讨厌的"满满"的马桶里。你可能会失望地发现，根本不能把马桶冲干净，但这其实在意料之内。如果你的冲水阀漏水，水箱的水不停滴入马桶，也无法来冲水。

如果只靠水不能把马桶冲干净，那么奥秘是什么呢？马桶依靠的是另一个诀窍：虹吸的力量。马桶冲水的道理，跟浴室洗脸水槽排空时发出的声响是一样的。冲水马桶的基本设计，凭靠的是一个 U 形或 S 形的弯曲水管，所以总有一些水一直滞留在马桶底部，形成管子的一个卫生封口，防止恶臭（和细菌）攻占整间浴室。冲水时，上方的水箱会轰隆流下大约 12 升的水冲入马桶。流到马桶上部的每一滴水，都会压迫 U 形弯管周围的一滴水，于是另一滴水从管子的另一头排出。但是，记得连续方程吧。当大量的水以漏斗状流入马桶时，从管子另一头冒出的水必须流动得更快速。水排出时，会加速拉动后面更多的水，形成强力的虹吸作用——低压以及部分真空的吸力，从而非常有效地清空马桶。

有时水管工人需要排空马桶里所有的水才能维修，而他们有个惯用的技巧。如果你把一整桶水快速倒入马桶，只要角度和速率对了，就能形成够强大的虹吸力，把马桶整个抽干。对于排污管较细的新型省水马桶来说，这个技巧不是每次都管用，我不建议你自己动手操作，除非你的马桶干干净净，而且你不介意弄湿身上穿的衣服。操作不当的话，半桶不太香的洁厕水会回喷你一身。

哪怕在最好的状况下，厕所可能看起来都是个恶心的地方，但那些清洁用水、U 形弯管形成的防菌防臭封口和非常定期的清洁，可以使马桶的卫生程度超乎想象。相比之下，你的办公室可能还更脏一些。亚利桑那大学微生物学家葛巴博士（Dr. Charles Gerba）甚至提出，在马桶上做三明治比在办公桌上来得安全，因为马桶座圈上邮票大小的面积仅有 49 个细菌，办公桌上同样的面积却藏了 1000 万个细菌[228]。

泡澡还是淋浴？

如果你是关心能源的环保人士，或者只是担心天然气和电费账单，可能会好奇泡澡比较划算还是淋浴更好。乍看之下，这是非常简单的小问题：半缸水加热所需的能量（和金钱），显然比四分之一满的浴缸更多——如果你站在浴缸里淋浴，塞住排水口，5 分钟后，水大约能达到浴缸的 1/4。根据节俭的环境审核员特里（Nicola）的说法，一般泡澡使用的能量，是普通淋浴的 4 倍，或者强力淋浴的 2 倍[229]。不管怎么看，淋浴总是比泡澡好，对吧？

也许吧，但这个问题值得我们稍微进一步思考。为什么泡澡如此没效率？如果你住在英国或北美东岸，而你想在夏天以外的季节去海泳，你得穿上防寒泳衣，还得穿上泳鞋，戴上手套。这是因为水的密度比空气大，在相同温度下，水让你的身体丧失热量的速度大约是空气的 25 倍[230]。水的比热容大，所以需要很长的时间降温，但随着水温降低，它会从你身上移走相当大量的热量。这就是为什么浴缸的水需要很热：如果水温没有达到能暖和你身体，使你大量出汗的程度，会导致核心体温下降，让你冷得牙齿打战。用冰冷的水淋浴几分钟没问题，因为接触皮肤的水非常少，不足以使核心体温下降。但你却不能舒服（或无碍地）泡在冰冷的水里而不颤抖，无论泡的时间多短。颤抖是身体的初期防卫机制，以便抵御威胁生命的危险的低体温。

我没有找到关于人们泡澡或淋浴的平均水温的可用科学数据，但我（合理地）猜想，人们泡澡的水温比淋浴的水温高，是因为他们估计水会在泡澡的 15～30 分钟内降温，他们让水温高到自己可以承受的程度，以便应对降温。我的温控淋浴设备有个安全开关，必须手动开启才能把温度调到 38 摄氏度以上，可是我想人们泡澡的水会稍微高于这个温度。这显示出泡澡的效率比淋浴低得多，因为不只用水超过所需，水温也更高（而且因为水的比热容大，温度每升高 1 摄氏度的花费更多）。

如果你担心泡澡的花费（不论是钱包的还是地球的），淋浴肯定总是更好。但真的吗？淋浴设备功能越强、使用时间越长、水温越高，所使用的能量越可能与泡澡相当。很少人有时间或兴致天天泡澡，但许多人每天淋浴（或甚至一天两次）。一周淋浴四次以上消耗的能量可以加热一次泡澡的水量，而且可以预想，若不注意，会用掉更多能量。

 ## 节能

生态环保的低耗能淋浴设备怎么样呢？它们的工作原理是减少淋浴喷头的水流量，有时会用简陋的塑料垫圈，上面钻几个小孔，套进水管里阻挠水流。能量守恒定律可以告诉我们关于淋浴节能所需知道的一切。如果你想使用较少的能量，在淋浴时间内，从喷头流出的总热能也必须减少。也就是，你要么用较少的水，要么较冷的水——水温不变、时间缩短；或时间不变、水温降低；又或者时间和水温不变，但每秒钟的水流变少。这些是全部的选项。无论是节约水流、水温或时间，都由你决定，但必须缩减某一项。

即便是使用环保的淋浴喷头，也会降低淋浴的体验：根据物理定律必然如此。淋浴无法节能，除非减少水（每秒水流变少，或水流相同但时间缩短）或降低温度。如果接受这个事实，其实就真的没有理由花大把钞票买个昂贵的新喷头，只为了省一丁点电费、天然气费。简单地三选一就好了：缩短淋浴时间、调低水温或减少淋浴次数。头脑清晰，有逻辑地思考科学，让科学为你服务。

皮包骨

在浴室里，你摆脱不了两件事：水和你自己。躺在浴缸里注视着肚脐，你可以进一步简化这个问题，因为皮肤有70%～80%是水。而水，始终是唯一真正的存在。

如果说人类是一袋又一袋由皮肤包裹住的水，那么皮肤本身就是一袋水，可是我们不会注意到，因为所有的水都锁在细胞里了。在浴缸里懒散消磨很长一段时间后，皮肤会完全变成另一种新的模样。从水中举起手来，你的手指头看起来会像犁过的田或汽车轮胎一样皱起来。弄湿的皮肤会变皱是因为皮肤吸收了洗澡水而膨胀，这是个备受关注的论题。然而，最新的科学理论提出了不同的看法。其实我们的手在水里时手指会收缩，其中的血管也会收缩。为什么呢？纽卡斯尔的斯马尔德斯（Tom Smulders）提出的论点认为，弄湿的皮肤变皱是一种进化机制，能让我们更容易握住湿的物体[231]。

　　如果皮肤的大部分是水，那么弄干皮肤几乎可以说是一个矛盾，但洗手后我们都必须擦干。匆忙之间要把皮肤弄干可能很困难，就像挥手飞奔的通勤人士在公共厕所常遇到的难题。纸巾做得不成功，甚至轰轰吹气的干手器也难以令人满意。勇敢的英国发明家戴森（James Dyson）的 Airblade 干手器，宣称 10 秒的瞬息就能把手变干。这些机器使用的电动机，每分钟飞快转动 9 万次，以速度 690 千米 / 时抽吸通过你手的空气，大约是巨无霸客机巡航速率的 80 ％ [232]。

　　羊毛、金属、纤维、玻璃、塑料，所有你能在地球上找到的物质当中，皮肤可能是最出色的了：（有效）防水、透气、自我修复、富有弹性、美观、防御免受小创伤和阳光的伤害。再华丽的语言都不足以形容皮肤的卓越。如果曾有人说你"皮包骨"，就当作是极大的赞美吧。

第17章

污点游戏

在本章中，我们将探索：

科学如何不费吹灰之力洗衣和干衣？

为什么阳光会让衣服看起来更亮？

为什么在户外即使深冬时也能轻松晾干衣物？

超细纤维抹布为什么就算不用肥皂也能清洁干净？

"看你这脏兮兮的样子!"下次再有人这么说你,即使是开玩笑,何不认真想一下呢?挑战一下自己,看看那些话里有多少是真的。举例来说,你知道自己每天排泄出大约 1000 亿个细菌吗[233]?或者我们当中有 11% 的人,手上带有的粪便细菌,跟肮脏的(没错,我说肮脏)马桶一样多[234]?有时候,我们会特别努力擦洗。2011 年 10 月,为了强调正确的卫生习惯可降低发展中国家的婴儿死亡率,卫宝肥皂(Lifebuoy)在该公司安排的一部分宣传当中,说服了 37809 名尼日利亚学童同时洗手[235]。尽管如此,我们大部分人不像表面上那么爱干净。大约 95% 的人说自己上完厕所会洗手,但只有 67% 的人真的这么做(男性比女性更糟糕,92% 说会洗手,只有 58% 真正去做)[236]。

外表可以骗人,而且完全是故意的。要不然我们为什么拿这些脏污的统计资料,与每年在洗衣清洁剂上花费数十亿的市场调查结果(美国约 40 亿～50 亿美元,欧洲约 60 亿英镑)作对比呢[237]?为这类产品所做的诱发罪恶感的广告,使购买清洁品的行动变得比强调清洁更重要了。只要有许多洗涤剂瓶子塞在厨房的水槽底下,我们有没有使用倒是无关紧要了。我们喜欢用海绵擦洗脏碗盘,却对另一个事实视而不见,也就是仅仅用过一天之后,"全新"的海绵刷就会藏有大约十亿个细菌——清洁沦为了重新排列看不见的脏东西。同时,干净的房子的反面,就是地球另一端的肮脏。如果在清洁过程中,把工业等级的漂白剂和洗涤剂排进了河川和大海,消灭鱼群、破坏海洋生态系统,并造成往后数年或数十年的毒性污染——简直是世界级的大规模家庭污染啊——那么保持你的厨房或浴室洁白无瑕,就没什么意义了。

嗯,不用担心。也许我们的心思还在正确的地方。而且,如我们将在本章中发现的,科学也在正确的地方。借助一点物理和化学的力量,如果我们真的愿意去尝试,让东西保持清洁轻而易举。

什么是脏,以及脏为什么是个问题?

不管脏是什么,它到处都是。根据备受敬重的生物学家威尔逊(Edward O. Wilson)的说法,仅 1 克的泥土就含有大约一百亿个细菌[238]。这项事实本身并不是我们担心的重点。你从来不会听到有人说:"我真的得洗这些裤子,它们完全被细菌占满了!"困扰我们的是脏的"第二特征":能够看得见的污垢和闻得到的臭味，尤其是别人会怎么想。于是我们对脏东西宣战，我们与脏东西站在两个不同的阵营，打一场永无结束之日的战役。衣服从两个方向同时变脏：从外面（例如滴上了西红柿酱，或是坐在公园脏脏的长椅上），以及从里面（自身排出的汗水，以及其他一些烦人的体液）。洗衣服关乎的主要是去除"外在的"脏东西，以及"内在的"汗水和其他体液。

为什么脏东西会堆积在衣服上？因为我们穿的衣物是为了保暖而设计的（第 18 章将继续探讨这个议题）。房屋是由砖块砌成的，衣服则由微小的纤维，如羊毛和棉（天然纤维），或聚酯纤维和尼龙（合成纤维），通过捻制、梭织或针织制成的纱线和织品。一只新生小羊的羊毛，估计由 5000 万条纤维组成，因此可以合理地假设，一件普通的羔羊毛套头毛衣，可能至少有数百万条纤维[239]。无论你的套头毛衣是诞生自绵羊背上，还是来自地下喷出的石油（即合成纤维的原料），原理和功能都一样：高密度缠结的纤维阻挡了空气，让热量留在你的皮肤里。然而，这么多小纤维如此紧密地缠结在一起，就会吸收脏东西。它们大幅增加了能吸附东西的表面积，而且因为纤维非常小，脏东西和汗水自然能以原子尺度的附着力紧贴在上面，正如我们在第 6 章探讨过的。

用肥皂和清洁剂去污

地球是一个充满水的世界，而且可以说水是最佳的清洗剂。这主要是因为水分子是不对称的。两个氢原子依附在一个氧原子上，形成三角形，水分子的氢端略带正电，氧端略带负电。就像磁铁一样，水分子也有相反的两"极"，这就是为什么它通常被称为极性分子。而且跟磁铁一样，水分子会吸附在东西上，例如成块的污渍，然后把它们用力拉掉。这个秘密让水成为绝佳的清洗剂，有时也叫做"万能溶剂"[240]。

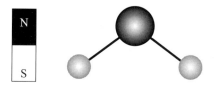

水分子

水分子由两个氢原子（H）和一个氧原子（O）组成，为极性分子。大的氧原子略带负电，小的氢原子略带正电。这使水分子形成非常不同的两端，让它可以吸附在东西上，包括其他水分子，有点像磁铁（尽管是通过静电作用，而非真正的磁力）。

　　如果这就是清洁的全部，我们只用水就可以解决一切。唯一的麻烦是，水一点都不像万能溶剂。它不能吸附在所有东西上，也不能去掉每一种脏东西。第一个难题是，相较于大部分的其他东西，水更容易紧贴它自己，如第6章所见。这就是为什么水会形成水滴，条纹状流下玻璃窗，并且在池塘表面形成一个表层，使得昆虫可以跳跃走过。这称为水的"表面张力"。必须先打破表面张力，水才能完全把东西弄湿。一般而言，极性分子会吸附于（和拉开）其他极性分子，这意味着水能迅速溶解盐（另一种极性分子）之类的东西。然而，水对口香糖、黏胶、笔没有作用，或者对有机（碳基）化学物质造成的衣服污点也无计可施，因为这些东西没有可吸引极性分子的负极和正极。

　　这就是肥皂和洗涤剂派上用场的地方。虽然肥皂也是洗涤剂，但这两个词所指的东西稍有不同。肥皂是由钠类和钾类的化合物所做成的天然洗涤剂，而洗涤剂一般是指合成物的复杂混合物，大多为石化制品。肥皂在软水中效果最佳，碰到硬水则形成没有用处的看起来很恶心的浮渣，使物品难以完全清洗干净。合成洗涤剂不会造成这种影响物品清洗的麻烦，但合成洗涤剂自身容易出现问题：例如，在河水中产生泡沫，或者减少水中的含氧量，从而导致水生生物和海洋生物窒息。接下来，我会把肥皂和合成洗涤剂统一简称为"洗涤剂"。

为什么衣服洗一洗就会变干净？

　　清洗是一项团队合作的工作：洗涤剂与水合作，因为这两个东西没有一样可以独立把你波点图案的袜子变得干干净净。当你把衣物放进洗衣机时，水一点一点流过洗涤剂槽，把洗衣液或洗衣粉冲到衣服上。洗涤剂做的第一个动作是降低水的表面张力，以便水能够更迅速地浸湿和吸附在衣服纤维上。水同时也会大幅稀释洗涤剂，确保有足够的分量可以覆盖整个滚筒里每件衣物的每一条纤维。虽然水分子会自然地吸附在一些脏东西上，把它洗掉，但使用洗涤剂的话会让整个过程更加容易。洗涤剂分子将一块块脏污包围起来，并吸附在它们上面。随着衣物在滚筒里滚动、混合及翻搅，它们被翻来覆去并反复被猛摔，这有助于把脏东西分解成更小块，使洗涤剂分子更容易将它们包围起来，发挥作用。清洗过程的主要部分，洗涤，其目的在于确保洗涤剂尽可能接触到脏污。

　　在漂洗过程中，更多的水哗哗流进滚筒。这时流入的水分子吸附在包围着脏东西的清洁剂分子上，并将清洁剂分子拉离衣服纤维，随着滚筒排水时而流出。留意我们现在谈的，是在分子程度上的清洁：很小块的脏东西被一群洗涤剂分子包围，而脏污可能深藏在衣物纤维内部。因此，需要几次清洗，才能洗掉大部分的洗涤剂，以及当中含有的脏东西。

虽然用这样的"湿洗"处理日常衣物效果很好，却有两大问题。一个问题是，它不适用于清洁每一种衣物，因为水会使纺织纤维膨胀。如果你用洗衣机洗一双棉袜，或聚酯纤维与棉混纺的速干免熨烫衬衫，不成问题；但若手洗厚料的羊毛套头毛衣，就会膨胀得非常明显，尤其是手工编织的那种；如果你用来清洁珍贵的壁毯等东西，问题就更加麻烦。除非你极度小心，否则有些织品清洗和干燥后不会百分之百保持原貌：纤维不会弹回原来的形状。这就是为什么较精细的织品一般需要干洗，利用工业溶剂，减少纤维的变形（干洗仍会弄湿衣物，只是没有用到水）。另一个大问题是，湿洗会留下一堆滴滴答答、重得要命的衣物，你得想办法弄干。

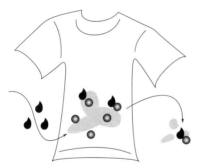

肥皂与水如何协力工作？

肥皂与水组成了一个相当给力的化学清洁队。肥皂或清洁剂（灰色斑点）包围和吸附在污渍（线条）上，把它分解成小块。水吸附在洗涤剂上面，然后把它（和脏污）冲掉。

污垢大作战

我们通常利用化学洗涤剂来清洁：用肥皂和洗涤剂把脏东西包围起来，再用水冲掉。然而，如果你使用超细纤维抹布，就可以用不同的方式清洁：利用物理原理和力的作用，而无须用到任何洗涤剂。

普通的抹布清洁时，目的不外乎是让洗涤剂扩散，然后冲净。超细纤维抹布，顾名思义，是由极小的纤维织就的，其直径只有传统抹布纤维直径的1/20～1/10。一块质量好的超细纤维抹布，其中的纤维大概是一根普通人类头发的1/100（直径约为1米的1/1000000，也就是1微米）。

如何清洁超细纤维抹布呢？超细纤维抹布上的纤维会吸附在一块块脏东西上，就像壁虎用脚上大量的微"毛"黏着在天花板上一样。当大量纤维接触到一小块污垢时，它们会产生原子尺度的静电吸附力，大到足以把脏污拉开它所紧贴的表面。你不需要任何洗涤剂或很多水：多毛的纤维像无数小磁铁一样，把脏污吸走。实际上，如果你在超细纤维抹布上加洗涤剂，纤维会塞住，无法发挥清洁功能。同样地，脏污也会很快塞住纤维，所以必须定期清洗超细纤维抹布：在锅子里煮沸，再用清水洗清即可。

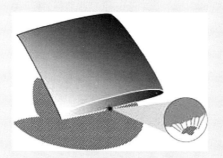

用超细纤维抹布清洁

超细纤维附着在每一小块污垢上，利用剪力将它们拉开。清洁需要的水很少，而且不需要使用洗涤剂。

干衣的科学

即使是在极为炎热的仲夏，即使有充足的户外空间吊挂湿答答的衣物，干衣仍然是麻烦的例行公事。但如果行动前先想想科学问题，事情就会容易得多。

湿答答的清洗衣物里有多少水？

我们需要认清的第一件事是，问题的规模有多大。如果你的洗衣机有个洗涤剂槽，可以自己实验看看，了解一下每次洗衣服时会用掉多少水。把一瓶瓶清水倒进洗涤剂槽，直到洗衣机停止注水，记下你已经倒入的水量。我习惯设定"半量洗涤"，我的老古董 Indesit 洗衣机洗涤过程大约注入水 6～8 升，最后可能再加上 4 升左右来冲洗衣物。每次漂洗可能再用掉差不多 6～8

升的水量，在最后脱水之前，可能有三四次漂洗。如果是"全量洗涤"，在洗衣机中搅动过的水可达 50 升，近乎你一个月喝的水。如果把这个数字乘上每周、每月、每年的洗衣次数，用水量就太惊人了。假设一个普通家庭每周两次全量洗涤，一年会冲掉数千升的水，所以两条街道每年的洗衣用水量，足以装满一座奥运规格的游泳池[241]。

当然，大部分游泳池的水马上又流出去了。一台普通洗衣机的转速约1000 转 / 分钟，比看起来还快得吓人。以普通大小的滚筒来说，这代表速度 85 千米 / 时，（理论上）如果这个滚筒有机会脱离轴承，它会飞快滚过你家厨房，跑到街道上[242]。这就是为什么拆开洗衣机后，会发现里面有一个类似混凝土块的东西，这个精密安装的东西是用来平衡高速旋转的电动机的平衡块。如此高速地回转，对于去掉湿衣物中的水分非常有帮助，但这样还不够。如果思考一下轮子的科学（第 3 章），就知道除非滚筒里的衣物量很少，而且衣物都分布在周边，否则在中间的衣物每一圈运转的旋转距离较短又转得较慢，所以不会像外圈的衣物那么干。

在中等洗涤量下，如果在将衣物丢进洗衣机前后分别称重，会发现洗后衣物重了大约 2 千克，代表仍有大约 2 升的水留在衣物里[243]。如果脱水久一点呢？不是每次都有效。蓬松的天然纤维如羊毛，比细针般的合成纤维如尼龙，更容易留住更多的水。对于雨伞，快速来回摇动或扭转差不多就能使它变干，但同样的方法对羊毛套头衫不管用。你放进洗衣机的衣物越重，越难高速旋转，排出的水就越少。同样地，如果衣物扭成一团，导致滚筒负荷不均，洗衣机的电动机就无法快速旋转，洗好的衣物就会比较湿（这就是为什么大部分的洗衣机会在衣物洗清完成后来回摇晃几次，以便在最后脱水前，让衣物松开并平均分布）。

如果把湿漉漉的洗衣过程看成科学问题，我们观察的角度会稍微不同。我们要做的是，从一堆高密度编织的纺织纤维中，抽离 2 升的水，而实际上只有两个方法可用。

通过作用力

方法之一是利用力，使水自行从织品中脱离。如果你采用旋转干衣，是让衣物加速度绕圈。滚筒持续推动衣物转圈，但因为滚筒内有洞，水会漏出去，直线状射进洗衣机的外桶和排水泵[244]。同样地，使用滴干的方式时，衣物挂在半空中，无法留住水分子。水分子一滴一滴往下流过纤维，聚积在衣物底部的缝边上，最后滴落到地面。滴干其实是利用重力来干衣，把水和衣物分开。

 ## 通过蒸发

多数人是利用蒸发来干衣：将液态水变成水蒸气。我们把衣物挂在室外晾干、放进滚筒式干衣机、披在木制晒衣架上，甚至（如果我们真的无计可施又住在23楼）放在暖气片上。我们一般习惯用热来使东西变干，自然而然地假设热是必需的，但不管从什么角度来看都并非如此。想晾干一件湿衬衫，留在衣服纤维里的水必须"渗"出表面（借助毛细现象），然后蒸发消失。液态水必须变成水蒸气（气态的水）。尽管如此，这并不是说一定要用到热。

我们往往认为，水会随着温度的改变，在固态、液态、气态之间变化。因此，液态水会变成冰（降温后）和水蒸气（沸腾后）。然而，你并不是一定要升高温度，才能让水蒸发。放在室外的一碟水，早晚会蒸发，不管它是不是热的。因此，即使是冷天，也能去掉湿答答的衣物里的水，但可能需要稍微长一点的时间，而且利用略有不同的程序。当你把锅子里的水煮沸产生蒸气时，是凭借稳定供给的热能，把较活跃的水分子从液态水中撞出，进而变成水蒸气：蒸发过程由热驱动。在寒冷的室外晾衣服时，靠的是经过的空气把水分子吹走，所以稳定吹来的干燥的风就成了神奇的因素。

"干"是这里的关键词，因为另一个影响衣物排出水（其实不管它们有没有这么做）快慢的因素是湿度（它们周围空气中已存有的水蒸气量）。如果你刚好住在雨林里，把衣服挂在室外晾干显然没有用。同样地，如果是在夏季又热又潮湿的一天，相较于空气更干燥的日子，需要更长时间来晾干衣服：水不太可能离开湿衣服，再进入另一个潮湿的环境。依照这个逻辑，如果天气干燥、湿度很低，即使非常寒冷，也可以在户外晾干衣服。我住的地方常常有从海上吹向内陆的寒冷干燥东风，湿度（讽刺地）非常低。在这种天气里，即使是深冬，把衣物晾在外面几小时，就足以让它们晾干3/4。结果证明，比起没有热，湿度低才是更重要的因素[245]。

更干净的未来？

洗衣、干衣浪费了大量时间和精力。虽然"湿洗"通常很有效，但想想清洗、干燥的整个过程，就觉得非常没有效率。如果不用水就能以某种方式清洁衣物，是不是很好啊？有没有实现的一天呢？有可能！20世纪中叶发明的合成纤维纺织品，使洗衣服变成了较轻松的家务，而未来的纺织品会继续改良。

　　很少人愿意穿戴一整套尼龙装束，尽管这种衣物刹那间就能擦干净并干透。然而，一定有一些方法可以运用科技来改善我们穿着的衣物。纳米科技已经能够在纺织纤维上涂覆防污涂层，阻止灰尘和脏东西附着。虽然你仍然得洗这些衣服，但附着的脏污能迅速减少。能不能用更快干透或者瞬干的纺织品来做衣服呢？或者是那种用干洗剂（撒在衬衫上的洗涤粉，然后只要刷掉或来回摇动就能去污）取代洗衣液就能清洁的衣服呢？Xeros 公司研发出一种洗衣机，利用数千个塑料微粒进行清洁，能减少 72% 的用水量、节省 47% 的电，还能少用一半洗涤剂[246]。这种聪明的科学可能成为未来清洁衣物的方式。

瓶子里装了什么？

　　化学与烹饪有许多共同点。然而，食谱令人垂涎三尺，化学配方却可能让你抓耳挠腮或因震惊而倒吸一口凉气，比如洗涤剂瓶子上列出的成分。让我们忘记鸡蛋、面粉、奶油还有那少许的盐，想一想离子和阴离子表面活性剂、助剂、酶、增光剂、溶剂、漂白剂、染料和香料。这些东西有什么用途，我们又为什么需要它们呢？

　　表面活性剂是洗涤剂里发挥去污作用的主要化学物质，通常一瓶洗涤剂里会有几种少量不同的表面活性剂。助剂有各种功能，沸石催化剂就是一种助剂，通过软化硬水（偷取水中的"硬"钙离子，以"软"钠离子替代）来让表面活性剂更容易发挥作用。酶是化学促进剂，能帮助水和洗涤剂分解三种特定类型的天然"脏污"。洗涤剂中常添加的三种酶为：蛋白酶，锁定蛋白质污垢；脂酶，分解脂肪和油脂；淀粉酶，分解淀粉。主要发挥作用的成分中，剩下的就是漂白剂和光学增白剂了，漂白剂的功能就是一般的漂白作用。漂白剂和光学增白剂都是狡诈的"营销化学品"，使用后能使衣服出现臭名昭著的"蓝白光"，正如 20 世纪 70 年代和 80 年代的广告所宣传的。它们的原理类似荧光灯内的白磷涂层（参见第 10 章），能将阳光中的紫外线转换成可见光，结果就造成你的白衬衫反射出比实际照在上面的光更多的可见光。

　　其他成分呢？现代的洗涤剂高度浓缩，所含的水极少。但这些化学成分必须混合在一起，并保持稳定的液态形式。这就是为什么需要加入一两种溶剂，好让其他成分正确混合，避免在瓶子里固化或分离。染料和香料没有清洁作用，但营销人员认为这些成分不可或缺。他们欺骗我们，让我们以为洗衣这件事是比实际情况更富吸引力的家务。染料把看起来可怕的化学黏稠液体，就像黏壁纸的糨糊，变成更大众的人们更熟悉的招人喜欢的颜色，如土耳其蓝或淡紫色；而香料则让我们在打开洗衣机的瞬间闻到芳香，告诉我们，我们已经做好了工作。

洗涤剂虽然能洗净你的衣物，但对地球却没有什么好处。实质上，洗涤剂里的每一种成分，都有充分的证据显示它们有害环境。例如，表面活性剂可能直接毒害水生生物[247]；磷酸盐（有时作为助剂）会减少淡水中的含氧量，造成生活在里面的生物窒息；溶剂会同时毒害人类和水生生物。洗涤剂还可能变成内分泌干扰物，所谓的"性别扭曲"化学物质，导致河里高达80％的鱼变性[248]。请牢记，水生生物是更大生态系统的一部分，包括昆虫、鸟类和人类，你将发现河水和海洋污染的问题不会只局限在河里和海洋里：它迟早会回到我们所有人身上。

解决办法呢？养成阅读成分标签的习惯。想一想其中的化学原理。用水，以及你能找到的最温和的洗涤剂。

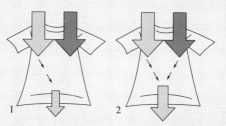

洗涤剂里的光学增白剂原理是什么？

阳光中包含混合的可见光（灰色）以及不可见的紫外线（深灰色）。当你在阳光下拿着一件白T恤(1)，它会反射一些可见光，但吸收紫外线。用含光学增白剂的清洗涤剂清洗后(2)，纤维表面残留含磷化学物质（类似荧光灯内的白色涂层）。这些含磷物质吸收紫外线，把它转换成可见光。于是用光学增白剂洗过的T恤，整体比清洗之前反射出更多光，因此看起来更亮。

第18章

人靠衣装

在本章中，我们将探索：

为什么冬天时绵羊不会发抖？

如何用起重机滑轮来解释你牛仔裤上的破损？

婚纱礼服与脚踏车的共同点是什么？

为什么"及时缝一针，可以省九针"（在科学上）是真的？

衣服是不是很像随你到处走的房子？功能差不多，只是更加多姿多彩，而且便宜得多。就像建筑物一样，我们所穿着的东西使我们保持舒适干爽——以一些令人感到惊奇的方式。自有人类以来，衣物的设计就取法于自然。不过，纺织品领域的科学家近来以更直接的方式模仿动植物，产生了所谓的仿生服饰。于是我们的奥运泳衣设计得能像鲨鱼皮一样切过水流，也有多孔的仿生雨衣像松果一样开合。这只是我们的衣服在科学中漫步的一个迷人方向。在未来，衣服也可能与穿戴式电子装置及医疗科技结合。派对礼服随着轻触开关变换色彩，T恤利用阳光来快速发电，而内置加速度计（测力计）的开襟羊毛衫会侦测到老年人的跌倒，自动叫救护车。

房子里可能有数十种高科技材料，服装纺织品通常只会使用一两种，但这些材料的相似处同样迷人。你的套头衫所用的羔羊毛，与蒙古包（游牧民族的房子）中用的防水、隔热的羊毛毛毡，并无太大不同。规模更大的，伦敦 O_2 体育馆其实也是个巨大的帐篷，伞状屋顶由不沾涂层特氟龙（非常光滑的塑料，也潜藏在你的外套和靴子里）做成。在现代办公大楼里，隐藏的钢梁让玻璃窗高高立起。不锈钢纤维可能也隐藏在办公室地毯里，通常用来减少静电，当然了，应该不会在你穿着的衣服上发现[249]。塑料更是随处可见：从鞋底（聚氨酯）和速干沙滩裤（尼龙），到窗户框（聚氯乙烯）和温室里的"玻璃"（有机玻璃）。关键是什么呢？房子与衣服基本一样，都通过相似的科学原理来作用。

保持温暖

大多数人认为衣服是一种隔热物品，通过将空气留在纤维里（例如厚羊毛套头衫），以及在你穿的每一层衣服之间的空气空隙里，发挥隔绝效果。羊毛是绝佳的隔热材料，如下图所显示的，比大多数一般建材好上许多。然而，除非你刚好住在蒙古国，否则你家里的隔热材料很可能选用由矿物质合成的便宜岩棉，而不是用从吃草的羊群背上剃下的毛。

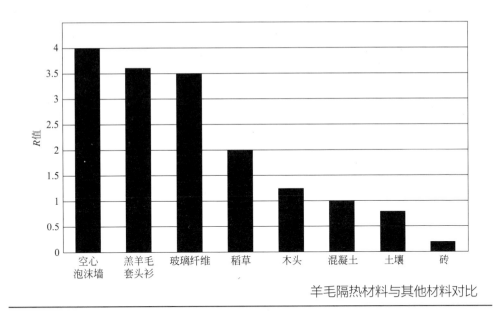

羊毛隔热材料与其他材料对比

　　羔羊毛是地球上最佳隔热物之一，几乎比任何传统建材都更有效。这张图显示了材料一般每 2.5 厘米的 R 值（表征隔热效率的量）。

　　科学可以很容易让我们保持温暖，但需要记住的是，一开始也是科学使我们觉得寒冷。在皮肤深处，核心体温是舒服的 37 摄氏度，可是在寒冷国家的户外，环境温度还不到这个数字的一半，所以我们身体的内燃机总是处在劣势中，不停地工作。更糟的是，接触的两个东西之间的温差越大，从高温物体流向低温物体的热越多，所以在冷天比暖天更快失去热[250]。这毋庸置疑：热力学定律促使身体降温，继而迫使我们陷于无止境的进食中，从而保持体温。

　　我们如何失去热？从身体核心到外部细胞组织和衣服的直接传导；从皮肤上蒸发；以及从我们穿戴的任何衣服表面的对流和辐射。运动时，身体约一半的热量因蒸发而损失（大量出汗），10％经辐射消失，以及略多于 1/3 通过传导和对流消失[251]。其中的关键因素是天气。在风比较大的寒冷天，如果你在跑步或骑自行车，冷空气不停刷过你的身体，通过对流可偷走一半的热量，所以一件防风外衣是你最好的防线。即使你穿了好几层衣服，关键是最外层必须防风，这样才能减少对流损失（如果你喜欢开着窗户睡觉，盖着的毛毯会发挥类似风衣的作用，不但能减少热量拼命流出的速率，还能降低热量最上面的毛毯与通风空气间的对流）。在又热又潮湿的日子，通过蒸发来散热就不太容易了，因为周围的空气已经饱和，所以需要吹电扇（增加对流）

保持凉爽。在寒冷且干燥无风的日子，辐射可能造成你一半的热损失。因此，最好的策略是多层次的穿着，减少从身体核心到衣服外表面的传导，从而减少衣服外表面对外的辐射。

为什么绵羊不会发抖？

下霜后的冰冷的早晨，你伸手取出了最温暖的套头衫，但温暖的套头衫究竟是什么样子？极有可能是羊毛做的，也许是美利奴羊毛，这种特别舒服的羊毛与生俱来就有绝佳的保暖作用。羊毛吸收汗水（基本上是水蒸气）的效果惊人；它是所有天然纤维中吸湿性最强的。美利奴羊毛常用于运动服饰的打底层，其实就是人们俗称的保暖内衣。它有大量细致、多毛的纤维，所以比一般羊毛更保暖。

羊毛遇到水时会具有放热性：大体而言，羊毛用三种不同的方式把汗转换成热。首先，还记得水分子是极性分子，所以会像磁铁一样紧贴住其他东西吗？水会自然地吸附在羊毛纤维内部，水分子的氢端锁在羊毛的皮质（纤维内的细胞结构），形成所谓的"氢键"。当分子键结在一起时，它们会变得更稳定，在这个过程中释放能量。这就是为什么羊毛能产生许多热来温暖你身体的原因[252]。

第二种"加热"作用更应该说成是没有降温，因为水被锁在羊毛纤维内部深处，远离了你的皮肤。羊毛不像合成聚酯纤维或尼龙，不会让你感觉又湿又黏。这点很重要，因为出汗本质上是一种降温机制。如果你出汗，汗水留在皮肤上，姑且不论好坏，你的身体都会随着水蒸发而降温。因为羊毛可以完全吸汗，几乎没有汗水留在皮肤表层，所以很少蒸发，身体也不会急剧降温。

还有第三种加热作用。当汗水在含水的羊毛纤维内凝聚时，它从气体变回液体，释放出留在水中隐藏的热能。这些热能来自哪里？当你把冰块加热变成水，或把水加热变成水蒸气时，温度并不会像整齐的直线图一样稳定上升。相反地，它会先缓和升温，接着进入一段稳定状态，这时水开始进行物态变化（相变），从固态的冰变成液态的水，或从液态的水变成气态的水蒸气。当水进行相变时，它所吸收的能量称为潜热——用来重新排列水的内部分子结构，使固态的分子结构松弛为液态（在 0 摄氏度），然后液态松弛为气态（在100 摄氏度）。当你降低温度把水从水蒸气转变回液态水，或者从液态水转变为固态冰时，就可以再得到这个潜热。

综合上述三种作用，就能解释为什么羊毛能让你在流汗时保持温暖了。了解了这项简单的科学原理，可以帮助你充分发挥羊毛衣物和美利奴羊毛内衣的效用。假设你要在又寒冷又潮湿的日子出门，理所当然想要保暖。如果你在穿戴前能确保羊毛衣物完全干燥，它们就能吸收更多室外空气中的水分或来自你身体内部的水分，并释放更多热。因此，如果你想继续穿昨天的套头毛衣，最好先把它放在散热器前，不是为了加热，而是要在你走出去接触湿空气之前，使它完全变干。

神奇的羊毛

无论是在商店用手指轻拂过羊毛织品时，还是在 iPad 上滑过时装目录的毛料衣服时，科学都是你最后才会想到的事。你会看的是尺寸、款式、颜色、剪裁，诸如此类。羊毛或许是舒适的面料，但它仍然是受物理定律规范的材料。这表示我们能像对任何其他材料一样，研究和测量比较羊毛。那么，相较于塑料和不锈钢，羊毛这种材料如何呢？

羊毛纤维由蛋白质组成（角蛋白，人类的头发和皮肤也含有）。动物纤维长度变化范围大，能从大约 3 厘米到 40 厘米，根据动物种类而不同。蛋白质内部聚集的细胞本身，由更小、更具延展性的纤维状骨架组成。羊毛纤维的外层有一层角质层，由三个分层组成，由重叠的鳞片包围着，近看有点像食蚁兽的背部。当你按压鳞片时，鳞片会把一条纤维锁在另一条纤维上，这就说明了羊毛为什么可以做成毡制品。羊毛纤维的内部，称为皮质，是由粗纤维（巨原纤维）构成的细胞组成的。粗纤维本身则包含许多较小的纤维（微原纤维），甚至还有更小的纤维（初原纤维），以及最基础的弹性蛋白质分子（实际上是角蛋白）的螺旋结构。

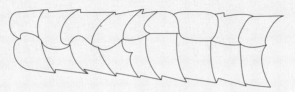

羊毛纤维结构

羊毛纤维外层角质层上的"鳞片"，作用就像屋顶上层层重叠的瓦片，让大部分的水排出。但是，角质层也有一些气孔，所以羊毛也可以吸水。

这种俄罗斯套娃般的配置，纤维内有纤维、纤维内还有纤维，就是干燥的羊毛具有高延展性的原因；蜷曲的纤维可以拉直成初始长度的大约2倍，或者挤压为初始长度的一半。想想只拉长几倍就断裂的橡胶，就知道羊毛的弹性有多优异了。羊毛看起来好像是十分脆弱的东西，但大半是因为我们被它的温暖舒适误导了。你有没有试过徒手扯断羊毛纱线？如果看看数据，就明白为什么那么难扯断了。羊毛的屈服强度（断裂前承受的最大拉应力值），大约是不锈钢的10％ [253]。羊毛的延展性和强度，使它成为日常非常耐穿的材料。

　　羊毛有一点防水作用，但不太强。它具有吸湿性（吸水），因为当水渗入皮质时，羊毛内部的纤维会像微型海绵一样向外膨胀。一般来说，羊毛的吸水率大约为15％～25％，有的时候会更高。湿羊毛，特别是湿热的羊毛，塑性多于弹性。一件用温水洗过的套头衫，尺寸会变大约10％，而且不会马上弹回原状。你不会用开水洗羊毛套头衫，是因为纤维的塑性会随着温度的升高而变得更高，造成不可逆的变形。这也是刚洗好的套头衫最好摊平晾干的原因。热本身并不会破坏羊毛，但热会使羊毛变干，然后纤维开始弱化变脆，而随着温度持续上升，羊毛会像头发一样干枯烧焦。羊毛是天然的防火材料，当你移开火源后，它事实上不会燃烧，而植物棉和亚麻在移开火源后仍会继续燃烧，合成材料如尼龙则是危险的易燃物。

保持干爽

　　潜水服（冲浪者和潜水者偏好的橡胶泳衣）可以提供给你任何功能，除了一点，保持干爽。即使你在雨中漫步时穿着潜水服，仍然会淋湿。一丁点雨都会想办法钻入氯丁橡胶，但在潜水服内，你仍然无比暖和舒适，能够迅速排汗：冬天用的潜水服叫做"蒸笼"不是没有道理的。简单的一件羊毛套头衫，的确能使你保持干爽，至少在细雨或毛毛雨中没问题。羊毛含有少量的羊毛脂，而纤维因为表层的鳞片层叠在一起，所以部分防水，让水滴直接流过。虽然一般套头衫的纱线间隔可能很宽，但密织毛衣，如经典的格恩西毛衫（一种针织紧身羊毛衫，最早为渔夫和水手设计），防毛毛雨的效果好得出奇。

　　但在滂沱大雨中，羊毛无法防雨：你需要的是耐穿的防水衣。这类防水衣大部分是用某种合成织品（基本上是塑料纤维）做成的，如尼龙。它们的纤维极为微小，且紧密地键结在一起，使水无法通过。跟羊毛纤维不同的是，合成纤维本身不容易吸收太多水。水在织品上形成"水珠"（保持一滴一滴的形式），不会被吸收，而且很容易甩掉，让表面基本上保持干爽。尽管如此，多数人都有过很不舒服的经验，就是穿着（外面）100％防水的尼龙连帽薄风衣，（里面）却汗流浃背。虽然这类便宜的防水衣在 20 世纪 70 年代中叶至 80 年代中叶广受欢迎，但现在已大半被透气的防水衣取代，这种防水衣是用如 Gore-Tex 的材质做成的。透气、防水，这两个词听起来好像相互矛盾——的确如此。它听起来也像是物理上不可能的任务：一个材料如何不让水从外面滴进来，却仍让水从里面渗出去？

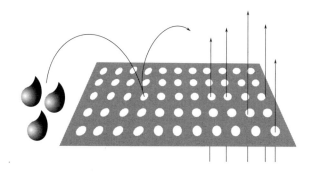

防水与透气

Gore-Tex 有称为微孔（白色）的小洞，使汗水排出，不让雨进入。雨滴（左）是那些小孔的数千倍大，而汗水中的水分子（灰色箭头）则只有小孔的几百分之一。

谜底在于雨中的水滴与汗水中的水蒸气的科学性质，有一项根本的差异。一大滴雨滴是由几亿亿个水分子锁在一起组成的，而水蒸气中的分子是分散的四处移动的自由因子；换句话说，一大滴雨滴比一个水分子巨大许多。Gore-Tex 等防水透气织品就是利用了这项差异。根据戈尔公司（W. L. Gore and Associates）科学家的说法，他们的神奇材料是由一种膜构成的，这种膜上有一种微孔，直径大约为水分子的 700 倍（水分子可轻易飘出去），但只有最小雨滴的 1/20000（所以雨滴无法钻进去）[254]。这就是为什么同一种材料既防水同时又透气。不可避免的是，如果你变得很热，大量流汗，一些水蒸气会冷却，在来不及渗出前就凝结，导致水滴在你的衣服内形成，无法蒸发到外面。即使穿着最透气的面料的衣服，里面仍可能觉得有点湿，而那个水汽接着开始抢夺你身体里的热。纵然如此，透气防水衣仍然比便宜的尼龙衣更保暖，因为它们能让衣服里面保持得更加干爽。

穿得好穿得巧

五六岁时，一头钻进学校的装扮屋里，保持温暖和保持干爽可能都不是你首要的考虑。比起乏味的生存考虑，穿着还有一大堆其他的讲究：在安全的室内，感觉舒服和大出风头才是更重要的。尽管如此，衣服的材质仍然必须要可靠，功能好。它们以一些令人着迷的方式起到这些作用。

在本章开头，我用房子来比喻衣服，现在我们再进一步探讨两者之间的相似处，相信会更有启发。建材必须从实用的角度平衡各种考虑，从屹立不倒、防风，到保暖及防雨。我们认为房屋是一种结构，尽管实际上它们是我们居家生活的"衣服"，将保护性、隐私性和整洁的家庭容器结合为一体。同样地，我们也能把衣服当作一种结构，跟房屋一样遵守物理定律。

在第1章，我们了解到房屋之所以能耸立，是借助于地基保持重量平衡。砖和梁受压，使向下压的房屋和里面物品的重量，与地板下向上推的原子，完全达到平衡。无论你穿的是晚礼服或克龙比（Crombie）外套大衣（早期富人专属的长大衣，多为双排扣、宽大版型、大领头），还是牛仔裤或丝绸和服，它都跟房屋一样有自己的重量。不过，房屋由压力（挤压的力）来支撑，而你身上的衣服在骨架上摆动，由拉力支撑。

一件厚重的婚纱，从肩膀上往下拖曳，类似由缆索悬吊下来的吊桥桥面。礼服厚实的布料的重量，由接缝处与个别布料之间的拉力分担，就像所有卡车和汽车的重量由吊桥的各条缆索共同承载一样（或者，用完全不同的比喻来看，如第4章所述，自行车和骑手的重量有效地由花鼓上复杂交错的辐条悬吊起来）。将一条牛仔裤想成一种结构，就能以完全不同的角度观察。留意主要的结构构件——腰带，如何支承悬挂着的厚重的丹宁布的整体重量。这会在腰部产生主要应力，这就是为什么好的丹宁牛仔裤的裤头会用工业级铆钉固定。

我的天啊——破烂牛仔裤的科学

一位讲究时尚的朋友曾跟我说自己如何挥霍，买了一条昂贵的牛仔裤，接着立刻动手用奶酪擦板把丹宁布磨粗，制造看起来风格独特的撕裂效果。多数人的牛仔裤经过多年的磨损后，也会达到同样的效果。这位朋友显然是走了捷径。

我们不难理解牛仔裤的膝盖处和毛衣的手肘位置会破洞。小时候，我经常在地毯上推着玩具车玩耍，衣服破洞的原因总是显而易见。几年后，没了玩具车或地毯，却仍然是膝盖处先破洞。为什么呢？每次你站起来或坐下时，裤管都会擦过你的膝盖。皮肤没有任何研磨剂的作用，但如果你留意实际发生的状况，很容易看出问题的症结。随着布料剧烈改变方向，它会拉紧，而当你的膝盖完全弯曲，布料大致呈直角移动。这时的裤管就像一个效率极差的滑轮。

滑轮是装在起重机上的绳索和圆轮。绳索在一连串的圆轮之间来回绕，这样一来，被抬起的重量就能由多条绳索共同分担。这就是为什么起重机尽管很慢，还是可以抬起非常重的东西。你可能抬头看过塔式起重机在城市的半空中悬吊建筑砌块，好奇绳索断了会发生什么事。但是绳索从来不会断。起重机绳索在滑轮上不会像你想的那样来回摩擦，所以从不会磨损。反而是滑轮的圆轮会转动，转动速率跟绳索移动的速率完全一样，于是两者在运动时事实上没有摩擦力。这很像我们在第3章看过的轮子，滑轮上的摩擦力几乎完全限制在圆轮绕着轮轴转动的那个位置上，所以对绳索造成的损伤微乎其微。

牛仔裤非常重，上半部大腿的部分，通常比下半部小腿的部分吃力得多（因为得支撑整条裤子的重量）。但是裤子下半部多半搁在靴子和鞋子上，所以膝盖处可能是承受最大作用力的位置，于是磨得最快。裤子的麻烦是，膝盖处没有滑轮圆轮。滑轮让绳索顺畅滑行，几乎没有摩擦力，裤管却在摇摇晃晃的骨头处来回摩擦，所以磨出洞来只是时间早晚的问题。

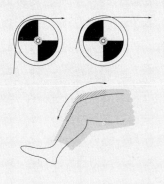

滑轮与膝盖

滑轮不会导致绕着它的绳索磨损，因为整个轮子回转的速率跟绳索上下移动的速率一致。除了偶尔有些地方产生的一点点摩擦，唯一显著的摩擦力，出现在滑轮圆轮与润滑良好的轮轴之间（阴影部分）。膝盖会磨损裤子，因为它跟滑轮上的绳索不同，膝盖是固定的，而布料会反复来回擦过同一个位置。

及时缝一针，可以省九针

　　思考作用在衣服上的力，有助于了解为什么衣服会让人变好看或难看。建筑物的设计必须精确可靠，以抵抗地球和天气任何可能影响到它们的作用力，衣服的设计则要更细致、适应性更强。它们要有弹性，并随着身体移动，所承受的作用力也一直改变。但衣服对力做出反应的方式，与其他材料（如建材）非常不同。

　　举例来说，一件普通的套头毛衣，是用羊毛或腈纶精密地成排针织成的。观察大部分的服饰，从袜子和衬衫到连衣裙和外套，就会看见共同点：经纬交错的图样，非常概括地说，这类似可在金属棒等材料当中发现的原子的整齐排列。然而，金属棒每一个方向的强度相同（专业术语为各向同性），纺织品则是某些方向的强度比其他方向强（各向异性）。对角方向比平行方向的经纱或纬纱延伸得多，因为对角方向阻力较小。因此，裁缝往往会把布料转向，让经纬纱对角垂挂（"斜裁"）。随着斜裁的连衣裙垂坠，延展并贴附在女性躯体上，在移步间自然地美化她的曲线，而对一些方向的布料施加的压力也会比其他方向大 [255]。

　　衣服显然比建筑物更容易用坏，而且原因截然不同。摩擦力会很快毁坏掉你牛仔裤的膝盖部分，但这不是破坏衣服的唯一力量。如果你来回弯折一个回形针，反复施加的应力和应变造成裂纹，扩展到金属的晶体结构，最后它就断裂了。衣服也会发生类似的情形。如果你在同一个位置重复折叠，该处的布料就会弱化，造成某种类似金属疲劳的现象。上班族的衬衫衣领很快磨损，因为每次你打领带时，那个地方的布料就会上下翻折。最后棉线就像回形针一样，因同一位置反复来回的应力，导致疲劳而断裂。

　　一旦衣服开始损坏，作用力就会将这个工作彻底完成。牛仔裤膝盖上的小磨损，很快裂成大洞。为什么会这样？因为该处布料变弱，造成其余的纺线必须支撑比之前更多的重量，结果导致每条线都更快损坏。牛仔裤上的小裂缝是应力集中处，正如巧克力砖上的凹槽（第9章），以及飞机金属机身上的裂纹。裂缝扩展得越大，剩下的布料所受的拉力越大，裂缝进一步裂开的概率就越高。裂缝本身越小，作用力就越小，因此俗话说的"及时缝一针，可以省九针"，是有科学根据的。

鞋子的科学

科学无所不在，甚至可以在你的脚下发现。每一个前进的脚步，都有物理定律在发挥作用。

首先来观察力的作用。走路时是往后推着路面的力的作用使人向前进，这是牛顿第三运动定律的绝佳范例。要想走路的效率高，双脚必须抓牢地面。如果想想汽车轮胎与你的橡胶鞋底之间的相似性，就很容易了解脚下发生的事了。就像轮胎抓地帮助车轮向前冲一样，同样地，当你把每一只脚往下踩时，抓住路面，就能让你稳步向前跃进。鞋子抓地能力越差，就越难通过后推路面向前进。在冰上或湿地板这种光滑的地面，以及砂石海滩之类地面不稳的地方，走路都需要一点技巧。当你往后推时，脚却继续移动，导致你失去平衡，或者难以产生足够的前进力。这就是为什么在沙地或雪地上行走时，需要的能量是硬地上的 2～3 倍[256]。如果你穿的鞋子款式不合适，也会阻碍走路的过程，这也是一个问题。不合脚的凉鞋和人字拖就很难行走，虽然这些鞋子有抓地力，却会在脚的周边滑动，导致往后推、向前进的过程受阻。由此可见，鞋子是否合脚至关重要。一双宽松的穿起来有点晃荡的鞋子，或许感觉比合脚的鞋子舒服，却比较难走路，因为它不容易产生有效的前进力。

你可能认为走路几乎没用到能量，因为虽然需要抬起腿和脚，但几秒钟后就又放回地面了。于是理论上，你用来对抗重力抬起腿和脚的所有能量，在脚放回地面的瞬间便会取回。但实际上，由于你需要屈曲和放松肌肉，整体仍有能量损失，而且复杂的人类步态天生便没有效率，在你左右转动、交换脚步时也会损失能量[257]。另外你走路时，每一步都要反复弯曲再拉直鞋子，"滚动阻力"也会浪费能量，很像自行车或汽车轮胎回转的情况（第4章）。很多人都明白，穿厚重的靴子长距离走路或远足，比穿轻盈的鞋子要辛苦，但不那么明显的是，硬的鞋子也会损耗你的能量。

力与能量的这些关系，解释了为什么奥运短跑选手会穿钉鞋，那种有金属尖钉的基本款跑步鞋。如果你曾经穿过，就会对那种鞋子的轻量和轻薄程度感到惊讶。不过一旦绑紧，钉鞋便展现出了卓越的功效：由于重量轻，你移动鞋子所耗费的能量就比较少，而鞋钉可以提供完美的抓地力，将摩擦力和能量损失减到最低，产生极佳的前跃力。相比于钉鞋，一般的慢跑鞋衬垫更厚，可以保护腿部和背部，避免跑跳时受到冲击伤害。然而，衬垫太厚会增加重量，浪费能量。当你的脚向下落地又抬起来时，衬垫被挤压又松开，更大的滚动阻力浪费了更多能量（就像笨重的登山车轮胎）。

所有鞋子最终都会穿坏，而磨损通常在两个位置之一出现。有时鞋底磨出洞，虽然可能不如你预期的快。以你累积的里程数来看，一双鞋子的直接摩擦损耗其实很少，因为跟汽车轮胎一样，走路时鞋底很少滑移。大部分的鞋子会坏，是因为脚趾下方的鞋子前端，或脚底正下方的鞋底有裂痕。没什么好惊讶的。这些是材料——皮革、塑料、布料或橡胶——反复来回折弯的位置。你的鞋子是因为疲劳而损坏，就像来回弯折的回形针。在终于裂开之前，鞋子能承受数百万次反复弯折（回形针可能勉强只能弯 12 次），实在是了不起呢！

注释与参考数据

　　这里列出的注释与参考数据在内文中以上标数字显示。事实上，这是"浓缩"版，更完整的参考数据，包括各个网页的链接及其他疑问，请参见我的网页 www.chriswoodford.com/atoms.html。

[1] 我是从下面这本可读性很高的传记作品中搜集到的爱因斯坦的生平细节: Isaacson, W. (2007), *Einstein: His Life and Universe* (Simon & Schuster, New York)。该书第 23 页描述了爱因斯坦高中辍学，第 25 页提及他未被理工学院录取，第 58 ～ 65 页叙述了他求职的艰难。

[2] 这里引用的公众意见统计资料取自美国和英国：参见我的网站获取参考数据链接。

[3] 关于帝国大厦，*The Official Site of the Empire State Building*, accessed 29 October 2013，参见我的网站获取链接。340000 吨 =340000000 千克，大约等于 450 万名体重 75 千克的人。根据维基百科的资料，加尔各答在 2011 年的总人口数约 450 万。

[4] 更精确的数字是 412500 帕（Pa）。

[5] 大约是 400 万帕。

[6] 　Hayes, L. et al. (1956). The Latest from Paris: An All-Plastic House. *Popular Mechanics*, August 1956, p.89.

[7] Hay, D. What Does a House Weigh? Some Mental Heavy Lifting.*The Seattle Times*, 19 December 2004. 参见我的网站获取链接。

[8] 如果你好奇东西为什么会动，答案是因为作用力与反作用力造成的影响不同。如果你开枪，作用力是让子弹射向天空，反作用力是枪反方向的后坐力。作用力让子弹移动，反作用力让枪移动。

[9] 每种常用建材都有一项数据称为"杨氏模量"。简单来说，这是表征材料刚度或弹性的量。将一块材料上的应力（施于每单位面积的力），除以应力所产生的应变（与原始长度相比较的材料延伸长度），即可计算得出杨氏模量。我的假设是，非常高强度的混凝土约占了办公大楼楼面面积的 10％。事实上，我也假设建筑物里的每个人都站在屋顶上，平均压向整个建筑物的所有楼层。在现实中，建筑物的底部受压大于顶部。

[10] How Tall Can a Lego Tower Get? *BBC News*, 4 December 2012. 参见我的网站获取链接。

[11] 1 Kunreuther, H. et al. (2013). Overcoming Decision Biases to Reduce Losses from Natural Catastrophes. In Shafir, E. (ed.), *The Behavioral Foundations of Public Policy*, p.405. Princeton University Press, Princeton.

[12] 更详尽的讨论，参见 Cool Formula for Calculating Skyscraper Sway, on the Maths Pig Blog, 21 March 2011 at mathspig.wordpress.com/，以及 Building stiffness and flexibility: earthquake engineering, at *Architect Javed*, 16 October 2011, at articles.architectjaved.com/。参见我的网站获取完整链接。

[13] Levy, M. and Salvadori, M. 2002. *Why Buildings Fall Down: How Structures Fail*. W. W. Norton, New York.

[14] Taipei 101: About Observatory: Servicing Facilities. *Taipei 101*, accessed 29 October 2013. 参见我的网站获取完整链接。

[15] 脸上一记火辣辣的巴掌，将动能（挥动的手）转变成光能、热能和声能；鸽子拍打翅膀是将储存的化学能（食物）迅速转变成动能（飞行）；泡腾片是将化学能转换成声能（可能还有一些热能）；闪烁的烟雾警报器，是将电池的电能转变成光能；受困的苍蝇等着被转换成化学能（消化的食物），而拉紧的蜘蛛网是弹性势能（储能）的例子。

[16] 计算：势能 $=mgh=30$ 千克 $\times 10$ 米 / 秒$^2 \times 400$ 米 $=120000$ 千焦。鲍伯使用 260 千焦，安迪使用 380 千焦。这个计算单纯根据将一定质量往上移动一定距离。它没有考虑身体没有效率的部分，或过程中使用的任何其他形式的能量，例如鞋擦地（摩擦损失）、向地面上的人挥手（机械能）、吹口哨哼歌（声音形式的能量损失）或其他能量。

[17] 如果安迪重 95 千克，那么他爬上顶楼至少需要 95 千克 $\times 10$ 米 / 秒$^2 \times 400$ 米 $=380000$ 千焦，相当于 90 大卡。如我们将在第 14 章探讨的，事情没有这么简单：安迪吃的东西不会百分之百转换成势能。北卡罗来纳大学教堂山分校医学院的维埃拉博士（Dr. Anthony Viera）提议，食物标签不应该只标明大卡数，还应该标上燃烧完该热量所需的步行分钟数。参见 Fast-food Consumers May Eat Less if Label Describes How Long it Takes to Walk off Calories, at the UNC Gillings School of Global Public Health, 21 January 2013（我的网站有完整链接）。

[18] 计算：能量 = 质量 × 水的比热容 × 温度变化。1 升的水，从 10 摄氏度加热到沸腾（100 摄氏度），即 1 千克 $\times 4200$ 焦 / 千克•摄氏度 $\times 90$ 摄氏度 $=378000$ 焦。假设发电机的功率大约是 5 瓦（5 焦 / 秒），需要的时间为 75600 秒，即 21 小时。自行车发电机各种机型的数据参自 Amazon.com（Dynosys 机型约 5 瓦，Busch & Müller 机型约 6 瓦）。不过，如果不选这种功率很小的发电机，改用相当不错的电动发电机，可以更直接地利用自行车手的踏力，理论上你可以获得高达 400 瓦的功率，煮沸水的时间能 80 倍快，因为这是竞速自行车手在高速时所能传递的最大功率。该数据引自一部杰作：Wilson, D. (2004), *Bicycling Science* (MIT Press, Cambridge, MA)。

[19] 可阅读焦耳本人对其能量实验的记述：Shamos, M. H. (ed.) (1987), *Great Experiments in Physics* (Dover, New York), pp. 166 - 183。

[20] 同样地，我只考虑势能，忽略了其他因素。

[21] 这个计算也只测量安迪将自己的身体抬高那段距离所需能量，不考虑机械效率（数值

将会相应加倍）：95 千克 ×10 米 / 秒^2× 400 米 =380000 焦耳，再除以 1800 秒，大约是 210 瓦。

[22] 大约 20 年前，一位名叫彼特（Piet）的魅力十足的绿色能源粉丝，在他自给自足的"移动办公室"曾演示过这个实验给我看。他的笔记本电脑电池是太阳能的，笔记本电脑连接着一台喷墨打印机，打印机的电能完全来自固定在他桌子上的一个手摇曲柄。每次要打字时，你必须转动那个曲柄好几次，感觉就像老式汽车用摇把点燃引擎那么吃力。我从未忘记那次体验，那是我曾经历过的印象最深刻的最生动的自己生产能量的实验。

[23] 我估计仓鼠的功率大约是 0.5 瓦，数据来自下面来源的估计值：Fink, D. Science for Kids: Hamster Power, 13 December 2005, http://en.allexperts.com/q/Science-Kids-3250/Hamster-Power.htm。

[24] 这些是简化后的估计值，没有考虑能量损失。

[25] 你完成某件事（爬坡、煮沸一壶水或在木头上钻一个洞）所需的能量值总是一样的，可是通常需要更多能量，因为不管你做什么，效率都不是百分之百。效率是实际上做某件事所用的能量值与理论上应该用的能量值的比值。如果某件事所用的能量是理论能量的 2 倍，那么效率只有 50%。如果你想登上山顶，开车所用的能量会比骑自行车多。这是因为汽车引擎的效率比自行车低。开车感觉比较容易，因为能量不是来自你的身体，而是来自燃烧的汽油。但如果还得支付你自身使用的每单位能量，开车成本更高。其中一部分的原因是，汽车重量大约是你体重的 15 ～ 20 倍，所以你抬上山的东西还有大量的金属、橡胶和玻璃。另一个原因是，汽车引擎和变速箱不会把储藏在汽油里的所有能量，转换成让汽车一路前进的动能。

[26] 想用汤匙搅动来煮沸水，你需要确保所有正加入的热，不会同样快地损失到周围低温的空气里。理论上，用汤匙在某种设计巧妙的真空瓶里旋转就能办到。那会是现代旋转版的焦耳实验（方法不是仅一种），当时他利用落下的砝码带动了一个在密封水箱里的桨轮转动。

[27] James Joule, Letter to the editors, *Philosophical Magazine* 27(1845): 205，引述自 Shamos, M. H. (ed.) (1987), *Great Experiments in Physics* (Dover, New York), p. 169。

[28] Gjertsen, D. 'James Prescott Joule', in Wintle, J. (2013), New *Makers of Modern Culture: Volume 1.* Routledge, London, p. 772.

[29] 动能 =mv^2/2，其中 m 为质量，v 为速度（或在此例中为速率）。

[30] 既然汽车的能量与其速率的平方呈正比，速率是原来的 2 倍时，表示能量会变成 4 倍，而速率是 4 倍时，会得到 16 倍的能量。这就是撞车的速率若加倍，危险程度超过 2 倍的原因。

[31] 你的势能 =mgh=75 千克 ×10 米 / 秒^2× 10 米 =7500 焦。

[32] 假设你撞到地面时，前行的速度为 15 米 / 秒，你的动量是 1125 千克·米 / 秒，而长达 0.1 秒的撞击所产生的力，是这个数字的 10 倍，大约几万牛顿，接近一只短吻鳄所施加

的咬力（参照第 1 章的表格）。

[33] 假设阿基米德将地球平衡地放在一种超级大的高尔夫球球座上，整体重量由一个极小的点向下施加。让我们假设阿基米德把球座黏附在杠杆的一端，在距端点 1 米处保持平衡。如果他用整个身体的重量（假设约 75 千克），在杠杆的另一边往下跳，那根杠杆需要有多长，才能像跷跷板一样达到水平平衡？如果整个地球重 6000000000000000000000 千克，很容易计算。跷跷板要保持平衡，支点两边的"质量乘以距离"必须相等。所以杠杆的长度会是，6000000000000000000000000 除以 75，或说 8000000000000000000 千米。理论上听起来没错，但你看出问题了吗？地球到太阳的距离不过 150000000 公里。长度已经延伸到了外太空，阿基米德要怎么利用重力？况且他到底会站在什么上面？你思考得越深入，这个问题看起来越可笑。大概就是这个原因，使这道题目成为让人印象深刻的思维实验。

[34] 你使用的能量由下面这个公式得出：势能 $=mgh=200$ 千克 $\times 10$ 米 / 秒$^2 \times 1$ 米 $=2000$ 焦。

[35] 精确的温度取决于许多因素。相较于密度高的重硬木，软木在较低的温度就可点燃。低温数据 200 摄氏度，引自 Cote, A. & Bugbee, P. 1988. *Prin- ciples of Fire Protection*, National Fire Protection Association, New York。

[36] 一般来说，不会发生这样的情形：球星都了解"随球动作"的重要性，在触球后保持脚、手臂或其他身体部位移动，可以增加传递的能量值，减少施加于四肢的力，从而降低受伤的风险。

[37] 在学校，类似的液压机制可以用称为"帕斯卡原理"的科学定律来解释，这项 1651 年提出的定律说明，事实上水管内任一点的水压皆相同。因此，如果你把液体的力除以水管的面积（得出压力值），即使水管变宽或变窄，都会得到同样的数值；以液压千斤顶的例子来说，小水管上的力小，大水管上的力大。我认为用能量的观点尝试了解液压机械，比较容易理解。水柱离开水枪时所拥有的能量，不可能比你扣压扳机所加入的能量更大。因为喷出枪口的水行进得比扳机快，每秒移动的距离也较远。某个东西拥有的能量，等于作用于其上的力乘以其移动的距离。如果能量为定值（必须如此），当速率增加时，力一定会变小。

[38] Cross, R. (2011). *Physics of Baseball and Softball. Springer*, New York.

[39] Lance Armstrong & Oprah Winfrey: Cyclist Sorry for Doping. *BBC News*, 18 January 2013. 参见我的网站获取链接。

[40] 关于顶尖自行车手能耐的精彩观点，参见 Padilla, S. et al. (2000), Scientific Approach to the 1-h Cycling World Record. *Journal of Applied Physiology*, 89, 1522 - 1527。

[41] 汽车一般重约 1500 千克，自行车重约 15 ～ 20 千克。

[42] Alam, F. et al. 2009. Aerodynamics of Bicycle Helmets. In Estivalet, M. and Brisson, P. (2009), *The Engineering of Sport*. Springer, Paris.

[43] Mack, J. 2007. Don't be a drag. *Bicycling*, August 2007, p. 46.

[44] 各种看似有道理的建议，参见 Sumner, J. 'Why Do Cyclists Shave Their Legs?' *Bicycling* (9 October 2014), www.bicycling.com/。参见我的网站获取链接。

[45] 参见 Wilson, D. (2004), *Bicycling Science* (MIT Press, Cambridge, MA), p. 188。

[46] 汽车产业分析中心 Ward's Auto 于"全球汽车总量逾十亿"（World Vehicle Population Tops 1 Billion Units）一文中声明了此数字。*Ward's Auto* (15 August 2011), wardsauto.com. 参见我的网站获取完整链接。

[47] 60 亿这个数字是根据 SIM 卡的数量来计算的，而非使用者或手机的数量。UN: Six Billion Mobile Phone Subscriptions in the World, *BBC News*, 12 October 2012. 参见我的网站获取完整链接。

[48] 10 亿只羊，引自 Compassion in World Farming, *Factsheet: Sheep*, accessed 7 December 2013, www.ciwf.org.uk。参见我的网站获取完整链接。

[49] 一辆发动机 3.8 升、3000 转 / 分钟的保时捷 Turbo，每分钟使用空气（3000×3.8）/2=5700 升。如果一名自行车手，每分钟以 50％肺容量（5 升的 50％）呼吸 10 次，代表他每分钟只需要 25 升的空气。类似的数据载于 Hammond, R. (2008), *Car Science* (Dorling Kindersley, London), p. 22。

[50] American Motors 公司提供高海拔汽车装备，"供应特殊引擎 / 变速箱 / 最后减速齿轮装置的三合一组合，可专厂调整化油器燃料混合、引擎怠速、点火定时，以及变更一些排放控制"，引自 Cranswick, M. (2011), *The Cars of American Motors* (McFarland Publishers, Jefferson, NC), p. 187。

[51] Denny, M. (2011). *Gliding for Gold: The Physics of Winter Sports*. Johns Hopkins University Press, Baltimore, MD. 参见 'Note 10: Getting High on Speed'。

[52] 一辆福特 Focus 重约 1800～1900 千克，引自 Ford Focus: Features and Specifications。参见 www.ford.co.uk/Cars/Focus/Featuresandspecifications。

[53] United States Office of Technology Assessment, Congress (1995). *Advanced Automotive Technology: Visions of a Super-efficient Family Car*. Diane Publishing, Darby, PA, p. 203.

[54] Fuel Economy: Where the Energy Goes. *US Department of Energy Office of Energy Efficiency and Renewable Energy*. www.fueleconomy.gov/feg/atv.shtml.

[55] Professor Ferdinand Porsche Created the First Functional Hybrid Car. *Porsche*, 20 April 2011. 参见 press.porsche.com，我的网站可获取链接。

[56] 电动车制造商特斯拉（Tesla）引述，一般的数据为充电 1 小时可行驶约 40 千米，不过它的超级充电站只需要充电 30 分钟，就保证能行驶 275 千米。参见 Tesla Charging，网址为 www.teslamotors.com/charging。

[57] 这张图表汇集比较了三个不同来源的数据：Energy Density，来自 Wikipedia（参见我的网站获取链接）；Hammond, R. (2008), *Car Science* (Dorling Kindersley,

London), p. 83；MacKay, D. (2008), *Sustainable Energy Without the Hot Air* (UIT Cambridge, Cambridge), p. 199, 我将该书所用的千瓦·时换算成了百万焦耳。

[58] 关于汽车刹车有多热,没有确切的数据:它取决于各种因素,包括制成材料的类型、材料的质量、汽车行驶的快慢、刹车的冷却功能、环境温度、下雨与否等。为了取得大致的数据,我参考了 Burt, W. (2001), *Stock Car Race Shop* (Motorbooks International, Osceola, WI, p. 199),书中说明制动器在 650 摄氏度时"开始发红"。Stapleton, D. (2008), *The MG Midget and Austin Healey Sprite High Performance Manual* (Veloce Publishing, Dorchester, p. 124),该书指出一般汽车刹车的上限值是 700 摄氏度。F1 赛车的官网引述极速时的数据是 750 摄氏度。参见 'Brakes', www.formula1.com/。参见我的网站获取完整链接。

[59] United States Office of Technology Assessment 的 *Advanced Automotive Technology: Visions of a Super-efficient Family Car* (Diane Publishing, Darby, PA, p. 165) 指出一般数值为 8% ~ 10%,最多 17% ~ 18%。也参考了 Drivers on Track for Greener Trains (*BBC News*, 10 October 2009, 我的网站有链接),其中指出通过循环制动"火车公司可节省大约 15% 的能源用量"。

[60] 摩托车的数据同样惊人:轮胎与路面的接触面积是一块"邮票大小的材料,它的存在源自一棵树"。参见 Dunlop (2012) Sportmax Range, www.dunlop.eu/。我的网站有完整链接。

[61] Vollmer, M. & Möllmann, K. 2013. Is There a Maximum Size of Water Drops in Nature? *Physics Teacher*, 51, 400. 我的网站有网络版的链接。

[62] 邻近分子之间的微小的近距离静电力称为"范德华力",得名自荷兰物理学家范德华 (Johannes van der Waals, 1837‐1923)。参见 Johannes Diderik van der Waals: Biographical: The Nobel Prize in Physics 1910, nobelprize.org/nobel_prizes/physics/laureates/1910. 我的网站有完整链接。

[63] 18 克的水含有 6×10^{23} 个分子,所以 0.1 克的水就有 3×10^{21} 个分子,是相当大的水滴。黏胶分子比水分子更大、更重。尽管如此,我们的估算仍然准确,一滴黏胶含有数万亿个分子。

[64] 一滴可支撑约 23 牛顿(2.3 千克),引自 Science X Network, 12 December 2013, Nature's Strongest Glue Could be Used as a Medical Adhesive(参见 phys.org/, 我的网站有完整链接)。该文也描述了新月柄杆菌的超强黏性。

[65] Sticky Moments in 21 Years of Superglue. *BBC News*, 21 October 1998. 参见我的网站获取链接。

[66] Silver, S. et al. 1975. US Patent 3922464: Removable Pressure-Sensitive Adhesive Sheet Material. 25 November 1975. 参见我的网站获取链接。

[67] 相较于传统胶黏剂多是 0.1 ~ 2.0 微米的粒子,便利贴的粒子大小是 25 ~ 45 微米,

参 考 自 Karukstis, K. & Van Hecke, G. (2003), *Chemistry Connections: The Chemical Basis of Everyday Phenomena* (Academic Press, New York), p. 214。

[68]　"在仅相当于约四五个原子直径的距离，这样的作用力微不足道。"参考自 Hecht, E. (1998), *Physics Algebra/Trig* (Brooks/Cole, Pacific Grove, CA), p. 114。

[69]　"10 亿根毛发"引自 Ruibal, R. & Ernst, V. (1965). The Structure of the Digital Setae of Lizards (*Journal of Morphology* 117: 271‑294)。关于壁虎胶的更广泛讨论，参见 Huber, G. et al. (2005), Evidence For Capillarity Contributions to Gecko Adhesion from Single Spatula Nanomechanical Measurements (*Proceedings of the National. Academy of Sciences*, 102, 16293‑16296)。我的网站有该论文的链接。

[70]　根据 Physics.org（参见 www.physics.org/facts/gecko-really.asp），一只重约 150 克的壁虎可支撑 40 千克的重量，这表示它可以支撑自身体重 267 倍的重量。如果一个人重 75 千克，以完全相同的方式按比例放大，这个重量相当于约 20000 千克（或者说 20 吨）。若要计算得更精准，就得思考壁虎的脚与人类手脚的相对尺寸，并且考虑人体的身体与天花板接触的面积较小的事实。

[71]　Slippery Slope: Researchers Take Advice from Carnivorous Plant. 引 自 Harvard School of Engineering and Applied Sciences (news, 21 September 2011), www.seas.harvard.edu/news. 参见我的网站获取链接。

[72]　关于冰壶等冰上运动的有趣物理观点，参见 sportsnscience.utah.edu/curling-friction-technical/。

[73]　你可在 BBC 精彩的系列节目《Fun to Imagine》中，观看费曼对冰的光滑性的解说，网址：bit.ly/1wLEk9j。留意他如何非常巧妙地利用插入"他们说"的策略，来回避对其他人的理论负责。

[74]　这项理论阐述自 Somorjai, G. & van Hove, M. Getting a Grip on Ice. *Science*, 9 December 1996, news.sciencemag.org/technology。参见我的网站获取完整链接。

[75]　根据美国阿贡国家实验室（Argonne National Laboratory）Ask a Scientist 网站上所载的两个答案，一朵普通的云容量是数 10 亿立方米。假设每立方米含有大约 0.3 克的液态水，我们可计算出这朵云的含水量可能介于数十万至数百万公升之间。云朵含水量的数据取自 Linacre, E. & Geerts, B. Cloud Liquid Water Content, Drop Sizes, and Number of Droplets, www-das.uwyo.edu/~geerts/cwx/notes/chap08/moist_cloud.html。参见我的网站获取链接。

[76]　剑桥大学卡文迪许实验室（Cavendish Laboratory）简单明了地概述了汤姆逊 1897 年的实验。参见 Cambridge Physics: Discovery of the Electron, www-outreach.phy.cam.ac.uk/camphy/electron/electron_index.htm。

[77]　这件轶事由汤姆逊的孙子转述，参见 Davis, E. & Falconer, I. (1997), *J. J. Thomson and the Discovery of the Electron* (Taylor & Francis, London)。

[78] 居里夫妇因这项研究，与贝可勒尔（Henri Becquerel）共同获得 1903 年诺贝尔物理学奖。参见 1903 年诺贝尔物理学奖：www.nobelprize.org/nobel_prizes/physics/laureates/1903/。

[79] Movie of the Week: Madame Curie, *LIFE*, 13 December 1943, pp. 118 - 122.

[80] 加州大学伯克利分校物理学教授穆勒（Richard Muller）估计，50 年间科罗拉多州丹佛市些微上升的天然放射性，将"造成逾 4800 人死于癌症。这项死亡人数比切尔诺贝利核事故预期的死亡人数还多！"。参见 Muller, R. (2008), *Physics for Future Presidents* (W.W. Norton, New York), p. 117。

[81] Gleason, S. (1955). Finding Uranium in the Dark. *Popular Science*, July 1955, p. 71.

[82] Schoolboy, 13, Creates Nuclear Fusion in Penwortham. *BBC News*, 5 March 2014. 参见我的网站获取链接。

[83] 紧凑缈子线圈内 7 太电子伏（TeV）质子 – 质子对撞产生超过 100 种带电粒子的图像，参见欧洲核子研究组织，cds.cern.ch/record/1293117。原图版权所有 ©CERN 2010，此处依欧洲核子研究组织版权规章"教育与信息用途"许可重制。参见我的网站获取链接。

[84] 如果你刚开始涉猎原子物理，劳伦斯伯克利国家实验室（Lawrence Berkeley National Laboratory, LBNL）粒子数据小组（Particle Data Group）建设的网站是一个很好的起点。参见 www.particleadventure.org/。

[85] 235 克或 1 摩尔铀 235 含有 6×10^{23} 个原子，而每一个分裂的原子可释放大约 3.2×10^{-11} 焦的能量，参见 Sowerby, Kaye & Laby, Tables of Physical and Chemical Constants, via www.kayelaby.npl.co.uk/（参见我的网站获取完整链接）。因此，235 克的铀 235 会产生约 20 万亿焦，而 1 克的铀产生大约 1000 亿焦耳（或者说 1000 亿瓦 / 秒）。

[86] 这种原子排列形式称为"最密堆积"。铁（一种常见金属）内部的晶体结构称为"体心立方"，指原子以立方体形式排列，其中八个顶角各占据一个原子，另有一个占据立方体中心。这个基本的结构称为"晶胞"，反复组合，就形成了铁的晶体结构，类似某种 3D 图样的壁纸。

[87] 垃圾填埋场的细菌可以消化垃圾，而且有证据显示，海洋细菌有同样的能力。参见 Zaikab, G. (2011), Marine Microbes Digest Plastic, from www.nature.com, 28 March 2011。参见我的网站获取链接。

[88] 尼龙是第一种真正的合成塑料纺织品，于 1938 年 10 月 27 日问世。虽然有更早的塑料制品，但尼龙的出现标志着现代塑料时代的真正开始。

[89] 这张图表中的数据只是一个大概的数据。它们汇集自几个不同数据源，包括 Household Waste—That's Garbage!, Michigan Waste Steward ship Program, www.miwaterstewardship.org/（参见我的网站获取完整链接）；Save Our Beach, www.saveourbeach.org; Surfers Against Sewage (2010), Motivocean: Marine Litter: Your Guide (Surfers Against Sewage, St Agnes, Cornwall)。

[90] 凯夫拉纤维的相关内容参见 www.explainthatstuff.com/kevlar.html。

[91] Le Bourhis 教授推断，第一片玻璃约出现在公元前 3500 年至公元前 5000 年间。参见 Le Bourhis, E. (2008), *Glass* (Wiley-VCH, Weinheim), p. 29。

[92] 参 见 Fosbroke, T. (1843). *Encyclopaedia of Antiquities and Elements of Archaeology, Classical and Mediaeval, Volume 1.* M. A. Nattali, London。"贝克曼(Beckman)提到，透明玻璃在哲学家塞涅卡(Seneca)的时代是相当新奇的东西，牧师斯塔布斯(Stubbs)认为石头和玻璃窗的使用，归功于 736 年伍斯特(Worcester)的主教维尔弗里德(Wulfrid)的引进。"

[93] 参见 Langhamer, A. (2003). *The Legend of Bohemian Glass: A Thousand Years of Glassmaking in the Heart of Europe* (Tigris, Czech Republic)中的"有色玻璃"一节。

[94] Szasz, F. 2006. 'J. Robert Oppenheimer and the State of New Mexico', in Kelly, C. (ed.) (2006), *Oppenheimer and the Manhattan Project*, World Scientific, Singapore.

[95] 更为详尽的讨论，参见 Zallen, R. (2008), *The Physics of Amorphous Solids* (John Wiley & Sons, Weinheim)："在非晶固体中，缺乏长程有序性；平衡的原子位置排列极为混乱。"

[96] Debennetti, P. & Stanley, H. 2003. Supercooled and Glassy Water. *Physics Today*, June 2003, p. 40："玻璃态的水可能是宇宙间最普遍的水的形式。它可以是星际尘埃上的霜、彗星中大量物质的构成物，并且被认为在与星球活动相关的现象中扮演着重要角色。"

[97] Szczepanowska, H. (2013). *Conservation of Cultural Heritage: Key Principles and Approaches.* Routledge, London."玻璃之谜"（Myths about glass）一节引述布里尔博士（Dr. Robert Brill）的看法时指出，"玻璃的黏度可能是金属铅的 10 亿倍，但我们从未见过铅从彩绘玻璃窗流下。"

[98] 根据材料科学的术语，玻璃的断裂韧性和断裂功比较低。通过测量这两种相关（但不同）的物理量，可以了解在一种材料中，裂纹扩展需要多少能量。输入进来的能量必须要到达某处，假如这些能量不使材料变形，就会使其断裂。气球的断裂功非常低，即使是微小的针点，也能立刻让裂痕扩展，造成爆裂。

[99] 参见 'Coefficients of Cubical Expansion of Solids', in *Lange's Handbook of Chemistry* (1979; McGraw-Hill, New York)。

[100] 玻璃的密度约为 2500 kg/m³，因此 1 立方米的玻璃重 2.5 吨。

[101] 这里不做更深入的物理探究，这些内容本质上是能隙的范畴，参见 Smallman, R. & Bishop, R. (1999), *Modern Physical Metallurgy and Materials Engineering: Science, Process, Applications* (Butterworth-Heinemann, Oxford), p. 195。

[102] McCollough, F. (2008). *Complete Guide to High Dynamic Range Digital*

Photography. Lark Books, New York, p. 13 提出天气晴朗时室外的平均光强度约 100000 坎德拉 / 米 ^{2}，相较之下，室内仅为 50 坎德拉 / 米 ^{2}。

[103] 参见 Boyd, R. (1957), Design of glass for daylighting, in *Windows and Glass in the Exterior of Buildings: A Research Correlation Conference Conducted by the Building Research Institute* (National Academies Press, Washington), p. 8。

[104] Ferrell McCollough（见前述注释 [102]）引述的数据是室内光强度为 50 坎德拉 / 米 ^{2}。

[105] 关于电致变色玻璃窗更详尽的说明，参见 Arntz, F. et al. 1992. US Patent 5171413: Methods for Manufacturing Solid State Ionic Devices, 15 December 1992（参见我的网站获取链接）。这两种科技本质上的相似之处，显然来自第一句描述：一种"可作为电致变色玻璃以及（或）充电电池的装置"。

[106] Armistead, W. & Stookey, S. (1962), US Patent 3208860: Phototropic Material and Article Made Therefrom. 28 September 1965. 参见我的网站获取链接。

[107] "1928 年, 迪默（Walter Diemer）……发明了泡泡糖。他使用的是一种橡胶树乳胶。"参见 Mathews, J. (2009), *Chicle: The Chewing Gum of the Americas, From the Ancient Maya to William Wrigley* (University of Arizona Press, Tuczon, AZ)。

[108] "口香糖中含有一种天然橡胶做成的基质，也就是丁苯橡胶或聚乙酸乙烯酯。"参见 Askeland, D. et al. (2010), *Essentials of Materials Science and Engineering*. Cengage Learning, Stamford, CT, p. 527。

[109] 如果你有一副偏光太阳镜（一定要是偏光的），以及一台笔记本电脑或平板电脑，你就可以自己实验光弹性。打开 word，新建一个空白文档，然后放大，使整个屏幕都是白色的。现在戴上太阳镜，拿一些透明的塑料物体，放置在眼睛与电脑屏幕之间。你应该会看到一些惊人的富有迷幻效果的光谱颜色。当你用力压那些物体或转动你的头时，会发生什么事呢?

[110] 戈登（James Gordon）教授认为，充气轮胎的发明，与内燃机同样重要："……如果 1830 年左右就有高效的充气轮胎可用，我们可能会直接朝着机械式路面交通工具发展，而不需要经过中间的铁路发展阶段"。参见 Gordon, J. (1978), *Structures*. Penguin, London, p. 314。

[111] 钢的弹性模量（亦称杨氏模量）约 200000MPa，相较之下，橡胶约 1MPa。参见 Glaser, R. (2001), *Biophysics* (Springer, Berlin), p. 213。

[112] Sun, J. et al. (2012). Highly stretchable and tough hydrogels. *Nature* 489, p.133 - 136.

[113] 戈登教授提到，怀孕蝗虫的弹性模量为 0.2MPa，橡胶则是 7MPa。参见 *Structures* （见前述注释 [110]），p. 54。

[114] 参见 Section 5.5 The Reversibility, Chandrasekaran, V. (2010), *Rubber as a Construction Material for Corrosion Protection*. John Wiley & Sons, Hoboken.

[115] 关于脸部皮肤弹性的一般性讨论，参见 Piérard, G. et al. (2010), Facial Skin Rheology, in Farage, M. et al. (eds), *Textbook of Aging Skin*. Springer, Heidelberg。

[116] 玻璃的弹性模量约为 70000MPa，说明玻璃的弹性至少是钢的 2 倍。

[117] 这张图的灵感大致来自另外一幅比较抽象的图，在这幅图中说明了裂纹如何导致应力集中，收录于 Gordon, J. 1978. *Structures*. Penguin, London (p. 66)。

[118] 相关内容的概述，参见 When Metals Tire, in Levy, M. & Salvadori, M. (1992), *Why Buildings Fall Down* (W. W. Norton, New York)。更详细的讨论，参见 Withey, P. (1966), Fatigue Failure of the De Havilland Comet I., in Jones, D. (ed). (2001), *Failure Analysis Case Studies II* (Elsevier Science, Oxford)。

[119] Goldsmith-Carter, G. 1969. *Sailing Ships and Sailing Craft*. Hamlyn, London.

[120] 关于具有弹性的天然木壳船体如何使"圣洛克号"（*St. Roch*）在北冰洋中破冰前进的描述（圣洛克号为 1928 年至 1954 年隶属于加拿大皇家骑警队的运输船，经常航行于北极），参见 Delgado, J. (1985), *Across the Top of the World: The Quest for the Northwest Passage* (Douglas & McIntyre, Vancouver), p. 185。

[121] 极地船"前进号"，参见 www.frammuseum.no/。参见我的网站获取完整链接。

[122] 参 见 Chapter 4: Leather Preservation, in Smith, C. (2003), *Archaeological Conservation Using Polymers: Practical Applications for Organic Artifact Stabilization*. Texas A&M University Press, College Station。

[123] 更详细的说明，参见我讨论感温变色材料的文章：www.explainthatstuff.com/thermochromic-materials.html。

[124] Clout, L. Splendour of new Wembley fading already. *The Telegraph*, 10 May 2007.

[125] Pohanish, R. 2011. *Sittig's Handbook of Toxic and Hazardous Substances*. Elsevier, Oxford, p. 736.

[126] Johnson, J. 2011. *Old-Time Country Wisdom and Lore: 1000s of Traditional Skills for Simple Living*. Voyageur Press, Minneapolis, p. 51.

[127] 西欧琪（Mia Siochi）在美国国家航空航天局教育影片"Real World: Self Healing Materials"中，提及 5km/s 这项数据。参见我的网站获取链接。

[128] 不同的数据记载的时间不同，有的是 1703 年，有的是 1704 年，但是我所看到的最早书面摹本，清楚写着日期 MDCCIV (1704)。牛顿 30 年前就初次发表了关于光的看法（恰巧 30 岁时），见于 1672 年《哲学学报》（*Philosophical Transactions*）刊登的一篇论文。

[129] 感谢剑桥大学，你可以舒服地通过计算机浏览牛顿的笔记内容。参见 'Isaac Newton: Laboratory Notebook', *Cambridge University Digital Library*, cudl.lib.cam.ac.uk。我的网站有完整链接。

[130] 波粒二象性（光表现出粒子和波两种性质）并非新的思想。关于 18 世纪的光学先驱

如何看待光的精彩记述，参见 Shamos, M. (1959). *Great Experiments in Physics* (Dover, New York), p. 93。

[131] 1900 年，开尔文男爵汤姆森（William Thompson, Lord Kelvin）大胆地告诉英国科学促进会："从今以后，物理学将不再有任何新的进展。"虽然这句广为流传的话引起诸多争议，却似乎准确概括了他的信念。汤姆森在来年发表的论文中指出，物理的"优美性和明晰性"被两朵乌云遮蔽——这两朵乌云正是很快将由相对论和量子理论探索的领域。参见 Kelvin, Lord (1901), Nineteenth Century Clouds over the Dynamical Theory of Heat and Light. *Philosophical Magazine and Journal of Science*, S. 6., 2. p. 1。

[132] Hecht, E. 1998. *Physics: Algebra/Trig.* Brooks Cole, Pacific Grove, p. 806.

[133] 似乎没有人能够提出关于这点的准确数字，但在许多书籍和网络上有一些可信的估计值介于 25% ~ 60%。参见我的网站获取参考数据。

[134] 有趣的是，牛顿早在 300 年前就对爱因斯坦的方程式有"预感"。在《光学》（*Opticks*）一书中的问题 30，他写道："光是从物体转变而来，而光变成了物体，与自然规律非常相符。"在我看来，这很像 $E=mc^2$。

[135] 单以长度来看，天文的长度与"原子"的长度差距非常巨大。如果我们将可观测宇宙（1000 亿光年）的预估直径，除以一个原子的直径（0.25 纳米），会得到大约是 $4×10^{36}$，或以旧算法写为 4000000000000000000000000000000000000。

[136] 关于电磁波谱的相关总结，参见 What Wavelength Goes With a Color? NASA, science-edu.larc.nasa.gov。我的网站有完整链接。

[137] Bascom, W. (1980), *Waves and Beaches*. Anchor Press, New York。根据这本讨论海浪的经典著作的看法，这是冲浪者可达到的平均速率。外海的浪行速更快，特别是海啸。

[138] 有趣的是，因为光的波长比原子大得多，用普通光学（以光为基础）显微镜根本不可能看见原子或分子，这就是发明电子显微镜的原因。因为（粗略且过于简单地来看）电子比光子小得多，可以显现出更小的东西的影像。当我们谈及概率性的亚原子时，"更小"这个词会变得有点麻烦，但这里暂且不用担心这个问题。

[139] Hecht, E. (1998), *Physics: Algebra/Trig* (Brooks Cole, Pacific Grove), p. 807。根据该书的描述，每个氦氖红色激光光子，都有大约三十亿分之一焦耳（$3×10^{-19}$J）的能量。

[140] 一般的手电筒灯泡约 2.2 伏特、0.25 安培，功率为 0.55 瓦。0.55 瓦除以上述的光子的能量（$3×10^{-19}$J），每秒会有大约 $2×10^{18}$ 个光子。

[141] Cathcart, B. (2005). *The Fly in the Cathedral*. Farrar, Straus and Giroux, New York.

[142] 虽然能量从太阳快速移动到地球只需几分钟的时间，它却花了数千年才从太阳的

核心到达外层，继而向外散逸。参见 Plait, P. (1997), The Long Climb from the Sun's Core, www.badastronomy.com/bitesize/solar_sys tem/。

[143] 熔融的火山熔岩以大约 1200 摄氏度流出，参见 Schminke, H. (2004). *Volcanism* (Springer, Berlin), p. 27。

[144] 关于爱迪生的虚构故事，有一篇趣味十足的描述，但这已经偏离了我们可证实的历史事实的程度，参见 Stross, R. (2007), *The Wizard of Menlo Park* (Crown, New York)。关于警卫熊的描述，见于 Jehl, F. (1924), Edison the Man: an Old Friend's Recollections of the Great Inventor. *Popular Science*, February 1924, p. 31。

[145] 硅（silicon）是地球上最常见的化学元素之一，经常被误认为聚硅氧烷（silicone）。聚硅氧烷是一种橡胶聚合物。虽然聚硅氧烷含硅元素，但两者的相似处仅止于硅元素。相较于这种橡胶聚合物，"硅芯片"（计算机微芯片）所用的硅，更接近你在沙子里找到的原料。

[146] 帕尔默（Sean B. Palmer）提出，一只萤火虫产生的光大约为烛光的 $1/400 \sim 1/50$。参见'What distance is a firefly visible from?' in *Sean B. Palmer's Shared Objects*, sbp.so/firefly。

[147] 关于哈勃太空望远镜制作时的种种麻烦，可参见文献的精彩记述：Zimmerman, R. (2010), 'Chapter 4: Building it ' and ' Chapter 5: Saving it', *The Universe in a Mirror: The Saga of the Hubble Telescope and the Visionaries who Built it* (Princeton University Press, Princeton, NJ)。

[148] "光以太"终于在 1887 年著名的迈克尔逊－莫雷实验后，消失无踪。迈克尔逊和莫雷设计了一项精巧的测试，探测以太的存在并测量其速率。他们发现速率为 0，有效证明了以太并不存在，显示光的速率为定值，为大约 20 年后爱因斯坦崭新的相对论奠定了基础。

[149] A Chat with the Man Behind Mobiles. *BBC News*, 21 April 2003（参见我的网站获取链接）。1973 年，摩托罗拉通信系统部门主管库珀（Martin Cooper）提交了手机的主要发明专利申请，两年后获得专利权。参见 Cooper, M. (1975), US Patent 3906166: Radio Telephone System, 16 September 1975（参见我的网站获取链接）。

[150] 关于英国与北美如何建立电力联系，库克森（Gillian Cookson）在一段有趣的历史记录中提到，19 世纪 50 年代时，通过蒸汽船与电报，花了大约 12 天才把信息传送过大西洋。参见 Cookson, G. (2012), *The Cable* (The History Press, Stroud)。1858 年，越洋电缆设计者菲尔德（Cyrus Field）铺设完成了爱尔兰与加拿大纽芬兰之间的第一条海底电缆，从此很快一天就能传送约 150 条信息（两端总通信量）。公共电视台的一篇相关报道指出，菲尔德的电缆在 1866 年时一天仅传送 50 条信息，主要原因在于昂贵的传输费用（每个字 10 美元）。参见 The Great Transatlantic

Cable, www.pbs.org/wgbh/amex/cable/index/html。

[151] 光每秒行进 300000 千米，伦敦与纽约的直线距离约 5500 千米，所以大概 0.02 秒就能抵达。

[152] 参见经典论文 Nyquist, H. (1924), Certain Factors Affecting Telegraph Speed (*Bell System Technical Journal, 3, 324 - 346*)。参见我的网站获取链接。

[153] 这是一段极其引人入胜的记述，参见 Elisha Gray and Alexander Bell Telephone Controversy on Wikipedia（参见我的网站获取链接）。很少人听过梅乌奇，直到 2002 年 6 月 11 日美国众议院通过决议，才终于认可了他的贡献。参见 Who Is Credited as Inventing the Telephone? via the US Library of Congress, www.loc.gov/rr/scitech/mysteries/telephone.html。

[154] 关于光话机的详细描述，载于 Bell, A. (1880), US Patent 235,199: Apparatus for Signaling and Communicating, called 'Photophone', 7 December 1880。参见我的网站获取链接。

[155] 《时代》杂志设法加以澄清，将法恩斯沃斯列为 20 世纪最具影响力的百大人物之一。参见 Postman, N. (1999), Electrical Engineer Philo Farnsworth, *TIME*, 29 March 1999。参见我的网站获取链接。

[156] 假设你在收听 FM 广播，其频率约 90 兆赫。波长为光速除以频率，或大约是 3.3 米，所以适合的 FM 天线约长 1.5 米。

[157] 你可以看见灯塔的最远距离是 3.57 千米乘以灯塔高度（米）的平方根。所以如果灯塔高约 30 米，你可以在大概 20 千米远的地方看见。我使用的公式，参见 Young, A. Distance to the Horizon, mintaka.sdsu.edu/GF/ex plain/atmos_refr/horizon.html。我的网站有链接。

[158] 马可尼获得了 1909 年诺贝尔物理学奖。他的获奖演说精彩绝伦，说明了他的实验和当时的科学认识——这个记录文稿非常值得一读。参见 Marconi, G. (1909), Nobel Lecture: Wireless Telegraphic Communication, www.nobelprize.org/。参见我的网站获取链接。

[159] 肯乃利（Arthur Kennelly）同时也在进行研发，最后由阿普尔顿（Edward Appleton）于 1924 年证实。阿普尔顿因这项成就而获得 1947 年诺贝尔物理学奖，当时已过世的肯乃利和黑维塞皆无法分享这份荣耀。参见 Edward V. Appleton—Biographical, www.nobelprize.org/（我的网站有完整链接）。

[160] 这些故事和其他精彩轶事，引自 Nahin, P. (2002). *Oliver Heaviside: The Life, Work, and Times of an Electrical Genius of the Victorian Age* (JHU Press, Baltimore, MD)。

[161] Searle, G. 1950. Oliver Heaviside: A Personal Sketch. In *The Heaviside Century Volume* (IEE, London).

[162] Clarke, A. 1945. Extra-Terrestrial Relays: Can Rocket Stations Give World-Wide Radio Coverage? *Wireless World*, October 1945.

[163] 根据 The Straight Dope 网站进行的量化比较，微波炉的 1000 瓦，相当于手机的几百毫瓦。参见 How are the Microwaves in Ovens Different from those in Cell Phones? The Straight Dope, www.straightdope.com, 28 August 2003。我的网站有完整链接。

[164] 这是单纯根据 The Straight Dope 网站的功率比较所做的粗略估计，假设手机就像微波炉一样能放射微波能量到食物中。现实中，手机不会产生完全足够的温度来煮熟食物：即使最后真的能发射足够的能量到你的晚餐里，也已经谈不上是烹饪了。你也可以把晚餐放在户外的太阳下，但不管多久，它仍然不会熟，除非它达到一定的临界温度。

[165] ENIAC: Celebrating Penn Engineering History. Penn Engineering, www.seas.upenn.edu. 我的网站有完整链接。

[166] Van der Spiegel, J. (2001) ENIAC. In Rojas, R. (ed.), *Encyclopedia of Computers and Computer History* (Fitzroy Dearborn, Chicago).

[167] 参见如 Digital Versus Film Photography on Wikipedia 一文。参见我的网站获取链接。

[168] 要窃听数字手机通话唯一可行的方式是在手机上安装窃听器，或者窃听电信公司的交换局装置。这就是为什么 20 世纪 90 年代中叶至 21 世纪初，侵入手机信息成为新闻记者的热门消遣。我有一位熟知这类消息的从事电信业的老朋友，他有一次告诉我，英国移动电话公司设有阴险的安全性非常高的房间，装置秘密的窥探设备，只有安保人员可以进出，我开始听到只是将他作为阴谋论的妄想，没放在心上。2014 年，英国电信行业运营商沃达丰（Vodafone）终于承认，确实存在这样的事。参见 Garside, J. 2014. Vodafone Reveals Existence of Secret Wires that Allow State Surveillance (*The Guardian*, 6 June 2014)。

[169] 美国国会图书馆的藏书不断增加：本书撰写之际所记录的数量为 3600 万本。参见 Fascinating Facts from the US Library of Congress, loc.gov/about/facts.html。

[170] 2009 年，iTunes 开始在音乐文件中停用 DRM。参见 Apple to End Music Restrictions, *BBC News*, 7 January 2009。参见我的网站获取完整链接。

[171] 至少在美国，于"千禧年数字版权法案"（Digital Millennium Copyright Act, DMCA）规范下被视为违法，这项法案在 1998 年 10 月 28 日由美国前总统克林顿签署。

[172] 这种破坏版权保护的方法有时称为"模拟漏洞"，跨国媒体企业都设定目标想要严格管控。参见 Electronic Frontier Foundation, www.eff.org/issues/analog-hole。

[173] 理论上，若取样够快，你就能获取原始音源的所有重要信息。我们可以从"奈奎斯特-香农采样定理"了解到这点。实际上，采样过快，会造成 MP3 档太大，而多数人（那

些在嘈杂的地铁上用便宜的耳机听 MP3 的人）会为了存更多音乐在 iPod 或手机上，甘愿忍受质量差一点的高压缩文件。

[174] CD 比我所描述的更加可观，而且它们刚问世时，更是显得无与伦比。如果你的年纪够大，可能还记得 20 世纪 80 年代初期电视上的示范，倒霉的科学节目主持人把 CD 掉到地上或用果酱涂抹，用以证明 CD 经过粗暴地对待后仍然可以播放。之所以可能出现这样的结果，是因为 CD 的设计中置入了一点数学魔法，称为"交叉交错里德－所罗门纠错码"，使 CD 能够纠正类似剐痕和指印造成的偶发错误。CD 可以校正 4000 位或 2.5 厘米长的刮痕。参见 Baert, L. (1995), *Digital Audio and Compact Disc Technology* (Focal Press, Boston)。

[175] 感谢大英图书馆，《古腾堡圣经》已成为永久的数字典藏，但谁也不知道这个数字摹本能不能存在得与纸本原版一样长久。参见 www.bl.uk/treasures/ gutenberg/ background.html。

[176] 汤姆林森曾说明过第一封电子邮件背后的思考。他为什么选择那种做法？"主要因为它看起来像个好主意。"为什么用奇怪的符号@？"主要原因是这种做法行得通。这个符号不会出现在名字当中，所以登录名与主机名之间的区隔不会出现模棱两可的情况。"参见 openmap.bbn.com/ ~ tomlinso/ray/firstemailframe.html。

[177] 关于 BBC 这项计划更多的信息，参见 www.bbc.co.uk/history/domesday/story。

[178] 2012 年瑞迪卡迪集团调查的估计值。

[179] 一座普通的冰山重约 150000 吨，内部温度大约零下 15 摄氏度。因此，它含有的热能（从绝对零度开始升温）等于冰山的质量 × 水的比热 × 绝对零度以上的温度，也就是 150000000 千克 ×4181 焦 / 千克摄氏度 ×(273-15) 摄氏度 =162000 吉焦。一大杯咖啡可能约 0.5 升，温度 90 摄氏度，所以它的热能是 0.5 千克 ×4181 焦 / 千克•摄氏度 ×(90+273) 摄氏度 =760 千焦。冰山的热能大约为咖啡的 2 亿倍。我的冰山数据参见 www.canadiangeographic.ca/magazine/MA06/indepth/justthefacts.asp。

[180] 不过，黑洞不一定得是冰冷的，而且太空科学家正努力打造"宇宙中最冷的地方"（温度只有 1 皮开，或说 10^{-12}K，或 0.000000000001K）。参见 coldatomlab.jpl.nasa.gov/。

[181] Hand, E. (2012). Hot stuff: CERN physicists Create Record-Breaking Subatomic Soup. blogs.nature.com, 13 August 2012。参见我的网站获取链接。

[182] Bingelli, C. (2009). *Building Systems for Interior Designers*. John Wiley & Sons, Hoboken, NJ, p. 22.

[183] 参见 www.canalmuseum.org.uk/ice/iceimport.htm。

[184] Mrs. Marshall's Liquid Air Ice Cream。参见 matthew-rowley.blogspot.co.uk, September 2010。我的网站有完整链接。

[185] 我采用的数字是对照英国节能信托基金会所计算出的储热式电暖器的典型支出和节约量。参见 www.energysavingtrust.org.uk/Generating-energy/Choosing-a-

renewable-technology/Ground -source-heat-pumps。

[186] 引自 Fox, S. (2010). Superinsulating Aerogels Arrive on Home Insulation Market At Last。参见 www.popsci.com/technology/article/2010-02/aerogels-hit-consumer-insulation-market。

[187] 被动式房屋标准，参见 What is Passivhaus? via www.passivhaus.org.uk/。参见我的网站获取链接。

[188] 参见 Fischer, B. How much does it cost to charge an iPhone 5。为 iPhone 5 充电的费用是一年 0.41 美元，这个不高的金额引人深思。blog.opower.com, 27 September 2012。参见我的网站获取完整链接。

[189] 'Without Much Fanfare, Apple Has Sold Its 500 Millionth iPhone', www.forbes.com, 25 March 2014. 参见我的网站获取链接。

[190] Greenpeace International (2012). How Clean is Your Cloud? 参见 www.greenpeace.org/international。我的网站有完整链接。

[191] Desktop versus laptop。参见 www.eu-energystar.org/en/en_022.shtml。

[192] 如本章后续的说明，我依惯例使用大写字母 C 来表示营养大卡，1 大卡 =1000 卡路里 =4.2 千焦耳（4200 焦耳）的能量。

[193] 这张饼图上的数据，汇编自几个不同的来源，包括 Insel, P. et al. (2010), *Nutrition* (Jones & Bartlett, Sudbury, MA), p. 342。

[194] "走路、跑步和骑健身车的平均效率，介于 20%～25% 之间。"参见 McArdle, W. et al. (2010), *Exercise Physiology: Nutrition, Energy and Human Performance* (Lippincott Williams & Wilkins, Baltimore, MD), p. 208。

[195] 以 6 千米 / 时的速度快走 1 小时，大约消耗 450 大卡。一大颗鸡蛋有 75 大卡，所以一颗鸡蛋可供你走大约 10 分钟，距离约 1 千米。

[196] 一头麝牛在冬天的能量消耗大约是，每千克体重 920 千焦耳（219 大卡）；夏天时（动物较活跃）能量消耗增加约 1/4，成为每千克体重 1163 千焦耳（278 大卡）。参见 Kazmin, V. D. & Abaturov, B. D. (2011), Quantitative characteristics of nutrition in free-ranging reindeer (*Rangifer tarandus*) and musk oxen (*Ovibos moschatus*) on Wrangel Island (*Biology Bulletin*, 38, 935)。

[197] 蜂鸟的质量基础代谢率，大约是 870 千焦 / 时·千克，而人类仅是 77 千焦 / 时·千克。参见 Sherwood, L. et al. (2012), *Animal Physiology: From Genes to Organisms* (Cengage, independence, KY), p. 720。

[198] 第一列中的营养数据大多取自 Gebhardt, S. & Thomas, R. (2002), Nutritive Value of Foods (*US Department of Agriculture Agricultural Research Service, Home and Garden Bulletin* 72, October 2002)。我的网站载有链接。有几个数据是直接汇自普通杂货店商品的食物营养标签。

[199] 等量活动的计算非常粗略，是根据如下来源所提供的数据：Insel, P. et al. (2010), in *Nutrition* (Jones & Bartlett, Sudbury, MA), p. 344。

[200] 老鼠每天平均每 100 克体重摄取 12 克食物，参见 Johns Hopkins University Animal Care and Use Committee, web.jhu.edu/animalcare/procedures/mouse.html。

[201] 1 升汽油含有 34.8 兆焦（34800 千焦）的能量，因此 1 加仑（英制，约 5 升）含有大约 160000 千焦的能量。

[202] 撰写本书时，以英国的价格来计算，1 升汽油的费用约 1.30 英镑，计算得出每千焦大约 0.00374 便士。一个普通快餐汉堡要价可能是 4 英镑，每千焦费用差不多 0.2 便士（同样的能量值，价格逾 50 倍）。我的电费计算是以单位价格为基础，也就是 20 便士 / 千瓦·时，未考虑每年固定费用。得出的结果是 0.006 便士 / 千焦。

[203] Estimated Energy Requirements from Health Canada, 8 November 2011. www.hc-sc.gc.ca. 参见我的网站获取完整链接。

[204] Breiter, M. *Bears: A Year in the Life*. A & C Black, London, p. 157.

[205] Percent of Consumer Expenditures Spent on Food, Alcoholic Beverages, and Tobacco that were Consumed at Home, by Selected Countries, 2012. US Department of Agriculture Economic Research Service, www.ers.usda.gov/data-products/food-expenditures.aspx.

[206] Wrangham, R. (2010). *Catching Fire: How Cooking Made us Human*. Basic Books, New York.

[207] 参见 www.ift.org/newsroom/news-releases/2013/july/15/chew-more-to-retain-more-energy.aspx。

[208] Wolke, R. (2008), *What Einstein Told His Cook: Kitchen Science Explained*. W. W. Norton, New York。或参见 McGee, H. (2004), *On Food and Cooking: The Science and Lore of the Kitchen* (Scribner, New York)。

[209] 当然，除非我们可以找到制造和消化核食物的方法。根据爱因斯坦的方程式 $E=mc^2$，一颗重 1.5 克的药丸，理论上可产生 135 万亿焦的能量。

[210] 灰尘有各种各样的大小，但是它越小，越可能被我们吸入，引起的危险越大。一般灰尘的直径从数微米（1 米的百万分之一）到 100 微米或更大。

[211] 理论上正确；实际上，环境更加多变复杂，还有如逆温层的现象，风速其实随高度增加而降低。

[212] 理论上，如果你把花鼓高度（叶片旋转的轴心位置高度）增加 1 倍，可利用的风速约增加 10%，因为（根据经验法则）风速会随高度增加 1/7 次方，产生的电力增加大约 1/3。在现实中，情况更加复杂。随着涡轮旋转，每个叶片在其到达最高点时承受的风速，都比在最低点大，所以涡轮的载荷也增加。不仅如此，更大更高的涡轮也更重，所以损失更多能量来抵抗重力。

[213] 基于各种理由，在大海里游泳跟在游泳池游泳，完全无法相提并论。海浪使大海变得更汹涌，你的大部分能量都浪费在翻涌通过的海水中。你可能会让头部维持在波涛汹涌的寒冷海面上方，所以采用非流线型的姿势，结果造成更多阻力，导致每次的划动更加费力。在冰冷的海里游泳，代表你必须穿防寒泳衣、手套、蛙鞋，可能还有泳帽，这些东西都会让你更保暖，却也使你更难活动。此外，含盐的海水密度稍高于淡水，而且低温的水密度比高温的水更高。冰冷海水更高的密度（相较于温暖的游泳池水）并不会造成太大差异，最重要的影响还是流体动力学的因素。

[214] 20世纪70年代美国国家航空航天局的研究发现，速度为90千米/时可减少24％的阻力，参见 Lamm, M. (1977; *Popular Mechanics*, p. 81)。降低车轮周围阻力的整流罩，在 Rahim, S. (2011), Plastic Fairings Could Cut Truck Fuel Use (*Scientific American, February* 2011) 中有所描述，参见 www.scientificamerican.com/article/plastic-fairings-cut-truck-fuel/。

[215] Einstein, A. (1926). The Cause of the Formation of Meanders in the Courses of Rivers and of the So-Called Baer's Law. *Die Naturwissenschaften*, 14.

[216] 有些患者的咽部会封闭，造成可怕的情况，名为"阻塞型睡眠呼吸暂停"。该症状可利用一种称为"持续正压呼吸机"的机器来治疗，轻缓地将空气输入面罩，使咽部畅通。参见 National Heart, Lung and Blood Institute's www.nhlbi.nih.gov/health/health-topics/topics/cpap/。

[217] Fajdiga, I. 2005. Snoring Imaging — Could Bernoulli Explain It All? *CHEST*, 128, 896。参见我的网站获取链接。

[218] The Water in You. US Geological Survey。参见 water.usgs.gov/edu/propertyyou.html。

[219] 这个现象是科学领域关于波的"薄膜干涉"的杰出范例。更多的详细资料，参见 www.explainthatstuff.com/thin-film-interference.html。

[220] 卡文迪许通常被赞誉为发现了水的组成成分，尽管瓦特也曾宣称过同样的发现。相关的有趣讨论参见 Miller, D. (2004), *Discovering Water: James Watt, Henry Cavendish, and the Nineteenth Century 'Water Controversy'* (Ashgate Publishing, Farnham)。

[221] Indoor Water Use in the United States. US Environment Protection Agency (EPA), www.epa.gov/watersense/pubs/indoor.html.

[222] 马桶冲水量的数据，引自注释[221]的美国国家环境保护局官网。西门子（Siemens）iQ300/iQ500洗衣机的洗衣干衣用水量是7升/千克，洗涤容量为5～7千克。我的网站有西门子洗衣机的官网链接。

[223] Terry, N. (2011). *Energy and Carbon Emissions: The Way We Live Today*. UIT Cambridge, Cambridge, p. 47.

[224] 这是经典物理考题"凯撒的最后一口气"的变化题。该试题要你计算出，你吸入一口新鲜空气，其中至少包含一个这位古罗马独裁者临死前呼出的最后一口气的气体分子，可能性有多大。在这里你不需要计算这个问题，你真正要了解的只有，一杯水当中的分子数（每18克的水有6000000000000000000000000个分子，称为1摩尔），比地球上的有水的杯子还要多（或者说，一口气当中的气体分子，比地球上的肺还多）。就跟水一样，这个虚拟的陈述不断被重新表述。参见Dawkins, R. (2008), *The God Delusion* (Houghton Mifflin Harcourt, New York, p. 410)，书中重新利用了沃伯特（Lewis Wolpert）一项早期的论述，提及"一杯水"当中的分子，比大海里的杯子量还多上许多。我只是重新利用了这个题目。

[225] 铁的比热容大约是0.47千焦/千克·摄氏度，或者说，大概是水的比热容的1/9。这表示相较于1千克的铁，需要9倍的能量，才能让1千克的水上升相同的温度（或者也可以这么说，同样的能量，铁可以升高的温度为水的9倍）。

[226] 为了让问题简单明了，我把家里的集中供暖系统形容为一串"连续"的回路，每个散热器都由锅炉轮流供应热，老式系统通常采用这种配置方式。实际上，新型系统有更具效率的"平行"（支干线）回路设计，使水的分支流向不同的路径，去往不同的散热器，而不是轮流到达每个散热器。

[227] 镍铬合金加热组件的工作温度大约是750摄氏度。

[228] Lifting the Lid on Computer Filth, *BBC News*, 12 March 2004；以及Keyboards 'Dirtier Than a Toilet', *BBC News*, 1 May 2008。我的网站有完整链接。

[229] 参见注释[223]。

[230] World Health Organization (2003). *Guidelines for Safe Recreational Water Environments Volume 1: Coastal and Fresh Waters*. WHO, Geneva, p. 45.

[231] Botcharova, M. 2013. A Gripping Tale: Scientists Claim to Have Discovered Why Skin Wrinkles in Water. *The Guardian, 10 January* 2013。参见我的网站获取链接。

[232] Dyson Airblade Technical Specification: AB14, www.dysonairblade.co.uk/hand-dryers/airblade-db/airblade-db/tech-spec.aspx.

[233] Bakalar, N. (2003). *Where the Germs Are: A Scientific Safari*. John Wiley, New York, p. 54.

[234] Handwashing: Why are the British so Bad at Washing their Hands? *BBC News*, 15 October 2012。我的网站有完整链接。

[235] Most People Washing their Hands. From Guinness World Records; www.guinnessworldrecords.com/。我的网站有完整链接。

[236] 引于Nicholas Bakalar（参见注释[233]），p. 53。

[237] 1997年美国的数据引自Carpenter, R. (1999). Laundry Detergents in the

Americas: Change and Innovation as the Drivers for Growth; in Cahn, A. (ed.) (1999), *Proceedings of the 4th World Conference on Detergents: Strategies for the 21st Century* (AOCS Press, Urbana, IL)。欧洲的数据引自 Garratt, B. (2010). *The Fish Rots From The Head* (Profile Books, London)。

[238] Wilson, E. O. (1992). *The Diversity of Life*. Harvard University Press, Cambridge, MA, p. 142.

[239] 估算值随品种不同差异很大，但 5000 万似乎是比较合理的平均数。参见 Cook, J. (1984), *Handbook of Textile Fibres: Volume 1: Natural Fibres* (Woodhead Publishing, Cambridge UK), p. 89。

[240] "万能溶剂"的概念可追溯至炼金术士，他们（徒劳地）追寻一种他们称为 Alkahest 的物质，可溶解其他任何东西。水仍然是我们目前所知的最接近的东西。参见 Chapter 1, Reichardt, C. & Welton, T. (2011), *Solvents and Solvent Effects in Organic Chemistry* (Wiley-VCH, Weinheim)。

[241] 假设每个家庭每年使用 5000 升，200 个家庭的用量可达 100 万升。几百个家庭会用掉几百万升，大概是一座奥运规格游泳池的容量。

[242] 假设滚筒的直径是 55 厘米，可以知道它的半径是 0.225 厘米，周长 1.41 米。如果滚筒以 1000 转 / 分钟转动，每分钟圆周移动 1410 米，相当于速度 85 千米 / 时。

[243] MacKay, D. (2008). *Sustainable Energy Without the Hot Air*. UIT Press, Cambridge, p. 54.

[244] 大部分的人会说水是被离心力（字面意思是"远离中心"的力）去除的，可是科学老师不喜欢这个词，他们喜欢用另一种不同的方式来解释。他们会说洗衣机滚筒产生的向心力（字面意思是"趋向中心"），使衣服围绕滚筒转动。因为滚筒上有孔，有孔的地方无法为衣服里的水提供向心力，所以水会直线行进，从衣服上脱离而流出。

[245] 几年前，我在 12 月份非常寒冷的一天验证了这一点，当时英国大部分地区的地面仍有积雪。把衣服晾在户外之前，我称了称那堆洗好的衣服有多重，接着让衣服在刺骨的东风中吹了大约 5 小时，然后收进来再称重一次。刚洗好还没晾的衣服重 5 千克，在室外晾了之后重量只有 3.5 千克。最后我在室内把衣服彻底弄干，称了第三次。这一次，秤指向了 3 千克的刻度。假设这就是完全干燥的衣物的重量，你可以看出在户外去掉了衣服中大约 75 % 的水。

[246] 参见 www.xeroscleaning.com/polymer-bead-cleaning/cost-benefits/。

[247] 美国国家环境保护局提供的一份摘要中说明了典型的洗涤剂的成分及它们对环境的冲击。参见 www.epa.gov/dfe/pubs/laundry/techfact/keychar.htm。

[248] 许多化学制品（不仅是洗涤剂）都存在内分泌干扰物，造成极大比例的鱼变性。The US Geological Survey Toxic Substances Hydrology Program（4 August 2009，参见我的网站获取完整链接）提及的数字为 18 % ~ 22 %；Pollution

changes sex of fish（*BBC News*，10 July 2004，参见我的网站获取链接）提到的是"1/3 雄鱼"；Pollutants in D.C. area drinking water in *The Washington Times*，12 November 2009 则提出，华盛顿波多马克河"80％的鱼"显示了变性。更完整的讨论参见 Kime，D.（1998），*Endocrine Disruption in Fish*（Kluwer Academic Publishers，Norwell，MA）。

[249] Simpson，W. S. & Crawshaw，G. H.（eds）（2002）. *Wool: Science and Technology*. Woodhead Publishing，Cambridge，p. 303.

[250] 这称为"牛顿冷却定律"。它最有趣的应用之一是，协助犯罪现场的法医根据尸体的温度推算死亡的大概时间。

[251] Plowman，S. & Smith，D.（2007）. *Exercise Physiology for Health，Fitness，and Performance*. Lippincott Williams & Wilkins，Baltimore，MD，p. 418.

[252] 更科学的名称为"吸附热"。更多关于羊毛的科学信息，可参考：Leeder，J.（1984），*Wool: Nature's Wonder Fibre*（Australasian Textiles Publishers，Ocean Grove，Victoria）。

[253] 不锈钢的屈服强度为 170 ~ 1000 兆帕，羊毛则是 70 ~ 115 兆帕。数据参见 Ashby，M.（2012），*Materials and the Environment: Eco-informed Material Choice*（Elsevier，Waltham，MA），pp. 466 - 592。

[254] 参见 www.gore-tex.com/remote/Satellite/home。GORE-TEX 官网提及，这种薄膜中的孔径是"一滴水的 1/20000，却是一个水蒸气分子的 700 倍"。你可能会好奇，这些数字跟我估计的一滴水有几亿亿个分子，如何达成一致？就我们所知，GORE-TEX 的科学家是通过比较线性参数得出的这些数字，而非面积或体积。重要的是记住，每滴水的大小差距相当大。我撰写本书时快速计算了一下，得出一滴水中的水分子估计介于 130 万亿至几亿亿之间。

[255] 参见 Gordon，J.（1978），*Structures*（Penguin，London），pp. 248 - 259。除了探讨结构材料与衣服之间令人着迷的相似处，戈登教授也说明了为什么金属板可以跟连身裙、桌布一样沿对角方向剪切，这就是有时你会看到喷气式飞机或直升机的机身上有"折痕"的原因。如书中所提到的，斜裁是在 20 世纪 20 年代由法国时装设计师维奥内（Madeleine Vionnet）首创。

[256] Energy Expenditure During Walking，Jogging，Running，and Swimming. In McArdle，W. et al.（2010），*Exercise Physiology: Nutrition，Energy，and Human Performance*.（Lippincott Williams & Wilkins，Baltimore，MD），p. 210.

[257] 想要了解更多，可参见 www.training-conditioning.com/2009/05/29/opening_the_gait/index.php。

延伸阅读

在藏在家里的科学这段小小旅程中，我希望自己具体说明了科学并非一套布满尘埃的陈腐论据或无意义的方程式，不是学校教的那种老生常谈，而是一种让人着迷看世界的方式：一种看待我们周围奇怪事物的方式，以一种新的观点把这些事物环环相扣起来。用科学的方式来思考，就像第一次戴上眼镜，为清晰正确的视野感到惊奇。

如果你享受阅读本书的乐趣，可能还会想查阅下列一些信息，它们同样是为非科学家的读者而设计的，将带领你进一步探索日常生活背后的科学。

Explain that Stuff by Chris Woodford

我的科学教育网站（www.explainthatstuff.com）更详尽地涵盖了本书讨论的一些主题。提供 A ～ Z 索引，以及网站使用指南，供在家自学和学校学习。

Physics for Future Presidents by Richard Muller (W. W. Norton, 2008)

探讨关系我们生存的重要话题背后的科学，包括能源供给、气候变迁和恐怖主义。

Sustainable Energy Without the Hot Air by David MacKay (UIT Cambridge, 2009)

我们如何产生足够的能源来满足我们不断增加的需求，又不会毁灭地球？本书作者以犀利的推理、猜量、推算和学校级的科学，得出每个人都能够理解的有力推断。完整的文本也可在网上取得：www.withouthotair.com。

Energy and Carbon Emissions: The Way We Live Today by Nicola Terry (UIT Cambridge, 2011)

淋浴使用的能量比泡澡还多吗？保持家中暖是用天然气还是用电？本书绝无废话，以有用的事实和数字，提出如何合乎道德的生活主张。

The New Science of Strong Materials: Or Why You Don't Fall Through the Floor by J. E. Gordon (Penguin, 1991)

一本很棒的入门书，介绍不起眼的日常材料，如木头和玻璃，如何将我们的世界结合在一起。作者另一本著作也值得一读：*Structures* (Da Capo Press, 2009)。

Why Buildings Fall Down by Matthys Levy and Mario Salvadori (W. W. Norton, 2002)

一连串吸引人的案例研究，描述摩天大楼、体育馆、桥和其他构造物如何因材料科学和不良工程的基本问题而倒塌。

Six Easy Pieces by Richard Feynman (Penguin, 1998)

费曼，世界上最伟大的物理学家之一，也是最具启发性的科学教师之一。这本薄薄的书是简单的入门论述，探讨原子、能量和重力等基础概念，不过少了费曼在授课和演说时的即兴趣味。

Mr Tompkins in Paperback by George Gamow (Cambridge University Press, 2005)

如果人类缩小成原子大小，会发生什么事呢？一本很有趣的入门书，介绍原子物理学的主要概念，撰写于 1940 年，至今仍极具价值。

Inflight Science: A Guide to the World from Your Airplane Window by Brian Clegg (Icon Books, 2011)

一本让人坐在扶手椅上彻底享受阅读旅程的书，引领你观察飞行旅程中会遇到的科学，解释得非常清楚。

Why Things Are the Way They Are by B. S. Chandrasekhar (Cambridge University Press, 1997)

虽然比上述书籍复杂，但用极为清晰的观点解释了固态物理学，以及日常事物如磁力和镜子背后的内部原因。

致谢

我深深感激下列人士，没有他们，就没有你现在读到的这本书。

马丁（Jim Martin），科普拥护者，感谢他创立的 Sigma 系列，并亲切地邀请我加入。也感谢 Bloomsbury 出版社的每一位，协助将本书编辑成册并致力宣传。

伍德科克博士（Dr. Jon Woodcock），感谢他提醒我所忽略的艰深科学，并且提供了许多考虑周到的建议，使本书更加完善。

劳尼（Andrew Lownie），我那始终令人敬佩的出版经纪人，没有他，本书永远不可能完成，更别说出版了。